高等职业教育系列教材

以可编程逻辑器件为载体 | 以硬件描述语言为表达方式

EDA技术项目教程
——基于VHDL与FPGA

主　编|于润伟

参　编|朱晓慧　于爱迪

机械工业出版社

CHINA MACHINE PRESS

本书从初学者的角度出发，介绍了 EDA 技术和 CPLD/FPGA 的基础知识、EDA 工具软件 Quartus Ⅱ 的使用方法、硬件描述语言 VHDL 的语法规则等内容，针对 EDA 技术的特点，通过设计数据比较器、数据运算器、数据编码器、计数器、点阵广告牌和信号发生器等典型电路，以及相关的数字系统设计实训，从入门、熟练、应用和发展 4 个层次来阐述 EDA 技术，通过由浅入深、循序渐进、难度适当、数量丰富的实例展示 EDA 技术的特点，帮助读者理解 EDA 技术。

本书可作为高等职业院校电子信息类、通信类及智能控制类专业的教材，也可作为电子设计竞赛、FPGA 开发应用工程技术人员的自学参考书。

本书配有微课视频，扫描二维码即可观看。另外，本书配有电子课件，需要的教师可登录机械工业出版社教育服务网（www.cmpedu.com）免费注册，审核通过后下载，或联系编辑索取（微信：13261377872，电话：010-88379739）。

图书在版编目（CIP）数据

EDA 技术项目教程：基于 VHDL 与 FPGA／于润伟主编．北京：机械工业出版社，2024.9. --（高等职业教育系列教材）. -- ISBN 978-7-111-76550-9

Ⅰ. TN702.2；TP312

中国国家版本馆 CIP 数据核字第 202485PV58 号

机械工业出版社（北京市百万庄大街 22 号　邮政编码 100037）
策划编辑：和庆娣　　　　　　责任编辑：和庆娣
责任校对：樊钟英　张　征　　责任印制：张　博
北京建宏印刷有限公司印刷
2024 年 10 月第 1 版第 1 次印刷
184mm×260mm・14 印张・362 千字
标准书号：ISBN 978-7-111-76550-9
定价：59.00 元

电话服务　　　　　　　　　　网络服务

客服电话：010-88361066　　机　工　官　网：www.cmpbook.com
　　　　　010-88379833　　机　工　官　博：weibo.com/cmp1952
　　　　　010-68326294　　金　书　网：www.golden-book.com
封底无防伪标均为盗版　　　　机工教育服务网：www.cmpedu.com

　　计算机技术和电子技术的不断发展，给数字系统的设计带来了全新的变革，基于电子设计自动化（EDA）技术的设计方法成为现代数字系统设计的主流。电子工程技术人员利用可编程逻辑器件和 EDA 工具软件，使用硬件描述语言就可以设计出所需的数字系统，降低了开发成本，缩短了开发时间。

　　高等职业教育以就业为导向，以职业能力培养为主体，必然要把教学重点从以逻辑门和触发器等专用器件为载体、以真值表和逻辑方程为表达方式、以手工操作为调试手段的传统数字电路设计方法，向以可编程逻辑器件为载体、以硬件描述语言为表达方式、以 EDA 工具软件为调试平台的现代数字系统设计方法转换。针对 EDA 技术的特点和发展趋势，本书介绍了 EDA 技术的基础知识、EDA 工具软件 Quartus Ⅱ 的使用方法、硬件描述语言 VHDL 的语法规则，通过设计数据比较器、数据运算器、数据编码器、计数器、点阵广告牌和信号发生器等典型电路，以及数字系统设计实训，由浅入深、循序渐进地讲解 EDA 技术。全书共分为 7 个项目。

　　项目 1 和项目 2：通过数据比较器和数据运算器的设计与实现，讲解 EDA 工具软件 Quartus Ⅱ 的使用方法，帮助读者了解 Quartus Ⅱ 工具软件的功能，学会建立项目并使用原理图输入法完成文件的编辑、编译、波形仿真和编程下载的全部过程，从而对 EDA 技术和 FPGA 有所认识。

　　项目 3 和项目 4：主要讲解硬件描述语言 VHDL 的数据结构和语法规则，通过设计数据编码器和计数器等内容，让读者熟悉 Quartus Ⅱ 工具软件的文本输入法的使用，了解 VHDL 程序结构，能够认识和分析 VHDL 程序。

　　项目 5 和项目 6：通过点阵广告牌和信号发生器的设计与实现，学会使用 Quartus Ⅱ 工具软件自带的系统存储器、数据读写编辑器和嵌入式逻辑分析仪，了解数字系统设计的工作流程，使读者具有项目调试能力和初步设计能力，能够修改并编写简单的 VHDL 程序。

　　项目 7：综合实训，由篮球比赛 24 秒计时器、简易数字频率计、电子密码锁、智力竞赛抢答器和数字电子钟组成，通过相对复杂的设计项目，从不同的角度展示设计思路和实现方法。

　　本书不仅系统介绍了 EDA 技术的基础知识和 EDA 软件的使用，而且通过"拓展阅读"部分，介绍了国内的 EDA 工具软件、国产的 FPGA、FPGA 的应用领域、量子计算机、可弯折的柔性屏幕和大国工匠张路明，这些内容不但展示了我国在 EDA 技术领域的新发展，更致力于激发读者的探索精神和创新意识，从而紧跟技术发展的步伐，不断追求技术突破和创新应用。

　　本书约定：文件夹名由英文字母和章节数字组成；项目名、实体名、文件名用小写字母；VHDL 关键字、常量名、端口名和引脚名用大写字母；自定义的信号和变量名用小写字母。

由于本书涉及 Quartus Ⅱ 工具软件的使用，还有编程器、计算机、开发板和实验箱等硬件，有些操作步骤或实验现象难以用文字描述，请扫描书中的二维码观看讲解视频。

本书由于润伟主编，朱晓慧、于爱迪参编。其中，于润伟编写项目 5、项目 6 和项目 7，朱晓慧编写项目 1 和项目 2，于爱迪编写项目 3 和项目 4。全书统稿工作由于润伟完成。

由于编者水平有限，对一些问题的理解和处理难免有不当之处，衷心希望使用本书的读者批评指正。

编　者

目 录 Contents

项目 7 数字系统设计实训 184

参考文献 216

项目 1　数据比较器的设计与实现

本项目要点

- EDA 技术的内涵
- Quartus II 的使用
- 数据比较器的设计

1.1　认识 EDA 技术

EDA（Electronic Design Automation）就是电子设计自动化，其涉及面广，内容丰富。狭义的 EDA 技术是指以大规模可编程逻辑器件（PLD）为设计载体，以硬件描述语言（HDL）为系统逻辑描述的主要表达方式，以计算机软件为开发平台，自动完成从程序设计到硬件系统的所有工作，最终形成电子系统或专用集成芯片的一门技术。广义的 EDA 技术，还包括计算机辅助分析（如 Multisim、MATLAB 等）和印制电路板计算机辅助设计（如 Protel、Altium Designer、OrCAD 等）。

1.1.1　EDA 技术的发展

EDA 技术与电子技术各学科领域的关系密切，其发展历史同大规模集成电路设计技术、计算机技术、电子设计技术和电子制造工艺的发展是同步的，可大致将 EDA 技术的发展分为3 个阶段。

1. 计算机辅助设计（CAD）

20 世纪 70 年代，随着中小规模集成电路的开发应用，传统的手工制图设计印制电路板（PCB）和集成电路的方法已无法满足设计精度和效率的要求，因此工程师们开始进行二维平面图形的计算机辅助设计，以便从繁杂、机械的设计工作中解脱出来，由此便产生了第一代EDA 工具，即 CAD 工具。这一阶段是 EDA 技术发展的初级阶段，其主要特征是利用计算机辅助进行电路原理图的编辑、印制电路板的布线。CAD 工具可以减少设计人员烦琐重复的劳动，但自动化程度低，需要人工干预整个设计过程。CAD 工具大多以计算机为工作平台，易学易用，现仍有很多这类专用软件应用于中小规模的电子系统工程设计。

2. 计算机辅助工程（CAE）

20 世纪 80 年代，集成电路设计进入了互补金属氧化物半导体（CMOS）时代，复杂可编程逻辑器件已进入商业应用，为适应电子产品在规模和制造方面的需要，出现了以计算机仿真和自动布线为核心技术的第二代 EDA 技术，即 CAE 技术。这一阶段的主要特征是以逻辑模拟、定时分析、故障仿真和自动布局布线为核心，重点解决电路设计的功能检测等问题，使工程师能在产品制作之前预知产品的功能与性能。CAE 工具已经具备了自动布局布线、电路逻辑仿真、电路分析和测试等功能。与 CAD 技术相比，CAE 技术除了具有图形绘制功能外，又增加了电路功能设计和结构设计，并且通过电气连接网络表将两者结合在一起，以实现工程设计。

3. 电子系统设计自动化（ESDA）

20 世纪 90 年代，集成电路设计工艺步入了超深亚微米阶段，集成百万个逻辑门的大规模可编程逻辑器件陆续面世，与此同时，基于计算机技术、低成本大规模专用集成电路（ASIC）设计技术且面向用户的应用，促进了 EDA 技术的发展，使其进入了以支持高级语言描述、可进行系统级仿真和技术综合为特征的第三阶段，即 ESDA 阶段。这一阶段采用了一种新的设计概念，即自顶向下（Top-to-Down）的设计程式和并行工程的设计方法，设计者的精力主要集中在所要设计的电子产品的准确定义上，而由 EDA 系统完成电子产品的系统级至物理级的设计，实现"概念驱动工程"。电子设计工程师摆脱了大量的辅助设计工作，而把精力集中于创造性的方案与概念构思上，从而极大地提高了设计效率，使设计更复杂的电路和系统成为可能，并且使产品的研制周期大幅缩短。

随着市场需求的增长、集成工艺水平以及计算机自动设计技术的不断提高，EDA 技术也有突飞猛进的发展，总的趋势表现在以下 4 个方面。

1）在一个可编程芯片上完成系统级的集成已成为可能，即可编程片上系统（SoPC）。

2）计算机硬件平台性能大幅度提高，为复杂的系统级芯片（SoC）设计提供了物理基础。

3）EDA 工具和知识产权核（IP 核）应用更为广泛。

4）高性能的 EDA 工具软件得到长足的发展，其自动化和智能化程度不断提高，为嵌入式系统的设计提供了功能强大的开发环境。

1.1.2 EDA 技术的特点

传统的数字电子系统或集成电路设计中，随着电路复杂程度的提高，电路的调试工作变得越来越困难。另外，设计实现过程与具体生产工艺直接相关，因此可移植性很差，而且只有在设计出样机或生产出芯片后才能进行实测，如果某一过程存在错误，查找和修改十分不便。与手工设计相比，EDA 技术有如下特点。

1. 采用自顶向下设计方案

从数字系统的设计方案上看，EDA 技术最大的优势就是能将所有设计环节纳入统一的自顶向下设计方案中，首先从系统设计入手，在顶层进行功能划分和结构设计，对高层次的系统进行描述并在系统级采用仿真手段验证设计的可行性，然后逐级设计低层的结构。自顶向下设计方案有利于在早期发现结构设计中的错误，避免不必要的重复设计，提高设计的一次成功率。在传统的电子设计技术中，由于没有规范的设计工具和表达方式，无法采用这种先进的设计方案。

2. 应用硬件描述语言（HDL）

使用 HDL 后，设计者可以在抽象层次上描述设计系统的结构及其内部特征，这也是 EDA 技术的一个重要特点。HDL 的突出优点是语言的公开可利用性、设计与工艺的无关性、宽范围的描述能力、便于组织大规模系统的设计、便于设计的复用和继承等。

HDL 多数是文档型的语言，可以方便地存储在计算机硬盘等介质中，也可以打印到纸张上，这极大地简化了设计开发文档的管理工作。

3. 能够自动完成仿真和测试

EDA 工具软件设计公司与半导体器件生产厂商共同开发了一些功能库，如逻辑综合时的综合库、板图综合时的板图库、测试综合时的测试库、逻辑模拟时的模拟库等，通过这些功能库的支持，设计者能够完成自动设计。EDA 技术还可以在各个设计层次上，利用计算机完成不同内容的仿真，而且在系统级设计结束后，就可以利用 EDA 工具软件对硬件系统进行完整的测试了。

4. 开发技术的标准化和规范化

EDA 技术的设计语言是标准化的，不会由于设计对象的不同而改变。EDA 技术使用的开发工具也是规范化的，所以 EDA 开发平台可以支持任何标准化的设计语言，其设计成果具有通用性、可移植性和可测试性，为高效高质的系统开发提供了可靠保证。

5. 对工程技术人员的硬件知识和经验要求低

EDA 技术的标准化、HDL 和开发平台与具体硬件的无关性，使设计者能将自己的才智和创造力集中在设计项目上，以提高产品性能和降低成本，而将具体的硬件实现工作交由 EDA 工具软件完成。

1.1.3　EDA 技术的内涵

EDA 技术涉及 HDL、可编程逻辑器件（PLD）和 EDA 工具软件等内容。HDL 用于描述数字系统，表达电子工程师的设计思想；PLD 是实现数字系统的主要载体，可通过 EDA 工具软件将系统程序下载到 PLD 中；EDA 工具软件用于在计算机上仿真、调试设计的数字系统。最后制作印制电路板，加上输入、输出等部分，完成系统的硬件调试。

1. HDL

HDL 是各种描述方法中最能体现 EDA 优越性的描述方法。HDL 就是一个描述工具，其描述的对象是设计的电路系统的逻辑功能、实现该功能的算法、选用的电路结构以及其他各种约束条件等。通常要求 HDL 既能描述系统的行为，又能描述系统的结构。

HDL 的使用与其他的高级语言相似，其编制的程序也需要经过编译器进行语法、语义的检查，再转换为某种中间数据格式。但与其他高级语言不同的是，用 HDL 编制程序的最终目的是生成实际硬件，因此 HDL 中有与硬件实际情况相对应的并行处理语句。此外，用 HDL 编制程序时，还需注意硬件资源的消耗问题（如逻辑门、触发器、连线等的数目），有的程序虽然在语法、语义上完全正确，但并不能生成与之相对应的实际硬件，其原因就是要实现这些程序所描述的逻辑功能，消耗的硬件资源过大，无法在 PLD 上实现。目前主要使用 VHDL 和 Verilog_HDL 两种 HDL。

2. PLD

PLD 是一种可以由用户编程来实现某种逻辑功能的逻辑器件，PLD 不仅速度快，集成度高，能够完成用户定义的逻辑功能，还可以加密和重新定义编程，其允许编程次数可多达上万次。使用 PLD 可大幅简化硬件系统，降低成本，提高系统的可靠性和灵活性。因此，PLD 自20 世纪 70 年代问世以来，就受到广大工程人员的青睐，被广泛应用于工业控制、通信设备、智能仪表、计算机硬件和医疗电子仪器等多个领域。

目前，PLD 主要分为现场可编程门阵列（FPGA）和复杂可编程逻辑器件（CPLD）两大类。PLD 最明显的特点是高集成度、高速度和高可靠性。高速度表现在其时钟延时可小至纳秒级，结合并行工作方式，PLD 在超高速应用领域和实时测控方面有着非常广阔的应用前景；其高集成度和高可靠性表现在 PLD 几乎可将整个系统集成于同一芯片中，实现可编程片上系统（SoPC），从而大幅缩小了系统体积，也易于管理和屏蔽。

3. EDA 工具软件

EDA 技术的核心是利用计算机软件实现电路设计的全程自动化，即自动地完成逻辑编译、化简、分割、综合、优化、布局、布线和仿真，直至对于特定目标芯片（PLD）的适配编译、逻辑映射和编程下载等工作。

常用的 EDA 工具软件可分为两类：一类是由芯片制造商提供的，如 Altera 公司（2015 年被 Intel 收购）开发的 Quartus Ⅱ、Xilinx 公司（2020 年被 AMD 收购）开发的 ISE、Lattice 公司的 Expert LEVER 和 Synario、Actel 公司的 Actel Designer 等；另一类是由专业 EDA 软件商提供的，也称为第三方设计软件，较为著名的有 Cadence、Mental、Synopsys 等。芯片制造商提供的软件比较适合自己的产品，第三方设计软件往往能够开发多家公司的器件，但需要芯片制造商提供器件库和适配器软件。

1.1.4 EDA 技术的设计流程

应用 EDA 技术设计数字系统是指利用 EDA 工具软件和编程工具对 PLD 进行开发的过程。通常采用自顶向下的层次化设计方法，以提高设计效率。EDA 技术的设计流程主要包括以下 5 个步骤。

1. 设计准备

（1）系统分析　在进行硬件电路系统设计之前，首先要确定总体方案，然后给出相应的硬件电路系统设计指标，最后将总体方案中的各个部分电路设计任务下达给相应的设计部门。

（2）确定电路具体功能　通常情况下，总体方案中关于电路的设计任务和设计要求相对来说比较抽象，设计者首先要对电路的设计任务和设计要求进行具体分析，目的是确定电路所要实现的具体功能。

（3）划分模块　一般来说，划分模块是设计过程中一个非常重要的步骤。模块的划分将会影响最终的电路设计，因此设计者在这一步应该花费一定的时间，从而保证划分模块的最优化。在准确地划分模块并确定相应模块的逻辑功能后，设计人员就可以设计并实现各个模块，然后将各个模块组合在一起，从而完成整个电路的设计工作。

2. 设计输入

设计者将所设计的数字系统以 EDA 工具软件要求的形式表现出来，并送入计算机的过程称为设计输入。主要有以下 3 种输入方法。

（1）原理图输入法　这是一种最直接的输入方法，即使用 EDA 工具软件提供的元器件库及各种符号和连线画出原理图，再形成原理图输入文件。这种方法大多用在对系统及各部分电路很熟悉的情况下，或用在系统对时间特性要求较高的情况下。其主要优点是简单直观，性能可靠，便于信号的观察和电路的调整，缺点是表达能力有限，效率低且通用性差。

（2）文本输入法　该方法使用 HDL 表达所设计的数字系统。HDL 具有较强的逻辑描述和仿真功能，而且输入效率高。另外，HDL 与工艺的无关性，可以使设计者在系统设计和逻辑验证阶段便确认方案的可行性。

（3）波形输入法 该方法主要用于建立和编辑波形文件，以及输入仿真向量和功能测试向量。波形输入法适合时序逻辑和有重复性的逻辑函数。EDA 工具软件可以根据用户的输入/输出波形自动生成逻辑关系。波形编辑功能还允许设计者对波形进行复制、剪切、粘贴、重复与伸展，从而可以用内部节点、触发器和状态机建立设计文件，并进行波形组合，还可以将一组波形重叠到另一组波形上，对两组波形的仿真结果进行比较。

3. 设计处理

在设计处理过程中，EDA 工具软件将对设计输入文件进行逻辑化简、综合和优化，并适当地用一片或多片器件进行自动适配，最后生成编程用的编程文件，这一过程也称为编译。

（1）语法检查和设计规则检查 在设计输入完成之后，编译过程中首先进行语法检查，即检查各种语法错误，并及时列出错误信息报告，供设计者修改。然后，进行设计规则检查，即检查总的设计有无超出器件资源或规定的限制，并在编译报告中列出，指明违反规则的情况，以供设计者参考改正。

（2）逻辑优化和综合 优化即化简所有的逻辑方程，使设计所占用的资源最少。综合的目的是将多个模块设计文件合并生成网表文件。

（3）适配和分割 逻辑优化即确定优化以后的逻辑能否与器件中的宏单元和 I/O 单元适配，然后将设计分割为多个便于适配的逻辑小块，再映射到器件相应的宏单元中。如果整个设计不能装入一片器件，可以将整个设计自动分割成多块并装入同一系列的多片器件中去。分割工作可以全部自动实现，也可以部分由用户控制，还可以全部由用户控制进行。分割时应使所需器件的数目尽可能少，同时应使用于器件之间通信的接线端子数目最少。

（4）布局和布线 布局和布线工作是在设计检验通过以后由软件自动完成的，软件能以最优的方式对逻辑器件布局，并准确地实现器件间的互连。布线以后软件会自动生成布线报告，提供有关设计中各部分资源的使用情况等信息。

（5）生成编程数据文件 设计处理的最后一步是生成可供器件编程使用的数据文件。

4. 设计校验

设计校验过程包括功能仿真和时序仿真，这两项工作是在设计处理过程中同时进行的。

（1）功能仿真 功能仿真是在设计输入完成之后，对具体器件进行编译之前所做的逻辑功能验证，因此又称为前仿真。此时的仿真没有延时信息，对于初步的功能检测非常方便。功能仿真前，要先利用波形编辑器或 HDL 等建立波形文件或测试向量（即将所关心的输入信号组合成序列），其结果是生成报告和输出信号波形，从中可以观察到各个节点的信号变化。若发现错误，则返回设计输入流程，并进行修改。

（2）时序仿真 时序仿真即在选择了具体器件并完成布局、布线之后进行的时序关系仿真，因此又称后仿真或延时仿真。由于不同器件的内部延时不一样，不同的布局、布线方案也给延时造成了不同的影响，因此在设计处理以后，对系统和各模块进行时序仿真，分析其时序关系，估计设计的性能以及检查和消除竞争冒险等是非常有必要的。实际上这也是与器件实际工作情况基本相同的仿真。

5. 器件编程

器件编程就是指将编译生成的编程数据文件下载到指定的 PLD 中去。器件编程需要满足一定的条件，如编程电压、编程时序和编程算法等，通常采用下载电缆通过 JTAG 接口进行数据下载。

1.2 同比较器的设计

在数字控制设备中，经常需要对两个数字量进行比较，并按比较结果进行控制选择。这种用来判断两个数字量之间关系的逻辑电路称为数字比较器。仅仅比较两个数字量是否相等的比较器称为同比较器。

1.2.1 电路设计

1. 组合逻辑电路的设计

对于简单的逻辑电路，尤其是输入、输出变量较少的情况，可以按照以下方法设计。

1）分析设计要求，列出真值表。根据设计要求设定输入变量和输出函数，然后将输入变量以自然数的二进制数值递增排列，推导输出函数的状态，列出真值表。

2）根据真值表写出输出函数的逻辑表达式。将真值表中输出函数取值为 1 时所对应输入变量的各个最小项进行逻辑相加后，便得到输出函数的逻辑表达式。

3）对输出函数的逻辑表达式进行化简。用公式法对输出函数的逻辑表达式进行化简，得到最简与非式（或最简或非式）。

4）画出逻辑电路图。可根据输出函数的最简逻辑表达式，也可根据设计要求将输出函数的逻辑表达式变换为与非表达式、或非表达式、与或非表达式来画出逻辑电路图。

2. 同比较器的设计

按照同比较器的定义，设输入的两个 1 位二进制数分别为 A、B，用 Y 表示比较结果。若两数相等，输出 1；若两数不相等，输出 0。同比较器的真值表见表 1-1。

表 1-1　同比较器的真值表

输　　　入		输　　出
A	B	Y
0	0	1
0	1	0
1	0	0
1	1	1

真值表中的 1 代表原变量，0 代表反变量；输入的行与行之间为或关系（表达式中用加号）、输入的列与列之间为与关系（表达式中用乘号）。按照这种关系，可推导出同比较器的逻辑表达式为

$$Y = \overline{A}\,\overline{B} + AB = A \odot B$$

1.2.2 项目建立

Quartus II 是 Altera 公司的第四代开发软件，能够支持逻辑门数在百万个以上的 PLD 的开发，并且为第三方工具提供了无缝接口。其界面友好，集成化程度高，易学，易用，配备了适用于各种需要

1.2.2　项目建立

的器件库，包括基本逻辑器件库（如逻辑门、D 触发器和 JK 触发器等）和宏功能器件（几乎包含所有 74 系列的芯片），非常适合初学者学习，只要直接输入器件符号，连接成电路，就可仿真出结果，而不必精通器件内部的复杂结构，软件能将这些设计转换成系统所需的格式并自动优化。Quartus Ⅱ 与 DSP Builder 和 MATLAB 的 Simulink 结合，是开发 DSP 硬件系统的关键工具；Quartus Ⅱ 与 SoPC Builder 结合，能够开发 SoPC 系统。

在 Quartus Ⅱ 中，设计文件是按照项目来管理的，每个项目中可包含一个或多个设计文件，其中只有一个是顶层文件，顶层文件的名字必须与项目名相同，编译器是对项目中的顶层文件进行编译的。项目还管理着多个在设计过程中产生的中间文件，所有中间文件的文件名都相同，仅扩展名不同。项目文件不能直接建立或保存在根目录下，为了便于管理，最好为每个新项目建立一个单独的文件夹，文件夹名称的首字符必须是英文字母，不区分大小写。

1. 项目准备

在计算机的 E 盘建立 E:\EDAFILE\Example1_1 文件夹作为项目文件夹。注意：文件夹名不能有汉字，也不要全是数字。

2. 启动软件

双击桌面上的图标或单击“开始”→Intel FPGA 19.1→Quartus（Quartus Prime 19.1），打开的软件起始界面如图 1-1 所示。

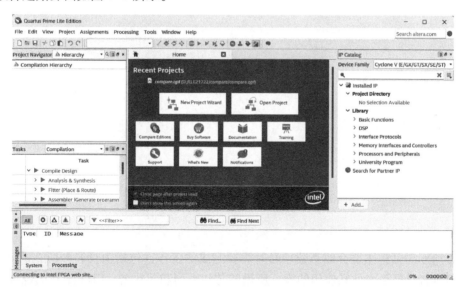

图 1-1 Quartus Ⅱ 软件起始界面

Quartus Ⅱ 软件起始界面中间的图标按钮说明如下。

- New Project Wizard：新建项目向导。
- Open Project：打开已有项目。
- Compare Editions：比较版本信息。
- Buy Software：购买软件。
- Documentation：帮助文档。
- Training：培训内容。
- Support：技术支持。

- What's New：新消息。
- Notifications：通知。

如果选中 Don't show this screen again（不再显示这些屏幕信息）复选框，下次打开软件时，就不会显示这些信息了。

起始界面左上方的 Project Navigator 是项目导航，其下方会显示当前项目所选器件和项目文件名等信息；更下方的 Tasks 是任务栏，会显示执行任务的进程条及完成比例；起始界面右上方的 IP Catalog 是 IP 核目录，会显示已安装的 IP 核；起始界面下方的 Messages 是信息提示栏，项目的编译、仿真、编程等信息会在此处显示。

3. 打开项目建立向导

单击图 1-1 中的图标按钮 New Project Wizard 或单击 File→New Project Wizard…，弹出如图 1-2 所示的 New Project Wizard（新项目建立向导）对话框。

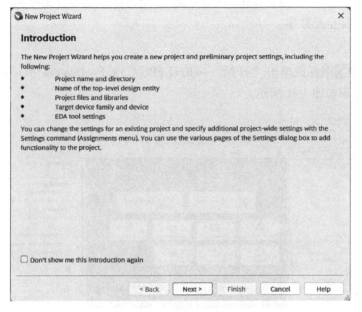

图 1-2　New Project Wizard 对话框

图 1-2 所示对话框主要介绍新建项目时需要完成的工作，包括项目名和所在的文件目录、顶层设计实体名、项目文件和使用的库、所用的芯片系列和芯片名、EDA 工具的设置等。

4. 建立项目

单击图 1-2 所示对话框中的 Next 按钮，打开 Directory，Name，Top-Level Entity（文件目录和项目名）对话框，单击第 1 个文本框右侧的 … 按钮，在弹出的窗口中选择 E:\EDAFILE\Example1_1 文件夹，在第 2 个文本框中输入项目名 SameComp，第 3 个文本框输入的是顶层设计实体名，由于项目名和顶层设计实体名相同，所以这两个文本框联动。项目名和文件名称可由字母、数字和下画线组成，但第 1 个字符必须是英文字母。本例中项目名和顶层文件名均为 SameComp，如图 1-3 所示。

5. 添加文件

单击图 1-3 所示对话框中的 Next 按钮，打开 Project Type（项目类型）对话框，其中有

Empty project（空白项目）和 Project template（项目模板）可供选择，这里选择 Empty project。

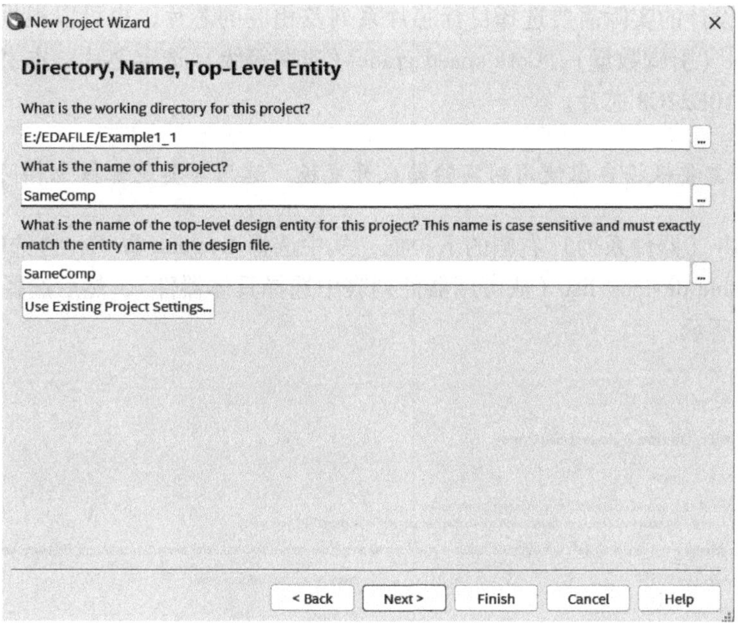

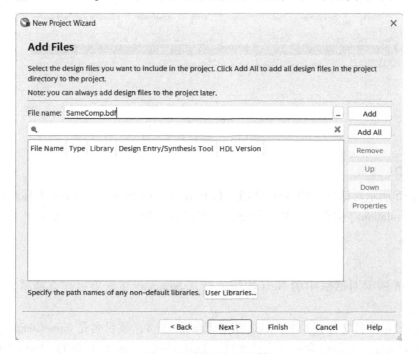

图 1-3　项目名和顶层文件名

再次单击 Next 按钮，打开 Add Files（添加文件）对话框，由于采用原理图输入法，在 File name 文本框中输入 SameComp. bdf（bdf 为图形文件的扩展名，可以缺省），如图 1-4 所示。

图 1-4　Add Files 对话框

单击 Add 按钮，添加该文件。再单击 Next 按钮，打开"器件设置"对话框。

6. 选择器件

应根据系统设计的实际需要选择目标芯片系列及相应的芯片，也可以根据 Package（封装形式）、Pin count（引脚数量）、Core speed grade（速度等级）选定芯片。本书选用 Cyclone Ⅳ E 系列的 EP4CE10E22C8 芯片。

 注意：读者需要根据自己使用的实验箱或开发板，选用与其适配板上相同型号的芯片。

先单击 Family（器件系列）右侧的下拉框，从中选择 Cyclone Ⅳ E，再选中 Specific device selected in 'Available devices' list（从可用器件列表中选择具体器件），然后选择 EP4CE10E22C8 芯片，如图 1-5 所示。

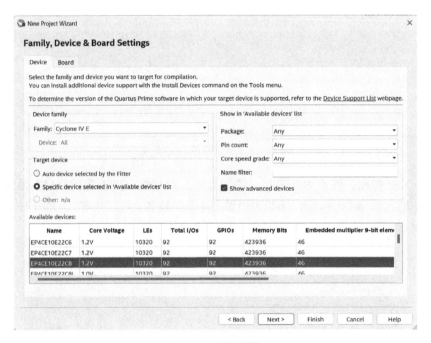

图 1-5　选择器件

7. 选择 EDA 工具

单击图 1-5 所示对话框中的 Next 按钮，打开 EDA Tool Settings（EDA 工具设置）对话框，这里仅选择 Simulation（仿真）→ModelSim，并在其右侧的 Format(s)（格式）中选择 VHDL，如图 1-6 所示。

8. 摘要

单击图 1-6 所示对话框中的 Next 按钮，打开 Summary（新项目建立摘要）对话框，如图 1-7 所示。

摘要信息显示项目文件夹是 E:\EDAFILE\Example1_1，项目名是 SameComp，顶层设计实体名也是 SameComp，项目仅含一个设计文件，选用 Cyclone Ⅳ E 系列的 EP4CE10E22C8 芯片等信息。仔细检查摘要信息与设计是否相同，若不同，可单击 Back 按钮返回修改。最后单击 Finish 按钮，关闭"新项目建立向导"对话框。

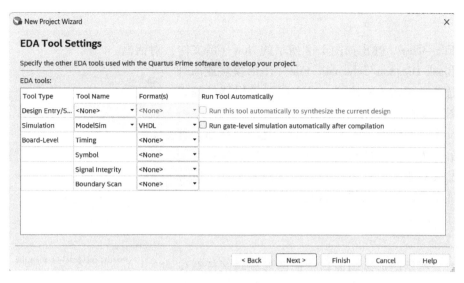

图 1-6 EDA Tool Settings 对话框

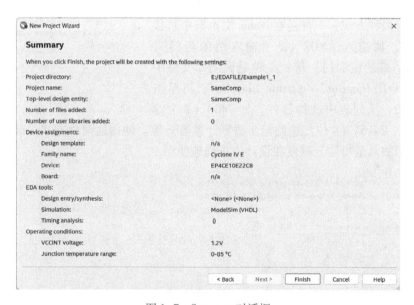

图 1-7 Summary 对话框

 注意：软件的标题栏必须变为 E:/EDAFILE/Example1_1/SameComp-SameComp，表示当前项目工作在 E:\EDAFILE\Example1_1 文件夹下，项目名是 SameComp，顶层设计实体名也是 SameComp。

1.2.3 编辑文件

Quartus II 常用两种输入方法，一种是原理图输入法，一种是文本输入法。两种输入方法的设计步骤基本相同，都包括原理图（或文本）编辑、编译、仿真、编程和下载等步骤。

1.2.3 编辑文件

1. 建立原理图输入文件

单击 File→New，弹出如图 1-8 所示的 New（新文件）对话框。

选中 Block Diagram/Schematic File（图形模块或原理图文件）选项，单击 OK 按钮，进入图形编辑器的编辑环境，其图形编辑窗口如图 1-9 所示。

图 1-9 中，左侧的 Project Navigator 是项目导航，其下方会显示所选器件和项目名等信息。如果发现选择的器件和开发板使用的芯片不同，可在器件名上双击鼠标左键，然后在弹出的对话框中修改。另外，单击项目文件名可以打开该文件。

2. 输入器件及引脚

在图 1-9 所示图形编辑窗口中的图形编辑区任意位置上双击鼠标左键，即可弹出"器件输入"对话框，如图 1-10 所示。

输入器件有两种方式：一种是在 Name 文本框中直接输入器件名称，如输入 AND2（2 个输入端的与门）、NOR3（3 个输入端的或非门）等；一种是调用库文件中的器件，即展开 D:/quartus22/quartus/libraries/，再单击 others→maxplus2，从列表中选择器件，如 7400（2 个输入端的与非门）、74161（4 位二进制异步清零计数器）等。使用这两种方式时都必须了解每个器件的名称、用法乃至特性，以便在设计中正确地使用。

图 1-8　New 对话框

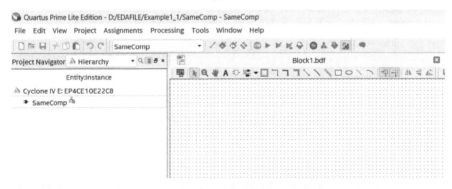

图 1-9　图形编辑窗口

按同比较器电路的要求，在 Name 文本框中直接输入器件名称 XNOR（同或门），再单击 OK 按钮，自动关闭"器件输入"对话框，在图形编辑窗口中的图形编辑区适当位置单击鼠标左键，即输入一个器件。按照同样的操作，输入器件 INPUT（输入引脚）1 个和 OUTPUT（输出引脚）1 个。

3. 器件的复制和移动

有的设计可能用到多个同种器件，简单的处理办法是输入一个器件后进行复制。单击准备复制的器件或用鼠标对该器件画矩形框（定位于某一点，按下鼠标左键并向器件的对角方向拖动），若器件的轮廓变成蓝色实线，表示已经选中该器件，然后按住〈Ctrl〉键，拖动该器件，即可拖出一个被复制的器件。

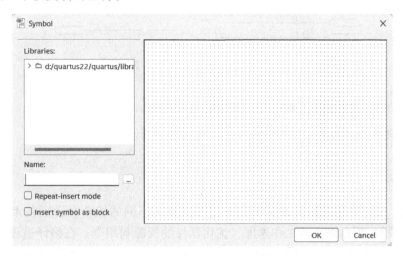

图 1-10　"器件输入"对话框

器件需要移动时，可按下鼠标左键并用鼠标拖动图形编辑区中器件的图形符号，器件就能随着光标指针的移动而任意移动。鼠标左键释放，则器件定位。用这样的方法可以把器件或者图形符号摆放到适当的位置。若要同时移动多个器件，可以用鼠标左键拖出一个大的矩形框，把要移动的器件都包围起来。这样多个器件即同时被选中，就可以一起移动了。

4. 电路连接

首先将各器件符号移动到合适的位置，以易于连线。将光标指针移至某一器件符号外轮廓边缘的引脚处，光标指针会自动变成十字形状。此时可以按住鼠标左键拖动，直至另一个需要连接的器件的输入或输出引脚处，松开鼠标左键，于是这两个器件的引脚间就会出现蓝色的连线。蓝色表示"选中"，此时可以移动、删除和复制连线。进行任何其他的鼠标操作都将使连线变成红色（固化）。画折线时，可在转折处松开鼠标左键一下再按住，然后继续拖动鼠标。用上述方法，连接所有需要连接的器件和输入、输出引脚。

5. 引脚命名

在图形编辑器中，输入、输出引脚是 prim 库中的特殊"器件"，名字分别是 INPUT 和 OUTPUT。所有的输入、输出引脚在被拖动到图形编辑区之初，均被系统默认命名为 PIN_NAME。可双击某个引脚的 PIN_NAME 处，使其变为黑底白字显示，然后即可直接输入所定义的引脚名。引脚名可采用英文字母、数字或是一些特殊符号，如"/""_""-"等。例如 A1、b0、D/dl、3_ab、l2a 等都是合法的名字。

　注意：引脚名称中英文字母的大小写所代表的意义是相同的，也就是说abc与ABC代表的是同一个引脚，在同一个设计文件中，引脚名称是绝对不能重名的。

以同样的方法修改所有的输入、输出引脚名，编辑完成的同比较器电路如图 1-11 所示。

6. 保存

单击 File→Save 或 💾 按钮，不要做任何改动，直接以默认的 SameComp 为文件名，保存在当前文件夹 E:\EDAFILE\Example1_1 下。如果发现保存的文件名或文件夹不是这样的，可单击 File→Save As...（另存为），在弹出的对话框中进行修改或选择文件夹。

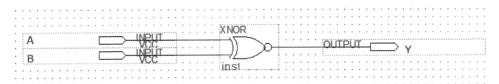

图 1-11　同比较器电路

 注意：文件名与项目名必须相同且在同一个文件夹下。

1.2.4　编译

在编译前，设计者可以通过设置，指导编译器使用不同的综合和适配技术（如时序驱动技术等），以便提高项目设计的工作速度，优化器件的资源利用率。在编译过程中及编译完成后，可以从编译报告中获得详细的编译结果，以利于设计者及时调整设计方案。

单击 Processing→Start Compilation 或 ▶ 按钮，启动编译。编译包括对设计输入的多项处理操作，如排错、数据网表文件提取、逻辑综合、适配、装配文件（仿真文件与编程配置文件）生成和基于目标器件的项目时序分析等。

如果项目文件中有错误，在下方的信息提示栏中会显示出来。可双击此条错误提示信息，然后在闪动的光标处（或附近）仔细查找（本例如果出现错误，可能是引脚连接的问题，删除后重新连接即可），改正后保存，再次进行编译，直到没有错误为止。另外，编译时可能会出现一些警告信息，这些信息可以阅读一下，多数不需要修改。编译成功后可以看到编译报告，如图 1-12 所示。

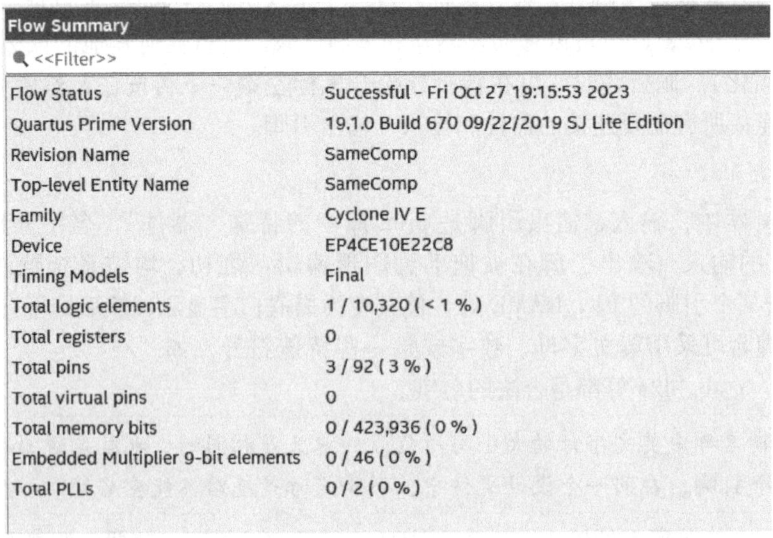

Flow Summary	
🔍 <<Filter>>	
Flow Status	Successful - Fri Oct 27 19:15:53 2023
Quartus Prime Version	19.1.0 Build 670 09/22/2019 SJ Lite Edition
Revision Name	SameComp
Top-level Entity Name	SameComp
Family	Cyclone IV E
Device	EP4CE10E22C8
Timing Models	Final
Total logic elements	1 / 10,320 (< 1 %)
Total registers	0
Total pins	3 / 92 (3 %)
Total virtual pins	0
Total memory bits	0 / 423,936 (0 %)
Embedded Multiplier 9-bit elements	0 / 46 (0 %)
Total PLLs	0 / 2 (0 %)

图 1-12　编译报告

图 1-12 中左边是编译处理信息目录，右边是编译报告的具体内容。这些信息也可以通过单击 Processing→Compilation Report 见到。

想一想、做一做：将同或门（XNOR）改成 3 输入端与非门（NAND3），并添加一个输入引脚后保存并编译。

1.3 大小比较器的设计

不但能够比较两个数字量是否相等，还能比较二者大小的比较器称为大小比较器。大小比较器包含同比较器，可以代替同比较器。

1.3.1 电路设计

设输入的两个二进制数分别为 A、B，用 Y1、Y2 和 Y3 表示比较结果。若 A>B，则 Y1 = 1、Y2 = 0、Y3 = 0；若 A = B，则 Y1 = 0、Y2 = 1、Y3 = 0；若 A<B，则 Y1 = 0、Y2 = 0、Y3 = 1。大小比较器的真值表见表 1-2。

表 1-2 大小比较器的真值表

输 入		输 出		
A	B	Y1 (A>B)	Y2 (A=B)	Y3 (A<B)
0	0	0	1	0
0	1	0	0	1
1	0	1	0	0
1	1	0	1	0

由真值表推导出的大小比较器的逻辑表达式为

$$Y1 = A\overline{B} \qquad Y2 = \overline{A}\,\overline{B} + AB = A \odot B \qquad Y3 = \overline{A}B$$

1.3.2 文件编辑与编译

1. 建立项目

1）在计算机的 E 盘，建立 E:\EDAFILE\Example1_2 文件夹作为项目文件夹。

1.3.2 文件编辑与编译——建立项目

2）启动 Quartus Ⅱ，单击其中的图形按钮 Create a New Project，也可以单击 File→New Project Wizard…，打开"新项目建立向导"对话框，单击 Next 按钮，打开"文件目录和项目名"对话框，再单击第 1 个文本框右侧的 ⋯ 按钮，在弹出的窗口中选择 E:\EDAFILE\Example1_2 文件夹，在第 2 个文本框中输入项目名 SizeComp，在第 3 个文本框中的顶层设计实体名也同时改变为 SizeComp。

3）由于采用原理图输入法，在"添加文件"对话框的 File name 文本框中输入 SizeComp. bdf，然后单击 Add 按钮，添加该文件。

4）在"器件设置"对话框中，根据实验箱或开发板上使用的器件来决定选择的芯片系列和具体器件，本书选择 Cyclone Ⅳ E 系列的 EP4CE10E22C8 芯片。

5）单击 Finish 按钮，关闭"新项目建立向导"对话框。

注意：软件的标题栏必须变为 E:/EDAFILE/Example1_2/SizeComp-SizeComp。

2. 编辑与编译

1.3.2 文件编辑与编译——编辑与编译

1）编辑。单击 File→New，在弹出的"新文件"对话框中，选择 Block Diagram/Schematic File，单击 OK 按钮，进入图形编辑器。

2）双击图形编辑区，打开"器件输入"对话框。根据大小比较器的逻辑表达式，依次输入 2 个 NOT（非门）、2 个 AND2（与门）、1 个 XNOR（同或门）、2 个 INPUT（输入引脚）和 3 个 OUTPUT（输出引脚）。编辑完成后的大小比较器电路如图 1-13 所示。

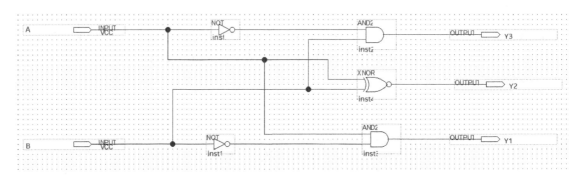

图 1-13　大小比较器电路

单击 File→Save 或 💾 按钮，不要做任何改动，直接以默认的 SizeComp 为文件名，保存在当前文件夹 E:\EDAFILE\Example1_2 下。如果发现保存的文件名或文件夹不是这样的，可单击 File→Save As...，在弹出的对话框中进行修改或选择文件夹。

3）编译。单击 Processing→Start Compilation 或 ▶ 按钮，启动编译。如果设计中存在错误（大多是连线问题，应删除后重连），可以根据信息提示栏所提供的信息进行修改，然后重新编译，直到没有错误为止。

1.3.3　时序波形仿真

仿真就是对设计项目进行一次全面彻底的测试，以确保设计项目的功能和时序特性符合设计要求，保证最后的硬件器件功能与设计要求相吻合。仿真可分为功能波形仿真和时序波形仿真。功能波形仿真只能测试设计项目的逻辑行为，而时序波形仿真不仅能测试逻辑行为，还能测试器件在最差条件下的工作情况。

1.3.3　时序波形仿真

1. 建立波形文件

单击 File→New，打开"文件选择"对话框，展开 Verification/Debugging Files（检验或调试文件）下拉菜单，选择其中的 University Program VWF（矢量波形文件）选项，单击 OK 按钮，即出现空白的波形编辑器，如图 1-14 所示。

2. 设置仿真时间

为了使仿真时间设置在一个合理的时间区域上，单击波形编辑器的 Edit→Set End Time（设置结束时间），在弹出的对话框中的 Time 文本框输入 1，单位选 μs，即整个仿真域的时间设定为 1 微秒。再单击波形编辑器的 Edit→Grid Size...（网格大小）选项，在弹出的对话框中的 Period 文本框输入 100，单位选 ns，即设定网格宽度为 100 纳秒。

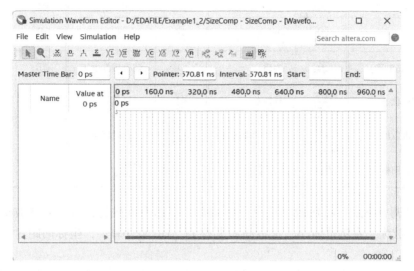

图 1-14 波形编辑器

3. 插入引脚

1）双击波形编辑器中 Name 下的空白处，会打开 Insert Node or Bus（插入引脚或总线）对话框，如图 1-15 所示。

2）单击 Node Finder... 按钮，打开 Node Finder 引脚搜索对话框，选中 Pins：all，然后单击 List 按钮，在下方的 Nodes Found 列表框中会出现设计项目的所有引脚名，单击窗口中间的方向按钮（分为单选和全选两种），将引脚选进窗口右侧的选择区，如图 1-16 所示。

图 1-15 Insert Node or Bus 对话框

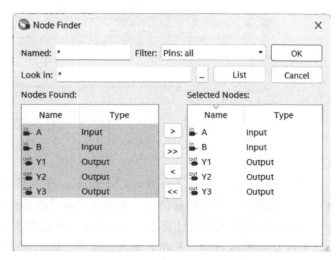

图 1-16 将引脚选进窗口右侧的选择区

单击 OK 按钮，回到"插入引脚或总线"对话框，再次单击 OK 按钮。

4. 编辑输入波形

波形编辑器左上方的按钮是编辑输入波形的工具，它们的具体用途见表 1-3。

表 1-3　按钮的具体用途

按钮	用　途	按钮	用　途	按钮	用　途	按钮	用　途
	选择		调整焦距		不定状态		0（低电平）
	1（高电平）		高阻		弱信号低电平		弱信号高电平
	相反状态		计数器		时钟信号		任意数值
	随机数值		运行功能仿真		运行时序仿真		
	对齐网格		对齐转换点		生成 ModelSim 模型		

先使用"调整焦距"按钮调整波形坐标间距，即选中该按钮，接下来在波形编辑区单击鼠标，右键可放大，左键可缩小，坐标间距调整到 50 ns 或 100 ns，坐标间距过小不利于设置和观察波形。

再根据设计要求给输入引脚设置波形信号，输出引脚不要设置波形信号（仿真完成后会自动生成波形信号）。单击引脚 A，选中 A 信号，再单击　按钮，在"时钟设置"对话框的 Period 文本框中输入 200，即设定仿真周期为 200 ns，同样把 B 信号的仿真周期设置为 400 ns，如图 1-17 所示。

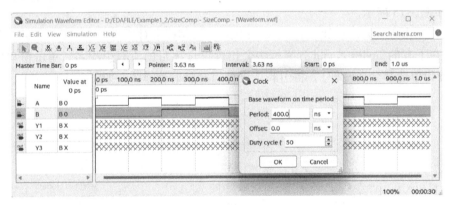

图 1-17　设置波形信号

5. 启动仿真

单击 Simulation→Run Functional Simulation 或　按钮，在弹出的对话框中按默认的名字 Waveform 保存后，即可启动仿真。大小比较器的仿真波形如图 1-18 所示。

根据大小比较器的设计要求，按列观察输入波形和输出波形的关系，验证电路功能。

- 在 0~100 ns 区间，A 和 B 都为低电平，输出 Y1=0（代表 A>B）、Y2=1（代表 A=B）、Y3=0（代表 A<B）；
- 在 100~200 ns 区间，A 为高电平、B 为低电平，输出 Y1=1（代表 A>B）、Y2=0（代表 A=B）、Y3=0（代表 A<B）。

同理，观察其他区间波形。如果波形与设计要求不符，就要修改电路并再次编译、仿真，直到满足设计要求为止。对于一些比较成熟或简单的设计，编译成功后可以不进行仿真验证，直接下载到开发板中验证电路功能。

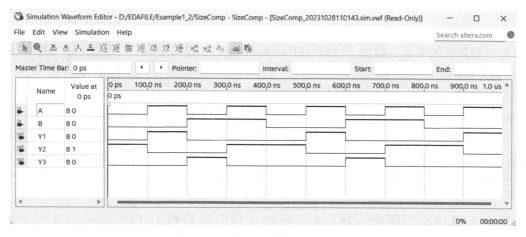

图 1-18 大小比较器的仿真波形

想一想、做一做：利用其他按钮设置输入波形，保存并仿真，观察输出波形。

1.4 4 位比较器的设计

如果比较两个十进制数的大小关系，可以先将其转换成两个 4 位二进制数再进行比较，例如比较 7 和 9 两个十进制数，相当于比较二进制数 0111 和 1001。同理，比较两个英文字母或符号，可以利用 ASCII 码将其转换成两个 8 位二进制数；比较两个汉字可以利用汉字编码将其转换成两个 16 位的二进制数，再进行比较。

1.4.1 74LS85 芯片

Quartus Ⅱ 的 maxplus2 库中有加法器、编码器、译码器、计数器和移位寄存器等 74 系列器件，可以非常方便地设计出大多数传统方法所能设计出的数字电路。Quartus Ⅱ 编译器会自动将不用的门和触发器删除，并且所有输入引脚都有默认值，不用的芯片输入引脚允许不进行任何连接。

集成数值比较器 74LS85 是双列直插式 16 引脚芯片，用于两个 4 位二进制数的比较。在其工作过程中，会从两个数的最高位开始比较，如果不相等，则最高位的比较结果可以作为两个数的比较结果。如果最高位相等，则再比较次高位，以此类推。显然，如果两个数相等，那么比较工作必须进行到最低位才能得到结果。74LS85 芯片如图 1-19 所示。

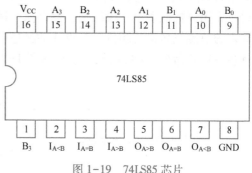

图 1-19 74LS85 芯片

74LS85 的引脚 V_{CC} 接 5 V 电源、引脚 GND 接地；输入引脚 A_0、A_1、A_2 和 A_3 代表 4 位二进制数 A，输入引脚 B_0、B_1、B_2 和 B_3 代表 4 位二进制数 B；输入引脚 $I_{A>B}$、$I_{A=B}$ 和 $I_{A<B}$ 代表来自其他数值比较器的比较结果，用于芯片的扩展级联，以便组成位数更多的数值比较器；输出引脚 $O_{A>B}$、$O_{A=B}$ 和 $O_{A<B}$ 代表比较结果。

1.4.2 编辑与仿真

1. 建立项目

1.4.2 编辑与仿真——建立项目

1）在计算机的 E 盘，建立 E:\EDAFILE\Example1_3 文件夹作为项目文件夹。

2）启动 Quartus Ⅱ，单击其中的图标按钮 Create a New Project，也可以单击 File→New Project Wizard...，打开"新项目建立向导"对话框，单击 Next 按钮，打开"文件目录和项目名"对话框。单击第 1 个文本框右侧的 ... 按钮，在弹出的窗口中选择 E:\EDAFILE\Example1_3 文件夹；在第 2 个文本框中输入项目名 FourComp，第 3 个文本框的顶层设计实体名也同时改变为 FourComp，即本项目名为 FourComp，顶层设计实体名也为 FourComp。

3）由于采用原理图输入法，在"添加文件"对话框的 File name 文本框中输入 FourComp.bdf，然后单击 Add 按钮，添加该文件。

4）在"器件设置"对话框中，根据实验箱或开发板上使用的器件来决定选择的芯片系列和具体器件，本书选择 Cyclone Ⅳ E 系列的 EP4CE10E22C8 芯片。

5）单击 Finish 按钮，关闭"新项目建立向导"对话框。

 注意：软件的标题栏必须变为 E:/EDAFILE/Example1_3/FourComp-FourComp。

2. 编辑与编译

1.4.2 编辑与仿真——编辑与编译

1）编辑。单击 File→New，在弹出的 New 对话框中选中 Block Diagram/Schematic File 选项，单击 OK 按钮，进入图形编辑器。

2）双击图形编辑区，打开"器件输入"对话框。根据 4 位比较器的设计要求，依次输入 7485（芯片）、2 个 INPUT（输入引脚）和 3 个 OUTPUT（输出引脚）。

3）由于输入数据是 4 位数，所以需要用总线表示，即使用 A[3..0]、B[3..0] 的形式（注意是 2 个点），与总线相连的线称为节点线（支线），例如与 A[3..0] 相连的 4 条节点线分别命名为 A[0]、A[1]、A[2]、A[3]，不同的节点线名代表总线的数据分配关系。命名节点线时，先用鼠标拖动出一段线条，然后松开鼠标，但不要移动鼠标，直接输入节点名。还要注意输入的节点线名称的颜色与节点线的颜色必须相同，若不同就是没有选中节点线，需要删除节点名后重新命名。4 位比较器电路如图 1-20 所示。

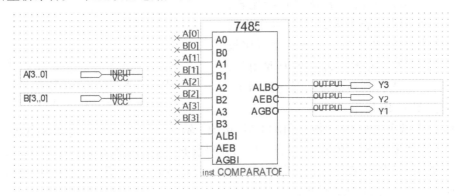

图 1-20　4 位比较器电路

单击 File→Save 或 🖫 按钮，不要做任何改动，直接以默认的 SameComp 为文件名，保存在当前文件夹 E：\EDAFILE\Example1_3 下。如果发现保存的文件名或文件夹不是这样的，可单击 File→Save As…，在弹出的对话框中进行修改或选择文件夹。

4）编译。单击 Processing→Start Compilation 或 ▶ 按钮，启动编译。如果设计中存在错误，可以根据信息提示栏所提供的信息进行修改，然后重新编译，直到没有错误为止。

3. 波形仿真

1.4.2　编辑与仿真——波形仿真

1）单击 File→New，打开"文件选择"对话框，展开 Verification/Debugging Files 下拉菜单，选择其中的 University Program VWF 选项，单击 OK 按钮，即出现空白的波形编辑器。

2）在空白的波形编辑器中，单击 Edit→Set End Time，设定仿真时间为 1 μs；单击 Edit→Grid Size…，设定仿真时间周期为 50 ns。

3）双击波形编辑器中 Name 下的空白处，打开"插入引脚或总线"对话框。

4）单击 Node Finder…按钮，打开"引脚搜索"对话框，选中 Pins：all，然后单击 List 按钮。在下方的 Nodes Found 列表框中会出现设计项目的所有引脚名。

5）单击窗口中间的全选方向按钮，所有引脚全部进入窗口右侧的选择区，单击 OK 按钮，回到"插入引脚或总线"对话框，再次单击 OK 按钮。

6）设置输入波形。根据要求，选中引脚 A，单击 ☒ 按钮，再从 Radix（基数）下拉列表中选择 Unsigned Decimal（无符号十进制），在下方的 Count every（计数间隔）中输入 50，其余不用修改，如图 1-21 所示。

单击 OK 按钮完成设置。再选中引脚 B，同样设置，但在 Start value（起始值）中输入 5，即从 5 开始计数，再次单击 OK 按钮完成设置。

7）单击 Simulation→Run Functional Simulation 或 ☒ 按钮，在弹出的对话框中按默认的名字 Waveform 保存后，即可启动仿真。使用"调整焦距"按钮调整波形坐标间距，4 位比较器的仿真波形如图 1-22 所示。

图 1-21　设置输入波形

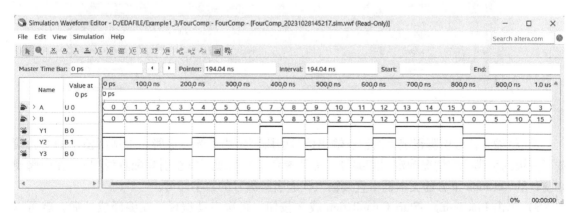

图 1-22　4 位比较器的仿真波形

从仿真波形中可以看出：

- 在 0~50 ns 区间，A 和 B 都为 0 时，输出 Y1 = 0（代表 A>B）、Y2 = 1（代表 A = B）、Y3 = 0（代表 A<B）；
- 在 50~100 ns 区间，A 为 1、B 为 5，输出 Y1 = 0（代表 A>B）、Y2 = 0（代表 A = B）、Y3 = 1（代表 A<B）。

其他区间的仿真波形情况也符合 4 位比较器的要求。

1.4.3 器件编程

仿真分析能够将设计电路的逻辑功能用波形的形式表现出来，以便检验电路功能。在通过仿真分析后，就可以使用 Quartus Ⅱ 软件的编程器把设计的程序下载到 PLD 中，进一步验证电路功能并实现电路。

1. 引脚锁定

引脚锁定是指将设计文件的输入、输出信号分配到器件引脚的过程，步骤如下。

1）单击 Assignments→Pin Planner，出现引脚规划窗口，如图 1-23 所示。

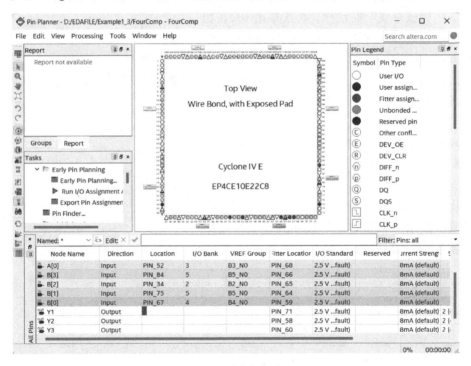

图 1-23　引脚规划窗口

2）将输入信号引脚锁定为按键、输出信号引脚锁定为发光二极管。根据所使用的实验箱或开发板的引脚分配情况确定引脚编号（需要参考实验箱或开发板引脚配置说明），在引脚规划窗口的 Location 下方的文本框中直接输入代表引脚编号的数字即可。

3）单击 Processing→Start Compilation 或 ▶ 按钮，再次启动编译。在编译成功后，就可以将设计的程序下载到 PLD 中。如果编译出现错误，可能是引脚编号错误，在查看配置说明后改正即可；也可能是器件选择错误，这时可查看项目窗口左上部的 Project Navigator（项目导航），其下方会显示所选器件信息，如果发现选择的器件和使用的器件不同，可在器件名上双击鼠标左键，从弹出的对话框中修改。如果看不到 Project Navigator，也可单击 Project→Add/Remove Files in Project...（从项目中添加或移除文件），打开 Category（类别）对话框，单击右上角的 Device/Board 按钮，在弹出的 Device（器件）对话框中重新选择器件。

2. 编程器

在编译成功后，Quartus Ⅱ 将自动生成扩展名为 pof 和 sof 的编程数据文件，其中 pof 文件是专用于配置器件的编程文件，通过 AS 编程模式将文件下载到开发板上的存储器芯片中；sof 文件可利用编程器的下载电缆，通过 JTAG 方式将编程文件下载到 PLD 中。常用的编程器如下。

1）ByteBlaster MV 编程器，可将下载电缆接到计算机的并行接口，速度较慢。

2）MasterBlaster 编程器，可将下载电缆接到计算机的串行接口。

3）USB-Blaster 编程器，需要安装驱动程序，通常在安装 Quartus Ⅱ 时，系统会提示安装 USB-Blaster 驱动程序。如果安装软件时没有安装驱动程序，也可以手动搜索驱动程序，此时需要将 USB-Blaster 编程器下载电缆的一端连接到计算机的 USB 接口，另一端连接到 EDA 实验箱或开发板的 JTAG 接口，然后打开 EDA 实验箱或开发板的电源，这时会弹出一个 USB 驱动程序对话框，根据对话框的提示，选择用户手动搜索驱动程序。如果 Quartus Ⅱ 安装在计算机 D 盘的 ALTERA 文件夹下，则驱动程序的路径为 D：\ALTERA\QUARTUS\DRIVERS\USB-BLASTER（注意：不要打开其下的文件夹）。

3. 编程

1）将编程器的下载电缆与计算机的接口连接好，打开实验箱或开发板电源。单击 Tools→Programmer，弹出如图 1-24 所示的编程窗口。

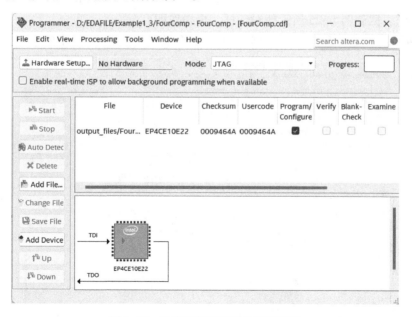

图 1-24 没有添加编程器的编程窗口

2）如果图 1-24 所示窗口中 Hardware Setup...（硬件设置）按钮右侧显示 No Hardware（没有硬件），表示没有添加编程器，可单击 Hardware Setup...按钮，弹出如图 1-25 所示的

"硬件设置"对话框。

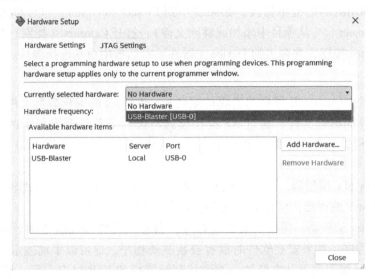

图 1-25　Hardware Setup 对话框

3）单击图 1-25 所示窗口中 Currently selected hardware（当前选择的硬件）右侧的下拉按钮，从中选择 USB-Blaster[USB-0]；也可以在下方的 Available hardware items（可获得的硬件列表）中双击 USB-Blaster，使其出现在上方的下拉框中。然后单击 Close 按钮，关闭"硬件设置"对话框。

如果使用其他编程器，例如 ByteBlaster MV 编程器，需要先单击图 1-25 所示窗口右侧的 Add Hardware…（添加硬件）按钮，在弹出的对话框中添加 ByteBlaster MV 编程器，然后单击其中的 OK 按钮，回到图 1-25 所示的对话框，再操作即可。

如果成功添加了编程器，再次打开软件时，就会显示如图 1-26 所示的编程窗口。

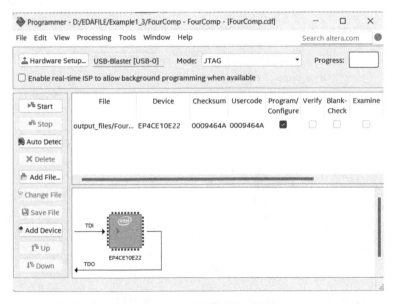

图 1-26　添加编程器的编程窗口

4）在图 1-26 所示的编程窗口中，单击 Mode 下拉框右端的下拉按钮（共有 4 种方式），选中 JTAG 编程方式。JTAG 编程方式支持在系统编程，可对 FPGA、DSP 等器件进行编程，是通用的编程方式。另外，Active Serial Programming 方式可对存储器芯片进行编程。

5）在图 1-26 所示的编程窗口中，单击 Start 按钮，即可开始对芯片编程。当编程窗口右上方 Progress（进度）右侧的方框达到 100%时，表示编程完成。

6）在有些情况下，图 1-26 所示的编程窗口中间没有编程文件，这时可以手动添加，单击 Add File...按钮，在弹出的对话框中打开 output_files 文件夹，选中扩展名为 sof 的文件。

4. 电路测试

根据实验箱或开发板的实际情况，测试电路。设按键按下时输入信号为 1，按键指示灯亮；按键抬起时输入信号为 0，按键指示灯灭。输出信号为 1 时，信号灯亮；输出信号为 0 时，信号灯灭。例如输入 A=0000、B=0000，输出 Y1=0（代表 A>B）、Y2=1（代表 A=B）、Y3=0（代表 A<B）；输入 A=0001、B=0110，输出 Y1=0（代表 A>B）、Y2=0（代表 A=B）、Y3=1（代表 A<B）；输入 A=1001、B=0111，输出 Y1=1（代表 A>B）、Y2=0（代表 A=B）、Y3=0（代表 A<B）。同理，输入其他数据，观察输出情况。

5. 未使用引脚的处理

如果电路测试过程中，出现实验箱或开发板上的蜂鸣器响个不停或输出发光二极管常亮等问题，可能是由于芯片的某些未使用引脚没有设置。可单击 Project→Add/Remove Files in Project...（从项目中添加或移除文件），打开 Category（类别）对话框，单击右上角的 Device/Board 按钮，弹出 Device（器件）对话框，如图 1-27 所示。

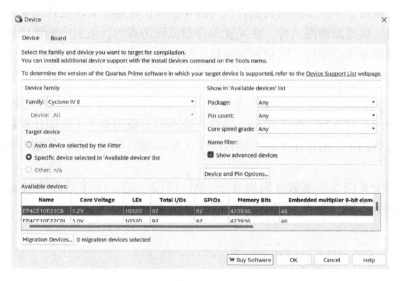

图 1-27 Device 对话框

单击图 1-27 所示对话框右下方的 Device and Pin Options...（器件和引脚操作）按钮，弹出 Unused Pins（未使用的引脚）对话框，如图 1-28 所示。

对于未使用的引脚的处理，对话框中有 5 种方式，一般设置为 As input tri-stated（输入三态模式）。

想一想、做一做： 上网检索，了解一下未使用的引脚的其他处理方式。

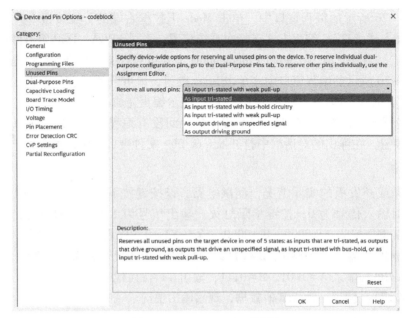

图 1-28　Unused Pins 对话框

1.5　实训: 4 位同比较器的设计与实现

1. 实训说明

设计一个比较两个 4 位二进制数是否相同的 4 位同比较器。要求设计出 4 位同比较器的原理图,建立项目,编辑原理图文件,在完成编译和波形仿真后,依据实验箱或开发板的具体情况锁定引脚,再次编译成功后,下载到实验箱中验证 4 位同比较器的功能。

2. 设计提示

4 位同比较器可以在 1 位同比较器的基础上完成。如果两个 4 位二进制数的每一位都相同,则两个数相同;只要有 1 位不相同,则两个数不同。使用 4 个 1 位同比较器比较 4 位二进制数的每一位,得到 4 个输出结果,再接入一个 4 输入端的与门,与门的输出端就是 4 位同比较器的输出端。

设输入的两个 4 位二进制数分别为 A[3..0]、B[3..0],用 Y 表示比较结果。若两数相同,Y=1;若两数不同,Y=0。4 位同比较器电路如图 1-29 所示。

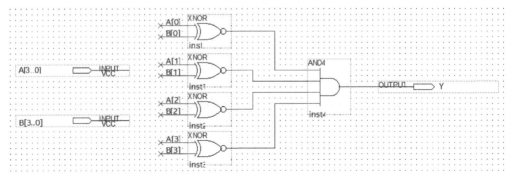

图 1-29　4 位同比较器电路

3. 实训内容

1）建立项目：在计算机的 E 盘，建立 E:\EDAFILE\Example1_4 文件夹作为项目文件夹。启动 Quartus Ⅱ，打开"新项目建立向导"对话框，项目名和顶层设计实体名都是 FScomp，文件名为 FScomp.bdf。

2）在"器件设置"对话框中，根据实验箱或开发板上使用的器件来决定选择的芯片系列和具体器件，本书选择 Cyclone Ⅳ E 系列的 EP4CE10E22C8 芯片。

3）单击 Finish 按钮，关闭"新项目建立向导"对话框。

 注意：软件的标题栏必须变为 E:/EDAFILE/Example1_4/FScomp-FScomp。

4）编辑：进入图形编辑器，双击图形编辑区，打开"器件输入"对话框，添加器件和引脚，并按照图 1-29 所示连接。

5）编译：单击 Processing→Start Compilation 或 ▶ 按钮，启动编译。如果设计中存在错误，可以根据信息提示栏所提供的信息进行修改，然后重新编译，直到没有错误为止。

6）波形仿真：单击 File→New，选中 University Program VWF 选项，单击 OK 按钮，建立波形输入文件。根据要求设置输入信号波形，设置完成后单击 🔍 按钮，启动仿真。使用"调整焦距"按钮调整波形坐标间距，4 位同比较器的仿真波形如图 1-30 所示。

Master Time Bar: 0 ps				◀ ▶	Pointer:		Interval:		Start:		End:	
	Name	Value at 0 ps	0 ps 0 ps	100.0 ns	200.0 ns	300.0 ns	400.0 ns	500.0 ns	600.0 ns	700.0 ns	800.0 ns	900.0 ns 1.0 us
▷	A	B 0000	0000 0011 0110 1001 1100 1111 0010 0101 1000 1011 1110 0001 0100 0111 1010 1101 0000 0011 0110 1001									
▷	B	B 0000	0000 0001 0010 0011 0100 0101 0110 0111 1000 1001 1010 1011 1100 1101 1110 1111 0000 0001 0010 0011									
out	Y	B 1										

图 1-30　4 位同比较器的仿真波形

7）单击 Assignments→Pin Planner，出现引脚规划窗口。将输入信号引脚锁定为按键，输出信号引脚锁定为发光二极管。根据所使用的实验箱或开发板的引脚分配情况确定引脚编号（需要参考实验箱或开发板引脚配置说明），在引脚规划窗口的 Location 下方的文本框中直接输入代表引脚编号的数字即可。注意：多位引脚需要按位锁定，例如引脚 A 需要分别锁定A[3]、A[2]、A[1]、A[0]，不要锁定 A。

8）单击 Processing→Start Compilation 或 ▶ 按钮，再次启动编译。编译成功后，就可以将设计的程序下载到 PLD 中。

9）编程：将编程器的下载电缆与计算机的接口连接好，打开实验箱或开发板电源。单击 Tools→Programmer，在编程窗口中进行硬件配置，本书选用 USB-Blaster 编程器，编程方式选择 JTAG 编程方式。在编程窗口中，选中 FScomp.sof 文件，再单击 Start 按钮，即可开始对芯片编程。

4. 电路测试

根据实验箱或开发板的实际情况，测试电路。例如输入 A = 0000、B = 0000，输出 Y 应该为 1（代表 A 与 B 相同）；输入 A = 0001、B = 0011，输出 Y 应该为 0（代表 A 与 B 不同）；输入 A = 1011、B = 1011，输出 Y 应该为 1（代表 A 与 B 相同）。同理，输入其他数据，观察输出情况。

5. 实训报告

1）记录仿真波形。

2）整理电路测试记录表，分析测试结果。

3）说明电路设计过程。

4）设计并画出 6 位同比较器电路。

1.6 拓展阅读：国内的 EDA 工具软件

20 世纪 80 年代中后期，中国开始对 EDA 工具软件进行自主研发，并在 1988 年启动国产 EDA 工具软件的研发工作。

20 世纪 90 年代初期，华大九天公司的核心团队参与并成功研发出我国第一款具有自主知识产权的 EDA 工具软件，即熊猫 ICCAD 系统，填补了我国在该领域的空白。

2008 年，EDA 工具软件行业获得了鼓励和扶持。国内 EDA 领域涌现了华大九天、概伦电子、广立微电子、国微集团等公司。至此，中国本土 EDA 企业开始进入市场的主流视野。

2019 年以来，国内集成电路设计及制造企业开始寻求实现 EDA 工具软件的进口替代，对于国内 EDA 厂商而言，这是一个关乎发展的重要时刻。

集成电路从系统架构开始，落实到功能的定义和实现，最终实现整个芯片的设计与验证，是一项复杂的系统工程。以华为公司 2019 年推出的 7nm 麒麟 990 芯片来说，其中集成了 103 亿颗晶体管，若没有 EDA 工具软件的辅助，设计这样复杂的电路并保证良品率是无法想象的。EDA 工具软件是芯片设计中不可或缺的重要部分，属于芯片制造的上游产业，涵盖集成电路设计、布线、验证和仿真等所有流程。EDA 工具软件也被行业内称为"芯片之母"。

当前，集成电路产业开始注重从更多维度提升电子系统的性能和功能复杂度，日益繁复的芯片设计给 EDA 工具软件带来挑战的同时，也为技术迭代打开了一扇全新的机遇之窗。如何抓住下一代 EDA 工具软件的发展趋势，带动 EDA 工具软件从自动化向智能化发展，形成从系统需求到芯片设计的智能化流程，让系统工程师和软件工程师都能参与到芯片设计中来，缩短从芯片需求到系统应用创新的周期，降低复杂芯片的设计和验证难度，更好赋能电子系统创新，也应该成为所有 EDA 厂商思考和重视的内容。随着我国相关利好政策的推进和新兴技术的逐渐成熟，国内 EDA 企业将迎来新的发展机会。

1.7 习题

一、填空题

1）一般把 EDA 技术的发展分为_____、CAE 和_____3 个阶段。

2）CPLD 是指_____、FPGA 是指_____、SoPC 是指_____。

3）目前应用较多并成为 IEEE 标准 HDL 的主要有_____和_____两种。

4）在编辑文件前，应先选择下载的目标芯片，否则系统将以_____的目标芯片为基础完成设计文件的编译。

5）Quartus Ⅱ的设计文件编辑完成后，一定要通过_____，检查设计文件是否正确，并生成相应文件。

6）EDA 技术的设计流程可以分为设计准备、_____、设计处理、_____和器件编程

5 个步骤。

7）指定设计电路输入/输出接口与目标芯片引脚连接关系的过程称为_____。

8）EDA 的设计输入方法主要包括_____、_____和波形输入法。

9）功能仿真是在设计输入完成之后，对具体器件进行编译之前所做的逻辑功能验证，因此又称为_____。

10）时序仿真是在选择了具体器件并完成布局布线之后进行的时序关系仿真，因此又称为_____。

二、单项题

1）Quartus Ⅱ是一种（　　　）。

A. 高级语言　　　　　B. 硬件描述语言　　　C. EDA 工具软件　　　D. 文本综合软件

2）使用 Quartus Ⅱ实现原理图设计输入时，应采用（　　　）方式。

A. 图形编辑　　　　　B. 文本编辑　　　　　C. 符号编辑　　　　　D. 波形编辑

3）使用 Quartus Ⅱ的图形编辑方式输入的电路原理图文件必须通过（　　　）才能进行仿真验证。

A. 编辑　　　　　　　B. 编译　　　　　　　C. 综合　　　　　　　D. 编程

4）Quartus Ⅱ的设计文件不能直接保存在（　　　）下。

A. 硬盘　　　　　　　B. 根目录　　　　　　C. 文件夹　　　　　　D. 项目目录

5）Quartus Ⅱ的波形文件类型是（　　　）。

A. . vwf　　　　　　　B. . bdf　　　　　　　C. . vhd　　　　　　　D. . v

6）Quartus Ⅱ的图形设计文件类型是（　　　）。

A. . vwf　　　　　　　B. . bdf　　　　　　　C. . vhd　　　　　　　D. . v

7）将设计的系统按照 EDA 工具软件要求的某种形式表示出来，并送入计算机的过程称为（　　　）。

A. 设计输入　　　　　B. 设计输出　　　　　C. 仿真　　　　　　　D. 综合

8）包括设计编译和检查、逻辑优化和综合、适配和分割、布局和布线、生成编程数据文件等操作的过程称为（　　　）。

A. 设计输入　　　　　B. 设计处理或编译　　C. 功能仿真　　　　　D. 时序仿真

9）在设计输入完成之后，应立即对设计文件进行（　　　）。

A. 编辑　　　　　　　B. 编译　　　　　　　C. 功能仿真　　　　　D. 时序仿真

三、判断题

（　　　）1）文本输入法是采用图形模块进行电路设计的输入方式。

（　　　）2）功能仿真是在设计输入完成之后，选择具体器件进行编译之前进行的逻辑功能验证，因此又称为前仿真。

（　　　）3）Quartus Ⅱ的项目文件不能直接保存在根目录下，因此设计者在进行设计之前，应当在计算机中建立保存项目文件的文件夹。

（　　　）4）图形文件设计结束后一定要通过仿真来检查设计文件是否正确。

（　　　）5）在编译设计文件前，应先选择下载的目标芯片，否则系统将以默认的目标芯片为基础完成设计文件的编译。

（　　　）6）指定设计电路的输入/输出接口与目标芯片引脚的连接关系的过程称为编译。

（　　） 7）Quartus Ⅱ的波形文件类型是 . bdf。

四、简答题

1）创建新项目的步骤有哪些？

2）画出用 Quartus Ⅱ 设计数字电路的流程。

3）在 Quartus Ⅱ 中定义项目所在的文件夹名和定义项目名时有什么要求？项目名、文件名和顶层设计实体名有什么关系？

4）逻辑电路的设计步骤有哪些？

5）什么是同比较器？什么是大小比较器？74LS85 是什么比较器？

五、设计题

1）分析图 1-31 所示的逻辑电路的功能，并列出真值表。

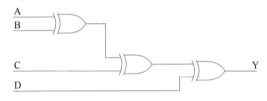

图 1-31　习题 5 逻辑电路

2）利用基本门电路，设计并在实验箱上实现一个 3 人表决器电路（少数服从多数）。

3）利用基本门电路，设计并在实验箱上实现一个供电控制电路。要求如下：3 个工厂由甲、乙两个变电站供电，如 1 个工厂用电，则由甲站供电；如 2 个工厂用电，则由乙站供电；如 3 个工厂用电，则由甲、乙两个站共同供电。

4）利用基本门电路，设计并在实验箱上实现一个 2 位二进制数大小比较器电路。

5）利用 2 片 74LS85 构成 8 位二进制数比较器，并在实验箱或开发板上验证其逻辑功能。

项目 2　数据运算器的设计与实现

本项目要点

- 可编程逻辑器件
- Quartus Ⅱ 的原理图输入法
- Quartus Ⅱ 的 LPM 宏单元库

2.1　可编程逻辑器件

无论简单还是复杂的数字系统，都是由逻辑门电路构成的。由于逻辑函数可以相互转换，因此可以用基本逻辑门，如与门、或门和非门的组合代替其他逻辑门。把大量的基本逻辑门电路集成在一个芯片中，通过编程将部分基本逻辑门按照逻辑关系连接起来，就可以实现一个数字系统，若改变连接关系，则可以实现另一个数字系统。这种通过编程可以改变逻辑门连接关系的集成电路芯片，就是可编程逻辑器件（PLD），PLD 现已成为设计数字系统的理想器件。

2.1.1　发展历史

PLD 的发展历史同大规模集成电路设计和电子制造工艺的发展是同步的，可大致分为以下几个阶段：

20 世纪 70 年代中期，出现了可编程逻辑阵列（Programmable Logic Array，PLA），它是由可编程的与阵列和可编程的或阵列组成的，但是由于与、或阵列都可编程，造成其价格昂贵，编程复杂，支持 PLA 的开发软件有一定难度，而且器件的资源利用率低，因而没有得到广泛应用。

20 世纪 70 年代末期，出现了可编程阵列逻辑（Programmable Array Logic，PAL），它是由可编程的与阵列和固定的或阵列组成的，采用熔丝编程方式和双极性工艺制造。由于其输出结构种类很多，设计很灵活，器件的工作速度很高，成为第一种得到普遍应用的 PLD。

20 世纪 80 年代初期，Lattice 公司发明了通用阵列逻辑（Generic Array Logic，GAL）。GAL 与 PAL 相比，增加了输出逻辑宏单元，并且可电擦写、可重复编程、可设置加密位。在实际应用中，GAL 几乎完全代替了 PAL，获得了广泛的应用。

随着技术的发展，PLD 向高密度、高速度、低功耗以及结构体系更灵活、适用范围更宽广的方向发展，但是 PAL 和 GAL 结构简单，规模小，难以实现复杂的逻辑功能。

20 世纪 80 年代中期，Altera 公司推出了可擦除可编程逻辑器件（Erasable PLD，EPLD），它是基于 CMOS 和 EPROM 工艺制造的，基本逻辑单元是宏单元。宏单元由可编程与阵列、可编程寄存器和可编程 I/O（输入/输出）3 部分组成。从某种意义上讲，EPLD 是改进的 GAL，其在 GAL 的基础上大量增加了输出宏单元的数目，提供了更大的与阵列，灵活性较 GAL 有较大改善，集成密度大幅度提高，内部连线相对固定，延时小，有利于器件在高频率下工作，但其内部互连能力弱。

现场可编程门阵列（FPGA）是 Xilinx 公司在 1985 年首次推出的，它是一种高密度 PLD，采用 CMOS-SRAM 工艺制作。FPGA 内部由许多独立的可编程逻辑模块（CLB）组成，CLB 之间可以灵活地相互连接。

20 世纪 80 年代末期，复杂可编程逻辑器件（CPLD）由 Lattice 公司提出。CPLD 是在 EPLD 的基础上发展起来的，其采用 CMOS 工艺制作，与 EPLD 相比，CPLD 增加了内部连线，对逻辑宏单元和 I/O 单元也有重大的改进，部分 CPLD 内部还集成了随机存储器（RAM）、先入先出队列式存储器（FIFO）或双口 RAM 等存储器，以适应数字信号处理（DSP）应用设计的要求。

20 世纪末期，出现了可编程片上系统（SoPC），SoPC 集成了硬核或软核 CPU、DSP、存储器、外围 I/O 及 CLB，用户可以基于 FPGA 构建 SoPC，以此实现特殊的功能。

目前，应用最广泛的 PLD 主要是 FPGA 和 CPLD。

2.1.2 编程工艺

编程工艺是指将系统设计的功能信息存储到 PLD 中的过程。不同类型器件的编程工艺也不同，在选择器件时，同样需要考虑器件的编程工艺。

1. 早期 PLD 的编程工艺

早期 PLD 主要包括 PLA、PAL 和 GAL。它们采用熔丝编程工艺，其原理是在器件的可以编程的互连节点上设置相应的熔丝。在编程时，对需要去除连接的节点通以编程电流烧断熔丝，而需要保持连接的节点则不通电流以保留熔丝，编程结束后器件内熔丝的分布情况就决定了器件的逻辑功能。熔丝烧断后会造成永久性开路，不能恢复，因此只能编程一次，不能重复修改，不适宜在系统研发和实验阶段使用。熔丝开关很难测试可靠性，在器件编程时，即使发生数量非常小的错误，也会造成器件功能不正确。另外，为了保证熔丝烧断时产生的金属物质不影响器件的其他部分，还需要留出较大的保护空间，因此熔丝占用的芯片面积比较大。

早期的 PLD 只允许编程一次，不利于设计调试与修改，但是其抗干扰能力强，工作速度快，集成度与可靠性都很高，并且价格相对低廉。

2. CPLD 的编程工艺

CPLD 采用可重复的编程工艺，主要有可紫外线擦除的 ROM（EPROM）、可电擦除的 ROM（E²PROM）和闪速擦除的 ROM（Flash ROM）工艺。

1）EPROM 采用浮栅编程技术，即使用浮栅存储电荷来保存编程数据。在断电时，存储的数据不会丢失，保存 10 年，其电荷损失不大于 10%。擦除 EPROM 时，需要将器件放在紫外线或 X 射线下照射 10~20 min，使浮栅中的电子获得足够的能量返回底层。其缺点是擦除时间较长，且需要专门的设备。

2）E²PROM（或 EEPROM）采用隧道浮栅编程技术，其编程和擦除都是通过在 MOS 管的漏极和栅极上加一定幅度和极性的电脉冲实现的，不需要紫外线照射。E²PROM 的擦除和写入都是逐点进行的，对每一个点先擦后写，需要花费一定的时间。随着工艺水平的提高，擦写所需的时间很短，数万门的 CPLD 其擦写时间也不超过 1 s，允许擦写的次数可达万次以上。与 EPROM 相比，E²PROM 具有擦除方便、速度快的优点，因而受到用户的欢迎。

3）Flash ROM 采用没有隧道的浮栅编程技术，其栅极靠衬底较近，是 E^2PROM 的改进型。Flash ROM 的擦写过程与 E^2PROM 基本一致，但擦除不是逐点进行的，而是一次全部擦除，然后再逐点改写，所以其速度比 E^2PROM 要快。

3. FPGA 的编程工艺

FPGA 常用的编程工艺主要有反熔丝（Antifuse）和静态存储器（SRAM）两种。爱特（Actel）公司的 FPGA 采用反熔丝工艺，赛灵思（Xilinx）公司的 FPGA 采用 SRAM 工艺。

（1）反熔丝工艺　反熔丝工艺通过击穿介质达到连通线路的目的。当有高电压（18 V）加到夹在两层导体之间的介质上时，介质会被击穿，把两层导体连通，接通电阻小于 1 kΩ。反熔丝在硅片上只占一个通孔的面积，在一个 2000 门的器件上，可以设置 186000 个反熔丝，平均每门接近 100 个反熔丝，因此，反熔丝占用的硅片面积很小，其特点是工作稳定可靠，但只允许编程一次。

（2）静态存储器工艺　静态存储器工艺在每个连接点处用一个静态触发器控制的开关代替熔丝，当触发器被置 1 时，开关接通；置 0 时，开关断开。在系统不上电时，编程数据存储在片外的 E^2PROM 器件、Flash ROM 器件或计算机硬盘中。在系统上电时，会把这些编程数据写入到 FPGA 中，从而实现对 FPGA 的动态配置。系统掉电时，FPGA 内的编程数据将全部丢失。

2.1.3　器件的选用

由于 PLD 在价格、性能、速度、功耗和封装上都有所不同，不同的开发项目必须对此做出最佳的选择。在应用开发中一般应考虑以下几个问题。

1. 逻辑资源量的选择

开发一个项目，首先要估测所选器件的逻辑资源量是否满足系统的要求。对于 CPLD 的估测，不同器件的相同宏单元数并不对应相同的逻辑门数；对于 FPGA 的估测应考虑其结构特点，由于 FPGA 的逻辑颗粒比较小，可布线区域是散布在所有的宏单元之间的，因此，宏单元数相同的 FPGA 将比 CPLD 对应更多的逻辑门数。

2. 速度的选择

随着 PLD 集成技术的不断提高，CPLD 和 FPGA 的工作速度也不断提高，其延时已降至 ns 级，具体设计中应对 PLD 的速度做综合考虑，并不是速度越快越好。PLD 速度的选择应该与所设计系统的最高工作速度相一致。使用了速度过高的 PLD 将加大电路板设计的难度，这是因为 PLD 的高速性能越好，则对外界微小毛刺信号的灵敏度越高，若电路处理不当，或编程的配置选择不当，极易使系统处于不稳定的工作状态。

3. 功耗的选择

由于在线编程的需要，CPLD 工作电压多为 5 V 或 3.3 V，而 FPGA 工作电压的趋势是越来越低，其中 5 V、3.3 V 或 1.8 V 的低工作电压的 FPGA 使用已十分普遍。因此，就低功耗、高集成度方面，FPGA 具有绝对的优势。

4. FPGA 与 CPLD 的应用比较

1）FPGA 是"时序丰富"型的，更适合完成时序逻辑，CPLD 是"逻辑丰富"型的，更适合完成各种算法和组合逻辑，即 FPGA 更适合触发器丰富的结构，而 CPLD 更适合触发器有限而乘积项丰富的结构。

2）FPGA 主要通过改变内部连线的布线来编程，CPLD 通过修改具有固定内连电路的逻辑功能来编程。又由于 CPLD 有专用的连线连接宏单元，信号到每个宏单元的延时相同并且延时最短，所以 CPLD 比 FPGA 有较好的时间可预测性，可以预测引脚到引脚的最大延迟时间。

3）CPLD 主要基于 E^2PROM 或 Flash ROM 编程，其优点是在系统断电后，编程信息不丢失，且无须外部存储器芯片，使用简单。FPGA 大部分基于 SRAM 编程，其优点是可进行任意次数的编程，并可在工作中快速编程，实现板级和系统级的动态配置，其缺点是编程信息需存放在外部存储器上，每次上电时，需从器件的外部存储器或计算机中将编程信息写入 SRAM，使用方法复杂，且编程信息在系统断电时会丢失。

总之，FPGA 与 CPLD 由于各自的特点与优势，在 PLD 技术方面都有很大的发展。因此在选择 CPLD 或 FPGA 时，可根据不同的技术要求和具体应用做出最佳选择。

2.2 加法器的设计

加法器能够完成二进制数的加法运算，是最基本的运算单元电路。加法器有半加器和全加器两种。

2.2.1 半加器

只考虑两个加数本身的相加，不考虑来自低位的进位，这样的加法运算称为半加，实现这种运算的逻辑电路称为半加器。半加器可对 2 个 1 位二进制数进行加法运算，同时产生进位。

2.2.1 半加器

1. 项目要求

利用 Quartus Ⅱ 的原理图输入法，设计 1 位二进制半加器，完成编译和波形仿真后，下载到实验箱或开发板上验证电路功能。

2. 电路设计

设半加器的输入端为 A（加数）和 B（加数）；输出端为 S（和）和 C（进位）。根据半加器的项目要求列出真值表，见表 2-1。

表 2-1 半加器的真值表

输 入		输 出	
A	B	S	C
0	0	0	0
0	1	1	0
1	0	1	0
1	1	0	1

由真值表推导出的半加器的逻辑表达式为

$$S=\overline{A}B+A\overline{B}=A\oplus B \qquad C=AB$$

3. 建立项目

1）在计算机的 E 盘，建立 E:\EDAFILE\Example2_1 文件夹作为项目文件夹。

2）启动 Quartus Ⅱ，单击其中的图形按钮 Create a New Project，也可以单击 File→New Project Wizard…，打开"新项目建立向导"对话框，在其中选择建立的项目文件夹，再输入项目名和顶层设计实体名。这里的项目名为 HalfAdd，顶层设计实体名也为 HalfAdd。

3）由于采用原理图输入法，在"添加文件"对话框的 File name 文本框中输入 HalfAdd.bdf，然后单击 Add 按钮，添加该文件。

4）在"器件设置"对话框中，根据实验箱或开发板上使用的器件来决定选择的芯片系列和具体器件，本书选择 Cyclone Ⅳ E 系列的 EP4CE10E22C8 芯片。

5）单击 Finish 按钮，关闭"新项目建立向导"对话框。

 注意： 软件的标题栏必须变为 E：/EDAFILE/Example2_1/HalfAdd-HalfAdd。

4. 编辑与编译

1）编辑。单击 File→New，在弹出的 New 对话框中选中 Block Diagram/Schematic File 选项，单击 OK 按钮，进入图形编辑器。

2）在图形编辑区，根据半加器的逻辑表达式，依次输入 1 个 XOR（异或门）、1 个 AND2（与门）、2 个 INPUT（输入引脚）和 2 个 OUTPUT（输出引脚），按照半加器的逻辑关系将其连接，半加器电路如图 2-1 所示。

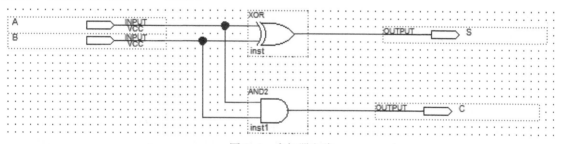

图 2-1　半加器电路

单击 File→Save 或 按钮，不要做任何改动，直接以默认的 HalfAdd 为文件名，保存在当前文件夹 E：\EDAFILE\Example2_1 下。

3）编译。单击 Processing→Start Compilation 或 ▶ 按钮，启动编译。如果设计中存在错误，可以根据信息提示栏所提供的信息进行修改，然后重新编译，直到没有错误为止。

5. 波形仿真

1）单击 File→New，打开"文件选择"对话框，展开 Verification/Debugging Files 下拉菜单，选择其中的 University Program VWF 选项，单击 OK 按钮，弹出空白的波形编辑器。

2）在空白的波形编辑器中，单击 Edit→Set End Time，设定仿真时间为 1 μs；单击 Edit→Grid Size…，设定网格间距为 50 ns。

3）双击波形编辑器中 Name 下的空白处，打开"插入引脚或总线"对话框。

4）单击 Node Finder…按钮，打开"引脚搜索"对话框，选中 Pins：all，然后单击 List 按钮。在下方的 Nodes Found 列表框中会出现设计项目的所有引脚名。

5）选中输入端口节点 A、B 和输出信号节点 S、C 后，单击窗口中间的方向按钮，将引脚加入窗口右侧的选择区，单击 OK 按钮，回到"插入引脚或总线"对话框，再次单击 OK 按钮。

6）调整波形坐标间距后，选中输入引脚 A，单击 按钮，并在 Period（周期）文本框内输入 100，单位选 ns；选中输入引脚 B，单击 按钮，并在 Period 文本框内输入 200，单位选 ns。

7）单击 Simulation→Run Functional Simulation 或 按钮，在弹出的对话框中按默认的名字 Waveform 保存后，即可启动仿真。半加器的仿真波形如图 2-2 所示。

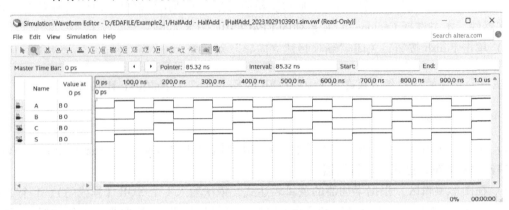

图 2-2　半加器的仿真波形

从仿真波形中可以看出，在 0~50 ns 区间，输入 A（加数）和 B（加数）都为 0 时，输出 S=0（和）、C=0（进位）；在 50~100 ns 区间，输入 A 为 1、B 为 0，输出 S=1、C=0；在 350~400 ns 区间，输入 A 为 1、B 为 1，输出 S=0、C=1。其他区间的波形情况同样符合半加器的要求。

6. 编程

1）单击 Assignments→Pin Planner，出现引脚规划窗口。将输入信号引脚锁定为按键，输出信号引脚锁定为发光二极管。根据所使用的实验箱或开发板的引脚分配情况确定引脚编号（需要参考实验箱或开发板引脚配置说明），在引脚规划窗口的 Location 下方的文本框中直接输入代表引脚编号的数字即可。

2）单击 Processing→Start Compilation 或 ▶ 按钮，再次启动编译。编译成功后，就可以将设计的程序下载到 PLD 中。如果编译出现错误，可能是引脚编号错误，查看配置说明改正即可；也可能是芯片选择错误，这时可查看项目窗口左上部的 Project Navigator，其下方会显示所选器件信息，如果发现选择的器件和使用的器件不同，可在器件名上双击鼠标左键，从弹出的对话框中修改。

3）将编程器的下载电缆与计算机的接口连接好，打开实验箱或开发板电源。单击 Tools→Programmer，在编程窗口中进行硬件配置，本书选用 USB-Blaster 编程器，编程方式选择 JTAG 编程方式。在编程窗口中，选中 HalfAdd. sof 文件，再单击 Start 按钮，即可开始对芯片编程。

如果 Hardware Setup…按钮右侧显示"No Hardware"，表示没有添加编程器，可单击 Hardware Setup…按钮，弹出"硬件设置"对话框，在其下方的 Available hardware items 中，双击 USB-Blaster，使其出现在下拉框中。然后单击 Close 按钮，关闭"硬件设置"对话框。

4）如果建立项目时选定的芯片和实际使用的芯片不同，下载会失败。这时可单击 Project→Add/Remove Files in Project…，打开相应的对话框，再单击右上角的 Device 按钮，重新选择器件，重新编译，重新锁定引脚，再次编译成功后即可重新下载。

7. 电路测试

设按键按下时输入信号为 1，按键指示灯亮；按键抬起时输入信号为 0，按键指示灯灭。输出信号为 1 时，信号灯亮；输出信号为 0 时，信号灯灭。测试结果见表 2-2。

表 2-2 半加器电路测试结果

输 入		输 出	
A	B	S	C
抬起按键	抬起按键	暗	暗
抬起按键	按下按键	亮	暗
按下按键	抬起按键	亮	暗
按下按键	按下按键	暗	亮

8. 生成符号器件

测试结果完全正确的电路，可以生成符号器件，该器件可作为独立的器件供其他设计项目调用。回到图形编辑器，单击 File→Create/Update→Create Symbol Files for Current File（从当前文件生成符号器件），在弹出的 Flow Summary（浮动摘要）窗口中显示 Successful（成功的）即可。有些低版本软件会弹出对话框，此时可按默认名称（即 HalfAdd）保存。

 注意：符号器件的扩展名为 .bsf。

2.2.2 全加器

不仅考虑两个 1 位二进制数的相加，而且考虑来自低位的进位的运算电路，称为全加器。全加器有 3 个输入端、2 个输出端。

1. 项目要求

利用 Quartus Ⅱ 的原理图输入法，设计 1 位二进制全加器，完成编译和波形仿真后，下载到实验箱或开发板上验证电路功能。

2. 电路设计

设全加器的输入端为 A（加数）、B（加数）、C_i（低位进位）；输出端为 S（和）和 C_o（进位）。根据全加器的项目要求列出真值表，见表 2-3。

表 2-3 全加器的真值表

输 入			输 出	
A	B	C_i	S	C_o
0	0	0	0	0
0	0	1	1	0
0	1	0	1	0
0	1	1	0	1
1	0	0	1	0
1	0	1	0	1
1	1	0	0	1
1	1	1	1	1

由真值表推导出的全加器的逻辑表达式为

$$S = A \oplus B \oplus C \qquad C_o = AB + AC_i + BC_i$$

3. 建立项目

1）在计算机的 E 盘，建立 E:\EDAFILE\Example2_2 文件夹作为项目文件夹。

2）启动 Quartus Ⅱ，单击其中的图形按钮 Create a New Project，也可以单击 File→New Project Wizard…，打开"新项目建立向导"对话框，在其中选择建立的项目文件夹，再输入项目名和顶层设计实体名。项目名为 ComAdd，顶层设计实体名也为 ComAdd。

3）由于采用原理图输入法，在"添加文件"对话框的 File name 文本框中输入 ComAdd.bdf，然后单击 Add 按钮，添加该文件。

4）在"器件设置"对话框中，根据实验箱或开发板上使用的器件决定选择的芯片系列和具体器件，本书选择 Cyclone Ⅳ E 系列的 EP4CE10E22C8 芯片。

5）单击 Finish 按钮，关闭"新项目建立向导"对话框。

 注意：软件的标题栏必须变为 E:/EDAFILE/Example2_2/ComAdd-ComAdd。

4. 编辑与编译

2.2.2 全加器
——编辑与编译

1）编辑。单击 File→New，选中 Block Diagram/Schematic File 选项，单击 OK 按钮，进入图形编辑器。

2）在图形编辑区，依次输入 2 个 XOR（异或门）、3 个 AND2（与门）、1 个 OR3（或门）、3 个 INPUT（输入引脚）和 2 个 OUTPUT（输出引脚），按照全加器的逻辑关系将其连接，全加器电路如图 2-3 所示。

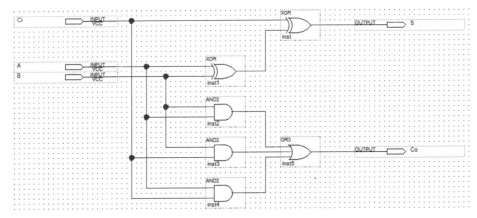

图 2-3　全加器电路

将此图形文件按默认的名称 ComAdd，保存在 E:\EDAFILE\Example2_2 文件夹下。

3）编译。单击 Processing→Start Compilation 或 ▶ 按钮，启动编译。如果设计中存在错误，可以根据信息提示栏所提供的信息进行修改，然后重新编译，直到没有错误为止。

5. 波形仿真

2.2.2 全加器
——波形仿真

1）单击 File→New，选中 University Program VWF 选项，单击 OK 按钮，建立波形输入文件。

2）单击 Edit→Set End Time，设定仿真时间为 1 μs；单击 Edit→Grid Size...，设定网格间距为 40 ns。

3）双击波形编辑器中 Name 下的空白处，打开"插入引脚或总线"对话框。

4）单击该对话框的 Node Finder... 按钮，打开"引脚搜索"对话框，选中 Pins：all，然后单击 List 按钮。在下方的 Nodes Found 列表框中会出现设计项目的所有引脚名。

5）选中输入端口节点 A、B、C_i 和输出信号节点 S、C_o 后，单击窗口中间的方向按钮，将引脚加入窗口右侧的选择区，单击 OK 按钮，回到插入引脚或总线对话框，再次单击 OK 按钮。

6）调整波形坐标间距后，选中输入引脚 A，单击 ⓧⓖ 按钮，并在 Period 文本框内输入 80，单位选 ns；选中输入引脚 B，单击 ⓧⓖ 按钮，并在 Period 文本框内输入 160，单位选 ns；选中输入引脚 C_i，单击 ⓧⓖ 按钮，并在 Period 文本框内输入 320，单位选 ns。

7）单击 Simulation→Run Functional Simulation 或 ⓥ 按钮，在弹出的对话框中按默认的名字 Waveform 保存后，即可启动仿真。使用调整焦距工具来调整波形坐标间距，全加器的仿真波形如图 2-4 所示。

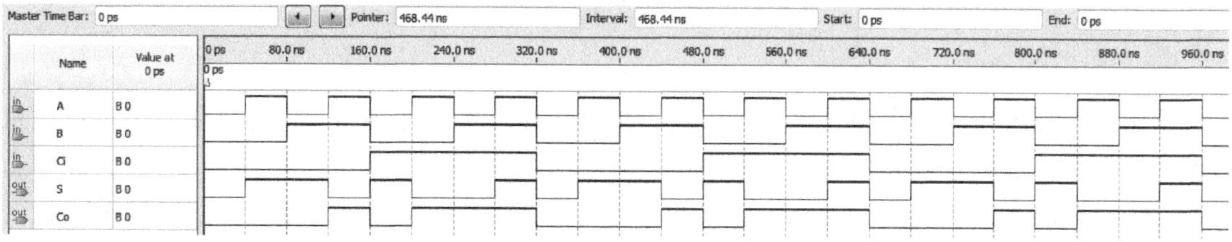

图 2-4 全加器的仿真波形

从仿真波形中可以看出，在 0~40 ns 区间，输入 A（加数）、B（加数）和 C_i（低位进位）都为 0 时，输出 S=0（和）、C_o=0（进位）；在 40~80 ns 区间，输入 A 为 1、B 为 0，C_i 为 0，输出 S=1、C_o=0；在 120~160 ns 区间，输入 A 为 1、B 为 1，C_i 为 0，输出 S=0、C_o=1。其他区间的波形情况同样符合全加器的要求。

6. 编程

1）单击 Assignments→Pin Planner，出现引脚规划窗口。将输入信号引脚锁定为按键，输出信号引脚锁定为发光二极管。根据所使用的实验箱或开发板的引脚分配情况确定引脚编号（需要参考实验箱或开发板引脚配置说明），在引脚规划窗口的 Location 下方的文本框中直接输入代表引脚编号的数字即可。

2）单击 Processing→Start Compilation 或 ▶ 按钮，再次启动编译。编译成功后，就可以将设计的程序下载到 PLD 中。

3）将编程器的下载电缆与计算机接口连接好，打开实验箱或开发板电源。单击 Tools→Programmer，在编程窗口中进行硬件配置，本书选用 USB-Blaster 编程器，编程方式选择 JTAG 编程方式。在编程窗口中，选中 ComAdd. sof 文件，再单击 Start 按钮，即可开始对芯片编程。

4）如果建立项目时选定的芯片和实际使用的芯片不同，下载会失败。这时可单击 Project→Add/Remove Files in Project...，打开相应的对话框，再单击右上角的 Device 按钮，重新选择器件，重新编译，重新锁定引脚，再次编译成功后即可重新下载。

7. 电路测试

设按键按下时输入信号为 1，按键指示灯亮；按键抬起时输入信号为 0，按键指示灯暗。输出信号为 1 时，信号灯亮；输出信号为 0 时，信号灯灭。测试结果见表 2-4。

表 2-4　全加器电路测试结果

输　入			输　出	
A	B	C_i	S	C_o
抬起按键	抬起按键	抬起按键	暗	暗
抬起按键	抬起按键	按下按键	亮	暗
抬起按键	按下按键	抬起按键	亮	暗
抬起按键	按下按键	按下按键	暗	亮
按下按键	抬起按键	抬起按键	亮	暗
按下按键	抬起按键	按下按键	暗	亮
按下按键	按下按键	抬起按键	暗	亮
按下按键	按下按键	按下按键	亮	亮

8. 生成符号器件

测试结果完全正确的电路，可以生成符号器件，该器件可作为独立的器件供其他设计项目调用。回到图形编辑器，单击 File→Create/Update→Create Symbol Files for Current File，在弹出的 Flow Summary 窗口中显示 Successful 即可。有些低版本软件会弹出对话框，此时可按默认名称（即 ComAdd）保存。

2.2.3　4 位加法器

4 位加法器可以对 2 个 4 位二进制数进行加法运算，并考虑来自低位的进位。

1. 项目要求

利用 Quartus Ⅱ 的原理图输入法设计 4 位加法器，完成编译和波形仿真后，下载到实验箱或开发板上验证电路功能。

2. 电路设计

4 位加法器可以在半加器和全加器的基础上设计，即利用 1 个半加器和 3 个全加器分别运算 4 位二进制数的每个数位。其应具备的引脚为输入端 A[3..0]、B[3..0] 和输出端 S[3..0]、Bit（Bit=1 代表进位）。

3. 建立项目

2.2.3　4 位加法器——建立项目

1）在计算机的 E 盘，建立 E:\EDAFILE\Example2_3 文件夹作为项目文件夹。

2）启动 Quartus Ⅱ，单击其中的图形按钮 Create a New Project，也可以单击 File→New Project Wizard...，打开"新项目建立向导"对话框，在其中选择建立的项目文件夹，再输入项目名和顶层设计实体名。项目名为 FCAdd，顶层设计实体名也为 FCAdd。

3）采用原理图输入法，在"添加文件"对话框的 File name 文本框中输入 FCAdd.bdf，然后单击 Add 按钮，添加该文件。

4）由于需要使用先前生成的半加器器件 HalfAdd 模块和全加器器件 ComAdd 模块，可单击"添加文件"对话框的 File name 右侧的按钮，选择 E:\EDAFILE\Example2_1 文件夹下的 HalfAdd. bdf，单击 Add 按钮，添加该文件；再选择 E:\EDAFILE\Example2_2 文件夹下的 ComAdd. bdf，再次单击 Add 按钮，添加该文件。

5）在"器件设置"对话框中，根据实验箱或开发板上使用的器件来决定选择的芯片系列和具体器件，本书选择 Cyclone Ⅳ E 系列的 EP4CE10E22C8 芯片。

6）单击 Finish 按钮，关闭"新项目建立向导"对话框。

 注意：软件的标题栏必须变为 E:/EDAFILE/Example2_3/FCAdd-FCAdd。

4. 编辑与编译

2.2.3　4 位加法器——编辑与编译

1）编辑。单击 File→New，选中 Block Diagram/Schematic File 选项，单击 OK 按钮，进入图形编辑器。

2）双击图形编辑区，打开"器件输入"对话框。单击"器件输入"对话框中 Name 文本框右侧的按钮，在弹出的"打开"对话框中选择 E:\EDAFILE\Example2_1 文件夹下的 HalfAdd. bsf 文件；再选择 E:\EDAFILE\Example2_2 文件夹下的 ComAdd. bsf 文件，并复制成 3 个；然后依次输入 2 个 INPUT（输入引脚）和 2 个 OUTPUT（输出引脚）。

 注意：如果在相应的文件夹下找不到. bsf 文件，可能是没有生成模块，此时可打开该模块的项目文件和图形编辑文件，重新生成该模块。

3）总线名称。总线在图形编辑区中是一条粗线，总线名称的命名规则与引脚和节点名称有很大的不同，总线名称必须要在名称的后面加上 [m..n]，m 和 n 都必须是整数，如 Q[3..0]、A[0..7] 等，表示一条总线所含有的节点编号。与总线相连的节点也要命名，用于确定连接顺序，例如与总线 Q[3..0] 相连的 4 个节点可分别命名为 Q[0]、Q[1]、Q[2]、Q[3]，以此表示信号的分配关系。一条总线代表很多节点的组合，可以同时传送多路信号，总线最少可代表两个节点的组合，最多可代表 256 个节点的组合，即总线编号最大是 [255..0] 或 [0..255]，节点编号最大是 [255]。

4）命名节点线。节点线在图形编辑区中是一条细线，代表一条信号线，负责在不同的逻辑器件间传送信号，其名称的命名规则与引脚名称相同，限制也是一样的。例如 ABc、SIGN-b、Q1、123_a 等都是可以接受的节点名称。命名节点线时，只要选中节点线（在线上单击），即可输入节点线名称，但需要注意连接信号输入、输出端的节点线，其名称要与相应引脚的名称对应。例如与引脚 A[3..0] 相连的 4 条节点线可分别命名为 A[0]、A[1]、A[2]、A[3]，不同的节点线名称代表总线的数据分配关系。还要注意输入的节点线名称的颜色与节点线的颜色必须相同，颜色不同就是没有正确命名，需要删除后重新命名。

5）更改连线类型。选中连线后单击鼠标右键，在弹出的下拉菜单中选择 Bus Line（总线），在传送两个以上的信号时，必须选用总线，显示为粗线。如果需要改回细线，可选择 Node Line（节点线）。按照 4 位加法器的逻辑关系将其连接，4 位加法器电路如图 2-5 所示。

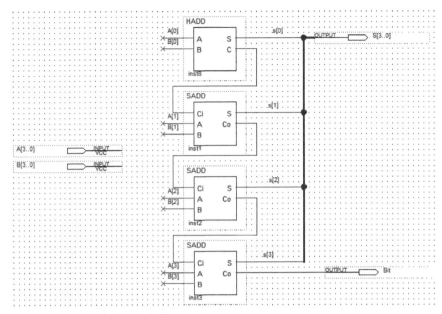

图 2-5　4 位加法器电路

将此图形文件按默认名称 FCAdd，保存在 E：\EDAFILE\Example2_3 文件夹下。

6）编译。单击 Processing→Start Compilation 或 ▶ 按钮，启动编译。如果设计中存在错误，可以根据信息提示栏所提供的信息进行修改，然后重新编译，直到没有错误为止。如果错误显示为"不认识某个模块"，可能是建立项目时没有在文件中添加该模块。可单击 Project→Add∕Remove Files in Project…，打开 Category（类别）对话框，选择 Files（文件），添加模块文件。

5. 波形仿真

1）单击 File→New，选中 University Program VWF 选项，单击 OK 按钮，建立波形输入文件。

2）单击 Edit→Set End Time，设定仿真时间为 1 μs；单击 Edit→Grid Size…，设定网格间距为 40 ns。

3）双击波形编辑器中 Name 下的空白处，打开"插入引脚或总线"对话框。

4）单击该对话框的 Node Finder…按钮，打开"引脚搜索"对话框，选中 Pins：all，然后单击 List 按钮。在下方的 Nodes Found 列表框中会出现设计项目的所有引脚名。

5）选中输入端口节点 A、B 和输出信号节点 S、Bit 后，单击窗口中间的方向按钮，将引脚加入窗口右侧的选择区，单击 OK 按钮；回到"插入引脚或总线"对话框，再次单击 OK 按钮。

6）调整波形坐标间距后，选中输入引脚 A，单击 ⓧ 按钮，并在 Count every 文本框内输入 80，单位选 ns；选中输入引脚 B，单击 ⓧ 按钮，并在 Start value 文本框内输入 0101，在 Count every 文本框内输入 80，单位选 ns。

7）单击 Simulation→Run Functional Simulation 或 ⓦ 按钮，在弹出的对话框中按默认的名字 Waveform 保存后，即可启动仿真。可使用调整焦距工具来调整波形坐标间距，4 位加法器的仿真波形如图 2-6 所示。

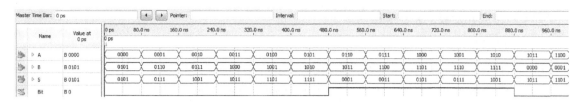

图 2-6　4 位加法器的仿真波形

从仿真波形中可以看出，在 0~80ns 区间，A = 0000（加数）、B = 0101（加数），输出 S = 0101（和）、Bit = 0（进位）；在 480~560 ns 区间，A = 0110、B = 1011，输出 S = 0001、Bit = 1；在 720~800 ns 区间，A = 1001、B = 1110，输出 S = 0111、Bit = 1。其他区间的波形情况同样符合 4 位加法器的要求。

6. 编程

1）单击 Assignments→Assignments Editor，出现配置编辑器窗口，单击 Category 文本框右侧的下拉按钮，从中选择 Pin 选项，根据使用实验箱或开发板的具体情况锁定引脚。

 注意：多位引脚需要按位锁定，例如引脚 A 需要分别锁定 A[3]、A[2]、A[1]、A[0]，不要锁定 A。引脚 B、S 与 A 的处理相同。

2）再次编译成功后，就可以将锁定的引脚信息加入到设计文件中了。

3）将编程器的下载电缆与计算机接口连接好，打开实验箱或开发板电源。单击 Tools→Programmer，在编程窗口中进行硬件配置，本书选用 USB-Blaster 编程器，编程方式选择 JTAG 编程方式。在编程窗口中，选中 FCAdd. sof 文件，再单击 Start 按钮，即可开始对芯片编程。

7. 电路测试

根据实验箱或开发板的实际情况，测试电路。例如输入 A = 0000、B = 0000，输出 S 应该为 1110、Bit 应该为 0（表示没有进位）；输入 A = 0001、B = 0011，输出 S 应该为 0100、Bit 应该为 0；输入 A = 1011、B = 1011，输出 S 应该为 0110、Bit 应该为 1（表示有进位）。同理，输入其他数据，观察输出情况。

2.3　LPM

随着设计的数字系统越来越复杂，系统中每个模块都从头开始设计是非常困难的，这样不仅会延长设计周期，还会增加设计系统的不稳定性。对于一些常用但比较复杂的功能电路，通常设计成参数可修改的电路模块，让用户直接调用这些模块。参数化的宏功能模块（Library Parameterized Modules，LPM）库使用这些经过严格测试和优化的模块，可以大大提高 IC 设计的效率。调用 LPM 库函数非常方便，既可以在原理图输入法中直接调用，也可以在 HDL 的文本输入法中通过器件例化语句调用。

2.3.1　乘法器的设计

1. 项目要求

利用 Quartus Ⅱ 的原理图输入法，使用 LPM 设计一个能实现 3 位二进制数和 4 位二进制数乘法运算的电路，完成编译和波形仿真后，

2.3.1　乘法器的设计

下载到实验箱或开发板上验证电路功能。

2. 建立项目

1）在计算机的 E 盘，建立文件夹 E:\EDAFILE\Example2_4 作为项目文件夹。

2）启动 Quartus Ⅱ，单击其中的图形按钮 Create a New Project，也可以单击 File→New Project Wizard…，打开"新项目建立向导"对话框，在其中选择建立的项目文件夹，再输入项目名和顶层设计实体名。项目名为 EXMULT，顶层设计实体名也为 EXMULT。

3）由于采用原理图输入法，在"添加文件"对话框的 File name 文本框中输入 EXMULT.bdf，然后单击 Add 按钮，添加该文件。

4）在"器件设置"对话框中，根据实验箱或开发板上使用的器件决定选择的芯片系列和具体器件，本书选择 Cyclone Ⅳ E 系列的 EP4CE10E22C8 芯片。

5）单击 Finish 按钮，关闭"新项目建立向导"对话框。

 注意：软件的标题栏必须变为 E:/EDAFILE/Example2_4/EXMULT-EXMULT。

3. 生成乘法运算模块

1）单击 Tool→IP Catalog（IP 核目录），或者双击图形编辑器右侧 IP Catalog 下的 Library（库）→Basic Functions（基本功能）→Arithmetic（算术）→LPM_MULT（乘法运算模块），也可以在上方的"查找"文本框中输入 LPM，如图 2-7 所示。

2）双击 LPM_MULT，打开 Save IP Variation（保存 IP 变量）对话框，添加模块名 MULT，再选中 VHDL，如图 2-8 所示。

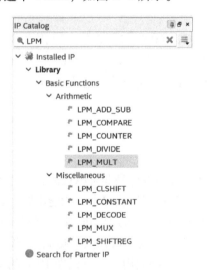

图 2-7　IP Catalog

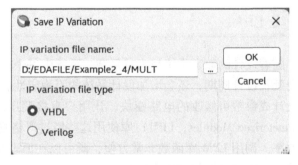

图 2-8　Save IP Variation 对话框（乘法器）

3）单击 OK 按钮。在弹出的 MegaWizard Plug-In Manager[page 1 of 5]对话框中，按照项目要求设置因数 a 为 3 位、因数 b 为 4 位，积为 7 位，如图 2-9 所示。

4）单击 Next 按钮，弹出 MegaWizard Plug-In Manager[page 2 of 5]对话框，从上到下依次为因数是否设置为常数（以及常数值）、乘运算的类型（无符号或有符号）、乘运算的实现方式（默认、部分器件自带的乘法电路、逻辑单元），如图 2-10 所示。

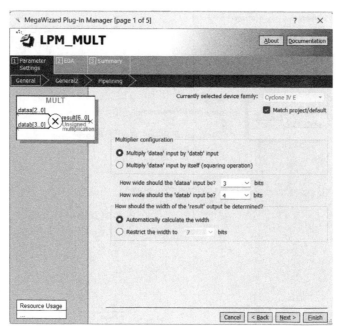

图 2-9　MegaWizard Plug-In Manager[page 1 of 5]对话框（乘法器）

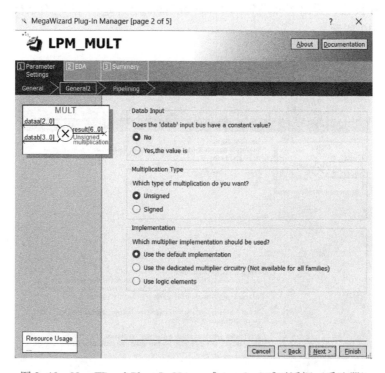

图 2-10　MegaWizard Plug-In Manager[page 2 of 5]对话框（乘法器）

5）单击 Next 按钮，弹出 MegaWizard Plug-In Manager[page 3 of 5]对话框，上方为是否使用流水线功能，如使用则需要设置时钟、复位端和使能端；下方为优化方式，可选默认、面积和速度，如图 2-11 所示。

图 2-11　MegaWizard Plug-In Manager[page 3 of 5]对话框（乘法器）

6）单击 Next 按钮，弹出 MegaWizard Plug-In Manager[page 4 of 5]对话框，此处可确定仿真模式，如图 2-12 所示。

图 2-12　MegaWizard Plug-In Manager[page 4 of 5]对话框（乘法器）

7）单击 Next 按钮，弹出 MegaWizard Plug-In Manager[page 5 of 5]对话框，此处可确定生成文件的类型，选中 MULT. bsf 如图 2-13 所示。

图 2-13　MegaWizard Plug-In Manager［page 5 of 5］对话框（乘法器）

8）单击 Finish 按钮，弹出 Quartus Prime IP Files 对话框，如图 2-14 所示。

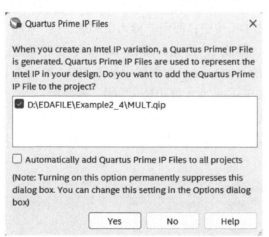

图 2-14　Quartus Prime IP Files 对话框（乘法器）

9）选中需要添加到项目文件中的模块，然后单击 Yes 按钮。

4. 编辑与编译

1）编辑。单击 File→New，选中 Block Diagram/Schematic File 选项，单击 OK 按钮，进入图形编辑器。

2）双击图形编辑区，打开"器件输入"对话框。单击"器件输入"对话框中 Name 文本框右侧的按钮，在弹出的"打开"对话框中选择 E：\ EDAFILE \ Example2_4 文件夹下的 MULT. bsf 文件，再依次输入 2 个 INPUT（输入引脚）和 1 个 OUTPUT（输出引脚）。按照项目要求命名引脚，完成的电路如图 2-15 所示。

MULT
A[2..0]
INPUT VCC
B[3..0]
INPUT VCC
dataa[2..0]
datab[3..0]
result[6..0]
Unsigned multiplication
inst
OUTPUT
S[6..0]

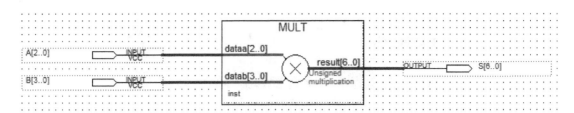

图 2-15 乘法器电路

3）单击 Processing→Start Compilation 或 ▶ 按钮，启动编译。如果设计中存在错误，可以根据信息提示栏所提供的信息进行修改，可能是引脚命名错误，修改后重新编译，直到没有错误为止。

5. 波形仿真

1）单击 File→New，选中 University Program VWF 选项，单击 OK 按钮，建立波形输入文件。

2）单击 Edit→Set End Time，设定仿真时间为 2 μs；单击 Edit→Grid Size…，设定网格间距为 100 ns。

3）双击波形编辑器中 Name 下的空白处，打开“插入引脚或总线”对话框。

4）单击该对话框的 Node Finder…按钮，打开“引脚搜索”对话框，选中 Pins：all，然后单击 List 按钮。在下方的 Nodes Found 列表框中会出现设计项目的所有引脚名。

5）选中输入端口节点 A、B 和输出信号节点 S 后，单击窗口中间的方向按钮，将引脚加入窗口右侧的选择区，单击 OK 按钮；回到“插入引脚或总线”对话框，再次单击 OK 按钮。

6）选中输入引脚 A，单击 XC 按钮，单击 Radix 下拉框右侧的下拉箭头，从中选择 Unsigned Decimal；在下方的 Count every 文本框中输入 100，单位选 ns。同样，选中输入引脚 B，单击 XC 按钮，并在 Count every 文本框中输入 200，单位选 ns。

7）单击 Simulation→Run Functional Simulation 或按钮，在弹出的对话框中按默认的名字 Waveform 保存后，即可启动仿真。使用调整焦距工具来调整波形坐标间距，乘法器的仿真波形如图 2-16 所示。

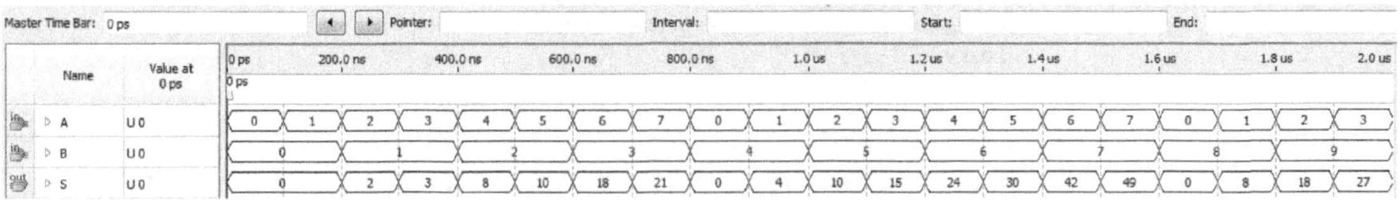

Master Time Bar: 0 ps
Pointer:
Interval:
Start:
End:
Name
Value at 0 ps
A U 0
B U 0
S U 0
0 ps 200.0 ns 400.0 ns 600.0 ns 800.0 ns 1.0 us 1.2 us 1.4 us 1.6 us 1.8 us 2.0 us
0 1 2 3 4 5 6 7 0 1 2 3 4 5 6 7 0 1 2 3
0 1 2 3 4 5 6 7 8 9
0 2 3 8 10 18 21 0 4 10 15 24 30 42 49 0 8 18 27

图 2-16 乘法器的仿真波形

从仿真波形中可以看出，在 0~100 ns 区间，输入 A=0（被乘数）、B=0（乘数），输出 S=0（积）；在 400~500 ns 区间，输入 A=4、B=2，输出 S=8；在 700~800 ns 区间，输入 A=7、B=3，输出 S=21。其他区间的波形情况同样符合乘法器的要求。

6. 编程

1）单击 Assignments→Pin Planner，出现引脚规划窗口。将输入信号引脚锁定为按键，输出信号引脚锁定为发光二极管。根据所使用的实验箱或开发板的引脚分配情况确定引脚编号（需要参考实验箱或开发板引脚配置说明），在引脚规划窗口的 Location 下方的文本框中直接输入代表引脚编号的数字即可。

2）单击 Processing→Start Compilation 或 ▶ 按钮，再次启动编译。编译成功后，就可以将设计的程序下载到 PLD 中。

3）将编程器的下载电缆与计算机接口连接好，打开实验箱或开发板电源。单击 Tools→Programmer，在编程窗口中进行硬件配置，本书选用 USB-Blaster 编程器，编程方式选择 JTAG 编程方式。在编程窗口中，选中 EXMULT. sof 文件，再单击 Start 按钮，即可开始对芯片编程。

7. 电路测试

根据实验箱或开发板的实际情况，测试电路。按照二进制乘法运算规则验证电路。例如输入信号 A 为 101（十进制数字 5）、B 为 1011（十进制数字 11），输出信号应该为 0110111（十进制数字 55）。测试时应注意二进制数字的高、低位的排列顺序。

2.3.2　除法器的设计

1. 项目要求

利用 Quartus Ⅱ 的原理图输入法，使用 LPM 设计一个能实现 4 位二进制数和十进制常数（数值为 3）的除法运算的电路，完成编译和波形仿真后，下载到实验箱或开发板上验证电路功能。

2.3.2　除法器的设计

2. 建立项目

1）在计算机的 E 盘，建立 E:\EDAFILE\Example2_5 文件夹作为项目文件夹。

2）启动 Quartus Ⅱ，单击其中的图形按钮 Create a New Project，也可以单击 File→New Project Wizard…，打开"新项目建立向导"对话框，在其中选择建立的项目文件夹，再输入项目名和顶层设计实体名。项目名为 EXDID、顶层设计实体名也为 EXDID。

3）由于采用原理图输入法，在"添加文件"对话框的 File name 文本框中输入 EXDID. bdf，然后单击 Add 按钮，添加该文件。

4）在"器件设置"对话框中，根据实验箱或开发板上使用的器件决定选择的芯片系列和具体器件，本书选择 Cyclone Ⅳ E 系列的 EP4CE10E22C8 芯片。

5）单击 Finish 按钮，关闭"新项目建立向导"对话框。

 注意：软件的标题栏必须变为 E:/EDAFILE/Example2_5/EXDID-EXDID。

3. 生成除法运算模块

1）单击 Tool→IP Catalog，或者双击图形编辑器右侧 IP Catalog 下的 Library→Basic Functions→Arithmetic→LPM_DIVIDE（除法运算模块），也可以在上方的"查找"文本框中输入 LPM，双击 LPM_DIVIDE，打开 Save IP Variation（保存 IP 变量）对话框，输入 E:\EDAFILE\Example2_5\DIV，再选中 VHDL，如图 2-17 所示。

2）单击 OK 按钮。在弹出的 MegaWizard Plug-In Manager[page 1 of 4]对话框中按照项目

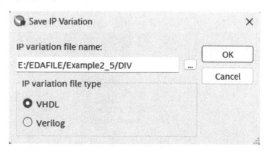

图 2-17　Save IP Variation 对话框（除法器）

要求设置被除数为 4 位、除数为 2 位，商为 4 位、余数为 2 位，如图 2-18 所示。

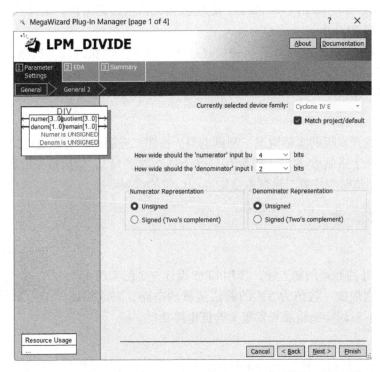

图 2-18　MegaWizard Plug-In Manager[page 1 of 4]对话框（除法器）

3）单击 Next 按钮，弹出 MegaWizard Plug-In Manager[page 2 of 4]对话框，上方为是否使用流水线功能，如使用则需要设置时钟、复位端和使能端；左下方为优化方式，可选默认、面积和速度，右下方为是否总是返回正的余数，如图 2-19 所示。

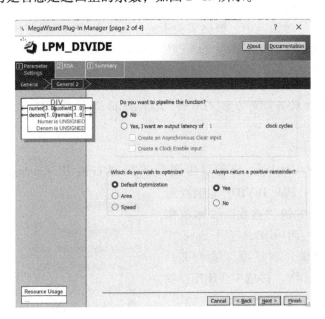

图 2-19　MegaWizard Plug-In Manager[page 2 of 4]对话框（除法器）

4）单击 Next 按钮。弹出 MegaWizard Plug-In Manager[page 3 of 4]对话框，此处可确定仿真模式，如图 2-20 所示。

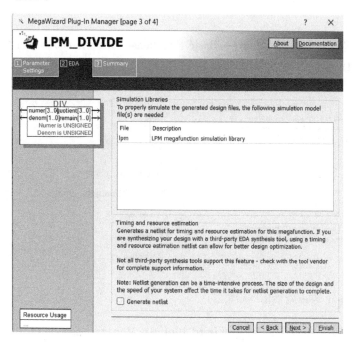

图 2-20 MegaWizard Plug-In Manager[page 3 of 4]对话框（除法器）

5）单击 Next 按钮，弹出 MegaWizard Plug-In Manager[page 4 of 4]对话框，此处可确定生成文件的类型，选中 DIV. bsf，如图 2-21 所示。

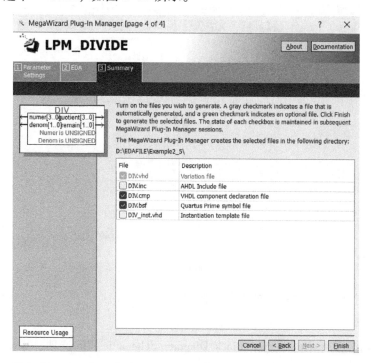

图 2-21 MegaWizard Plug-In Manager[page 4 of 4]对话框（除法器）

6）单击 Finish 按钮，弹出 Quartus Prime IP Files 对话框，如图 2-22 所示。选中需要添加到项目文件中的模块，然后单击 Yes 按钮。

4. 生成常数模块

1）双击图形编辑器右侧的 Library→Basic Functions→Miscellaneous→LPM_CONSTANT（常数），打开"保存 IP 变量"对话框，输入 E：\EDAFILE\Example2_5\CON3，如图 2-23 所示。

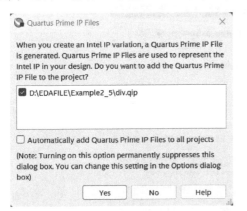
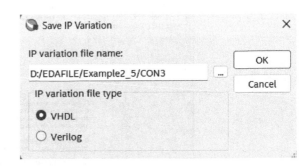

图 2-22　Quartus Prime IP Files 对话框（除法器）　　　　图 2-23　"保存 IP 变量"对话框（常数）

2）单击 OK 按钮，在弹出的 MegaWizard Plug-In Manager［page 1 of 3］对话框中，按照项目要求设置除数为十进制数字 3，数据宽度为 2 位，如图 2-24 所示。

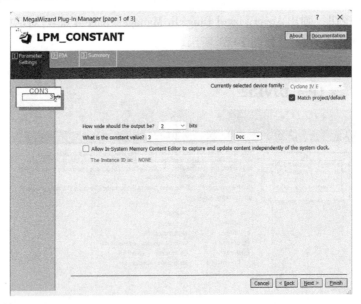

图 2-24　MegaWizard Plug-In Manager［page 1 of 3］对话框（常数）

3）单击 Next 按钮，按照对话框提示操作即可。

5. 编辑与编译

1）编辑。单击 File→New，选中 Block Diagram/Schematic File 选项，单击 OK 按钮，进入图形编辑器。

2）双击图形编辑区，打开"器件输入"对话框。单击"器件输入"对话框中 Name 文本框右侧的按钮，在弹出的“打开”对话框中选择并添加 E:\EDAFILE\Example2_5 文件夹下的 DIV. bsf，然后同样添加 CON3. bsf 文件，再依次输入 1 个 INPUT（输入引脚）和 2 个 OUTPUT（输出引脚）。

按照项目要求命名引脚，完成的电路如图 2-25 所示。

N[3..0]
INPUT
VCC
DIV
numer[3..0]
quotient[3..0]
denom[1..0]
remain[1..0]
Numer is UNSIGNED
Denom is UNSIGNED
inst
CON3
3
2
inst1
OUTPUT
Q[3..0]
OUTPUT
R[1..0]

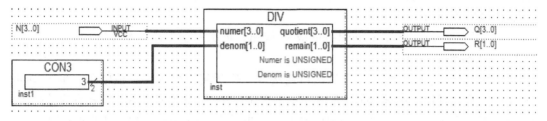

图 2-25　除法器电路

3）单击 Processing→Start Compilation 或 ▶ 按钮，启动编译。如果设计中存在错误，可以根据信息提示栏所提供的信息进行修改，然后重新编译，直到没有错误为止。

6. 波形仿真

1）单击 File→New，选中 University Program VWF 选项，单击 OK 按钮，建立波形输入文件。

2）单击 Edit→Set End Time，设定仿真时间为 2 μs；单击 Edit→Grid Size…，设定网格间距为 100 ns。

3）双击波形编辑器中 Name 下的空白处，打开“插入引脚或总线”对话框。

4）单击该对话框的 Node Finder…按钮，打开“引脚搜索”对话框，选中 Pins：all，然后单击 List 按钮。在下方的 Nodes Found 列表框中会出现设计项目的所有引脚名。

5）选中输入端口节点 N 和输出信号节点 Q、R 后，单击窗口中间的方向按钮，将引脚加入窗口右侧的选择区，单击 OK 按钮；回到“插入引脚或总线”对话框，再次单击 OK 按钮。

6）调整波形坐标间距后，选中输入引脚 N，在引脚名右侧的 B0000（取值）上双击，打开“引脚参数”对话框，将其设置为 Unsigned Decimal，然后同样设置输出引脚 Q、R。

7）单击 OK 按钮，选中输入引脚 N，单击 XC 按钮，单击 Radix 下拉框右侧的下拉箭头，从中选择 Unsigned Decimal；在下方的 Count every 文本框中输入 100，单位选 ns。

8）单击 Simulation→Run Functional Simulation 或 按钮，在弹出的对话框中按默认的名字 Waveform 保存后，即可启动仿真。使用调整焦距工具来调整波形坐标间距，除法器的仿真波形如图 2-26 所示。

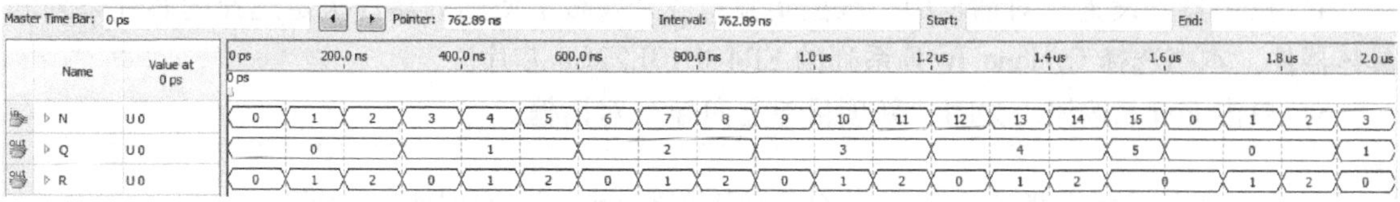

Master Time Bar: 0 ps
Pointer: 762.89 ns
Interval: 762.89 ns
Start:
End:
Name
Value at 0 ps
0 ps
200.0 ns
400.0 ns
600.0 ns
800.0 ns
1.0 us
1.2 us
1.4 us
1.6 us
1.8 us
2.0 us
N　U 0　0 1 2 3 4 5 6 7 8 9 10 11 12 13 14 15 0 1 2 3
Q　U 0　0 1 2 3 4 5 0 1
R　U 0　0 1 2 0 1 2 0 1 2 0 1 2 0 1 2 0 1 2 0

图 2-26　除法器的仿真波形

从仿真波形中可以看出，在 0～100 ns 区间，A=0（被除数），除以常数 3，输出 Q=0（商）、R=0（余数）；在 400～500 ns 区间，A=4，除以常数 3，输出 Q=1、R=1；在 700～800 ns 区间，A=7，除以常数 3，输出 Q=2、R=1。其他区间的波形情况同样符合除法器的要求。

7. 编程

1）单击 Assignments→Pin Planner，出现引脚规划窗口。将输入信号引脚锁定为按键，输出信号引脚锁定为发光二极管。根据所使用的实验箱或开发板的引脚分配情况确定引脚编号（需要参考实验箱或开发板引脚配置说明），在引脚规划窗口的 Location 下方的文本框中直接输入代表引脚编号的数字即可。

2）单击 Processing→Start Compilation 或 ▶ 按钮，再次启动编译。编译成功后，就可以将设计的程序下载到 PLD 中。

3）将编程器的下载电缆与计算机接口连接好，打开实验箱或开发板电源。单击 Tools→Programmer，在编程窗口中进行硬件配置，本书选用 USB-Blaster 编程器，编程方式选择 JTAG 编程方式。在编程窗口中，选中 EXDID. sof 文件，再单击 Start 按钮，即可开始对芯片编程。

4）如果建立项目时选定的芯片和使用的芯片不同，下载会失败。这时可单击 Project→Add/Remove Files in Project…，打开相应的对话框，单击右上角的 Device 按钮，重新选择器件，重新编译，重新锁定引脚，再次编译后即可重新下载。

8. 电路测试

根据实验箱或开发板的实际情况，测试电路。按照除法运算规则验证电路，例如输入信号 A 为 1101（十进制数字 13），除以十进制常数 3，输出信号 Q 为 0100（十进制数字 4），余数 R 为 0001（十进制数字 1）。测试时应注意二进制数字的高、低位的排列顺序。

2.4 实训：二进制除法器的设计

1. 实训说明

利用 Quartus Ⅱ 的原理图输入法，使用 LPM 设计一个能实现 4 位二进制数和 3 位二进制数的除法运算的电路，完成编译和波形仿真后，下载到实验箱或开发板上验证电路功能。

2. 建立项目

1）在计算机的 E 盘，建立 E:\EDAFILE\Example2_6 文件夹作为项目文件夹。

2）启动 Quartus Ⅱ，单击其中的图形按钮 Create a New Project，也可以单击 File→New Project Wizard…，打开"新项目建立向导"对话框，在其中选择建立的项目文件夹，输入项目名和顶层设计实体名。项目名为 DID43，顶层设计实体名也为 DID43。

3）由于采用原理图输入法，在"添加文件"对话框的 File name 文本框中输入 DID43. bdf，然后单击 Add 按钮，添加该文件。

4）在"器件设置"对话框中，根据实验箱或开发板上使用的器件决定选择的芯片系列和具体器件，本书选择 Cyclone Ⅳ E 系列的 EP4CE10E22C8 芯片。

5）单击 Finish 按钮，关闭"新项目建立向导"对话框。

 注意：软件的标题栏必须变为 E:/EDAFILE/Example2_6/DID43-DID43。

3. 生成除法运算模块

1）双击图形编辑器右侧 IP Catalog 下的 Library→Basic Functions→Arithmetic→LPM_DIVIDE，双击 LPM_DIVIDE，打开"保存 IP 变量"对话框，输入 DIV2，再选择 VHDL，单击

OK 按钮。

2）在弹出的 MegaWizard Plug_1 对话框中按照实训要求，选择被除数为 4 位、除数为 3 位，单击 Next 按钮，其余内容按照对话框的提示操作即可。

3）在弹出的 MegaWizard Plug_4 对话框中，选中 DIV.bsf，确定生成文件的类型。

4. 编辑与编译

1）编辑。单击 File→New，选中 Block Diagram/Schematic File 选项，单击 OK 按钮，进入图形编辑器。

2）双击图形编辑区，打开"器件输入"对话框。单击"器件输入"对话框中 Name 文本框右侧的按钮，在弹出的"打开"对话框中选择 E:\EDAFILE\Example2_6 文件夹下的 DIV2.bsf，再依次输入 2 个 INPUT（输入引脚）和 2 个 OUTPUT（输出引脚）。按照实训要求命名引脚，完成的电路如图 2-27 所示。

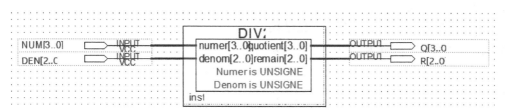

图 2-27　实训的除法器电路

5. 波形仿真

1）单击 File→New，选中 University Program VWF 选项，单击 OK 按钮，建立波形输入文件。

2）单击 Edit→Set End Time，设定仿真时间为 1 μs；单击 Edit→Grid Size…，设定网格间距为 100 ns。

3）双击波形编辑器中 Name 下的空白处，打开"插入引脚或总线"对话框，添加输入引脚 NUM、DEN 和输出引脚 Q、R。

4）选中输入引脚 NUM，单击 ✗⒞ 按钮，单击 Radix 下拉框右侧的下拉箭头，从中选择 Unsigned Decimal；在下方的 Count every 文本框中输入 100，单位选 ns，此后同样设置输入引脚 DEN 的波形，但在 Start value 文本框中输入 4。

5）单击 Simulation→Run Functional Simulation 或 ⬚ 按钮，在弹出的对话框中按默认的名字 Waveform 保存后，即可启动仿真。仿真波形如图 2-28 所示。

图 2-28　实训的除法器仿真波形

6. 编程

1）单击 Assignments→Pin Planner，出现引脚规划窗口。将输入信号引脚锁定为按键，输出信号引脚锁定为发光二极管。根据所使用的实验箱或开发板的引脚分配情况确定引脚编号

（需要参考实验箱或开发板引脚配置说明）。

2）单击 Processing→Start Compilation 或 ▶ 按钮，再次启动编译。编译成功后，就可以将设计的程序下载到 PLD 中。

3）将编程器的下载电缆与计算机接口连接好，打开实验箱或开发板电源。单击 Tools→Programmer，在编程窗口中进行硬件配置，本书选用 USB－Blaster 编程器，编程方式选择 JTAG 编程方式。在编程窗口中，选中 DID43.sof 文件，再单击 Start 按钮，即可开始对芯片编程。

7. 电路测试

根据实验箱或开发板的实际情况，测试电路。按照除法运算规则验证电路。

8. 实训报告

1）记录并说明仿真波形。

2）整理电路测试记录表，分析测试结果。

3）分析被除数或除数为零时的运算结果。

2.5 拓展阅读：国产的 FPGA

FPGA 作为通信、航天、军工等领域的关键核心器件，是保障国家战略安全的重要支撑基础。近年来，随着大数据、云计算和人工智能的发展，FPGA 的应用领域得到快速扩张，涌现出紫光同创、华微电子、高云半导体、安路科技等一大批国内 FPGA 厂商，并积累了一定的技术和产业基础，在 FPGA 国产化方面有所突破。

紫光同创是一家覆盖高端、中端、低端多层次 FPGA 市场应用需求的厂商，其产品覆盖通信网络、信息安全、人工智能、数据中心、工业与物联网等各行各业。2015 年，紫光同创在国内首次实现了千万门级规模的全自主知识产权 Titan 系列高性能 FPGA 及配套开发工具，成为能够支持和实现大规模 FPGA 全流程开发设计的国内 FPGA 厂商。这一系列产品的成功实现，标志着中国 FPGA 产业真正具备了研制全自主知识产权高性能 FPGA 的能力，体现了中国 FPGA 和 EDA 工具软件设计水平的巨大飞跃。

华微电子是国家首批认证的集成电路设计企业。2017 年，其 600 万门级 FPGA 成功实现在国家保密通信交换机上的商业化应用，完成了千万门级 FPGA 的研发，在高端 FPGA 领域形成国产化替代能力，保障了国家重点工程需求；其 7000 万门级 FPGA 项目成功获批国家"核心电子器件、高端通用芯片及基础软件产品"项目。

高云半导体于 2014 年创立，其以国产 FPGA 研发与产业化为核心，旨在推出具有核心自主知识产权的 FPGA，是一家提供包括设计软件、IP 核、开发板以及定制服务等在内的一体化完整解决方案的 FPGA 厂商，2016 年已完成中低密度的产品布局。

安路科技成立于 2011 年，专注于为客户提供高性价比的 FPGA、SoC、定制化可编程芯片及相关软件和创新系统解决方案。2017 年，安路科技针对工业控制、视频桥接、接口扩展、物联网应用和通信等市场，推出了第二代"小精灵"ELF2 系列高性能、微安级低功耗 FPGA，以及相应的配套开发软件。ELF2 系列芯片可广泛应用于伺服驱动、工业控制、国防军工、物联网、通信接入等多个领域。作为拥有软、硬件完全知识产权的国产 PLD，ELF2 的量产进一步推动了国产 FPGA 市场的成长。

2.6　习题

一、填空题

1）大规模 PLD 主要有_____和 CPLD 两类。

2）基于 EPROM、E^2PROM 和 Flash ROM 的 PLD，在系统断电时编程信息_____；采用 SRAM 结构的 PLD，在系统断电时编程信息_____。

3）编程工艺是指将系统设计的功能信息存储到_____的过程。

4）FPGA 常用的编程工艺主要有_____和_____两种。

5）测试结果完全正确的电路，可以生成符号器件，其扩展名为_____。

6）被除数和除数都是 4 位的二进制除法器，当被除数为零时，商等于_____；当被除数不为零、除数为零时，商等于_____；当被除数和除数都为零时，商等于_____。

二、单选题

1）PLD 属于（　　）电路。

A. 非用户定制　　　　B. 全用户定制　　　　C. 自动生成　　　　D. 半用户定制

2）不属于 PLD 基本结构的是（　　）。

A. 与门阵列　　　　B. 或门阵列　　　　C. 输入缓冲器　　　　D. 与非门阵列

3）在下列器件中，不属于 PLD 器件的是（　　）。

A. GAL　　　　B. PAL　　　　C. SRAM　　　　D. PLA

4）GAL 是指（　　）。

A. 可编程逻辑阵列　　B. 可编程阵列逻辑　　C. 通用阵列逻辑　　D. 专用阵列逻辑

5）在下列器件中，属于易失性器件的是（　　）。

A. CPLD　　　　B. EPLD　　　　C. FPGA　　　　D. PAL

三、简答题

1）在应用开发中，选用 PLD 一般应考虑哪些问题？

2）什么是总线？如何给总线命名？如何命名节点线？如何更改连线类型？

3）常见的 PLD 有哪几种编程工艺？其中哪些编程工艺是非易失性的？

4）CPLD 与 FPGA 在结构上有什么区别？编程配置方法有什么不同？

5）什么是半加器？什么是全加器？

6）什么是符号器件？它有什么用途？如何生成符号器件？

7）4 位加法器各个模块之间按照什么规律连线？

四、设计题

1）建立项目，仿真分析图 2-29 所示电路的逻辑功能。

2）利用基本逻辑门电路实现逻辑表达式：$S = A \oplus B \oplus C$、$J = \overline{A}J + BJ + A\overline{B}$，并说明其实现的逻辑功能。

3）设计当输入的 3 位二进制数大于 010 而小于或等于 110 时，输出为 1 的逻辑电路。

4）设计 1 个 3 位二进制数和十进制数 2 相乘的乘法器。例如，二进制数 110 和十进制数 2 相乘等于二进制数 1100。

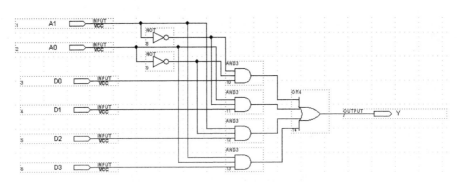

图 2-29 设计题 1) 逻辑电路

5) 设计 1 个 4 位二进制数和 3 位二进制数相除的除法器。

项目 3 数据编码器的设计与实现

本项目要点

- VHDL 的程序结构
- VHDL 的数据结构
- VHDL 的并行语句

3.1 认识 VHDL

对于小规模的数字集成电路，大多数硬件工程师习惯采用原理图输入法来完成设计工作，原理图输入法的实现方式简单、直观、方便，并且可利用许多现成的单元模块或自己设计的单元模块来实现，但对于大型、复杂的数字系统，原理图输入法受到表达能力的限制，有些力不从心。HDL 的文本输入法可根据所设计数字系统的实际情况，从行为级、寄存器级、门电路级等不同层次进行描述，非常灵活，并且设计的可移植性非常好。常用的 HDL 主要有 VHDL 和 Verilog_HDL 两种。

3.1.1 VHDL 的基本结构

VHDL 是一种用普通文本形式设计数字系统的 HDL，主要用于描述数字系统的结构、行为、功能和接口，可以在文字处理软件中编辑。除了含有许多具有硬件特征的语句外，其形式、描述风格及语法十分类似于计算机高级语言。VHDL 允许使用一些符号（字符串）作为标识符，标识符的命名规则如下：

1）标识符可以由 26 个英文字母、数字 0~9 及下画线 "_" 组成，但不能使用汉字。

2）标识符的第一个字符必须是英文字母。

3）标识符里的下画线不能连用，最后一个字符不能是下画线。

4）英文字母不区分大小写。

在 VHDL 中，把具有特定意义的标识符称为关键字，它们只能在固定用途中使用，用户不能将关键字作为一般标识符来使用，如 ENTITY，PORT，BEGIN，END 等。一个 VHDL 程序必须包括实体（ENTITY）和结构体（ARCHITECTURE），多数程序还要包含库和程序包部分。

【例 3-1】用 VHDL 设计一个非门。文件名是 notgate. vhd，其中 . vhd 是 VHDL 程序文件的扩展名。

解：程序结构如下。

```
--库和程序包部分
LIBRARY IEEE;                    --IEEE 库
```

```
    USE IEEE. STD_LOGIC_1164. ALL;        --调用 IEEE 库中的 STD_LOGIC_1164 程序包
  --实体部分
  ENTITY notgate IS                       --实体名为 notgate,应与项目名相同
    PORT (                                --端口说明
    A:IN      STD_LOGIC;                  --定义端口类型和数据类型
    Y:OUT   STD_LOGIC);
  END notgate;                            --实体结束
  --结构体部分
  ARCHITECTURE inv OF notgate IS          --结构体名为 inv
    BEGIN
    Y <=NOT A;                            --利用信号赋值语句,将 A 取反后赋值给输出端口 Y
  END inv;                                --结构体结束
```

第一部分是库和程序包。库是程序包的集合,不同的库有不同类型的程序包。程序包是用 VHDL 编写的共享文件,定义了结构体或实体中要用到的数据类型、运算符、器件、子程序等。USE 是调用库中程序包的语句。

第二部分是实体。实体中定义了模块的外部输入和输出端口,即模块(或器件)的外部特征,并描述了一个器件或一个模块与其他部分(模块)之间的连接关系,可以看作是输入、输出信号和芯片引脚信息。一个项目可以有多个实体,处于最上层的实体称为顶层实体,EDA 工具软件的编译和仿真都是对顶层实体进行的。处于低层的各个实体都可作为单个器件,被高层实体调用。顶层实体名要与项目名、文件名相同,并符合标识符规则。实体以 ENTITY 开头,以 END 结束。

第三部分是结构体。结构体主要用来说明器件内部的具体结构和逻辑功能。结构体以 ARCHITECTURE 开头,以 END 结束。BEGIN 是开始结构体具体描述的标志,有行为描述、数据流(也称寄存器)描述和结构描述 3 种描述方式,这里采用的是数据流描述方式。符号<= 是信号赋值运算符,从电路角度看就是信号传输;NOT 是关键字,表示取反(对后面的信号 A 进行操作),结构体实现了将 A 取反后,传送到输出端口 Y 的功能。

两条短横线是注释标识符,其右侧内容是对程序的具体注释,并不执行,仅供设计者参考。所有语句都以分号表示语句结束,另外程序中不区分字母的大小写。

想一想、做一做:若要改成 2 输入端或非门(NOR),应如何修改程序?

3.1.2 库和程序包

1. 库

库是专门用于存放预先编译好的程序包的地方,其对应一个文件目录,程序包的文件就放在此目录中,其功能相当于共享资源的仓库。所有已完成的设计资源只有存入某个"库"内,才可以被其他实体共享。库的声明语句总是放在设计单元的最前面,表示该资源对以下的设计单元开放。常用的库有 IEEE 库、STD 库和 WORK 库。

1) IEEE 库是 VHDL 设计中最常用的资源库,库中包含 IEEE 标准的 STD_LOGIC_1164、NUMERIC_BIT、NUMERIC_STD 以及其他一些支持的工业标准的程序包。IEEE 库中最重要和最常用的是 STD_LOGIC_1164 程序包,大部分程序都以此程序包中设定的标准为设计基础。

2) STD 库是 VHDL 标准库,库中包含 STANDARD 和 TEXTIO 两个标准程序包。STANDARD

程序包中定义了 VHDL 的基本数据类型, 如字符 (CHARACTER)、整数 (INTEGER)、实数 (REAL)、位型 (BIT) 和布尔 (BOOLEAN) 等。用户在程序中可以随时调用 STANDARD 程序包中的内容, 不需要任何说明。TEXTIO 程序包中定义了对文本文件进行读、写控制的数据类型和子程序。用户在程序中调用 TEXTIO 程序包中的内容时, 需要使用 USE 语句加以说明。

3) WORK 库是 VHDL 的标准资源库, 可以用来临时保存项目编译过的单元或模块, 同一项目再次使用这些单元和模块时不需要说明。用户自己设计的器件和模块也可以放在 WORK 库中, 但使用 WORK 库中用户自定义的单元或模块实现其他项目设计时, 需要使用 USE 语句进行说明。

2. 程序包

程序包是用 VHDL 编写的一段程序, 可以供其他设计单元调用和共享, 相当于公用的"工具箱", 各种数据类型、子程序等一旦放入了程序包, 就成为共享的"工具", 类似于 C 语言的头文件。调用程序包的通用模式为: USE 库名 . 程序包名 . ALL;

例如, 调用 STD_LOGIC_1164 程序包中的项目时, 需要使用以下语句:

```
LIBRARY   IEEE;
   USE   IEEE. STD_LOGIC_1164. ALL;
```

关键字 ALL 表示使用程序包中定义的全部内容。使用程序包可以减少代码的输入量, 使程序结构清晰。在一个设计中, 实体部分定义的数据类型、常量和子程序可以在相应的结构体中使用, 但在一个实体声明部分和结构体声明部分中定义的数据类型、常量和子程序却不能被其他设计单元使用, 只有放入程序包中才能够被多个设计单元使用。常用的 IEEE 库中存放了如下程序包。

1) STD_LOGIC_1164 程序包: 该程序包定义了一些数据类型、子类型和函数。数据类型用得最多最广的是 STD_LOGIC (标准逻辑位, 定义了 9 种逻辑值) 和 STD_LOGIC_VECTOR (标准逻辑矢量)。该程序包预先在 IEEE 库中编译, 是 IEEE 库中最常用的标准程序包, 其数据类型能够满足工业标准, 非常适合 PLD 的多值逻辑设计结构。

2) STD_LOGIC_ARITH 程序包: 该程序包是美国 Synopsys 公司开发的, 预先编译在 IEEE 库中。主要是在 STD_LOGIC_1164 程序包的基础上扩展了 UNSIGNED (无符号)、SIGNED (符号) 和 SMALL_INT (短整型) 3 个数据类型, 并定义了相关的算术运算符与不同数据类型之间的转换函数。

3) STD_LOGIC_SIGNED 程序包: 该程序包预先编译在 IEEE 库中, 也是 Synopsys 公司开发的。主要定义有符号数的运算, 可用于 INTEGER (整数)、STD_LOGIC 和 STD_LOGIC_VECTOR 之间的混合运算, 并且该程序包还定义了 STD_LOGIC_VECTOR 到 INTEGER 的转换函数。

4) STD_LOGIC_UNSIGNED 程序包: 该程序包用来定义无符号数的运算, 其他功能与 STD_LOGIC_SIGNED 程序包相似。

3.1.3　实体

VHDL 描述的对象称为实体, 实体是设计中最基本的模块, 实体具体代表什么几乎没有限制，可以是任意复杂的系统、一块电路板、一个芯片、一个单元电路等。如果对系统自顶向下分层来划分模块，则各层的设计模块都可作为实体。一个设计可以有多个实体，只有处于最上层的实体称为顶层实体，EDA 工具软件的编译和仿真都是对顶层实体进行的。处于低层的各个实体都可作为单个器件，被高层实体调用。实体的格式如下：

```
ENTITY 实体名 IS
    [GENERIC(类属说明)]
    PORT(端口说明)
END [ENTITY]  实体名;
```

实体名代表该电路的器件名称，所以最好根据电路功能来定义。例如，对于 4 位二进制计数器，实体名可以定义为 counter_4b，这样容易分析程序。[…]表示可选项，可以缺省。

1. 类属说明

类属说明是实体说明的一个可选项，主要用于为设计实体指定参数，多用来定义端口宽度、实体中器件的数目、器件的延迟时间等。使用类属说明可以使设计具有通用性。例如在设计中有一些参数事先不能确定，为了简化设计和减少 VHDL 源代码的书写量，这些参数可以是待定的，测试时只要用 GENERIC 语句将待定参数初始化即可。类属说明语句的格式如下：

```
GENERIC (常数名 1:数据类型 1 := 设定值 1;
                    ⋮
          常数名 n:数据类型 n := 设定值 n);
```

2. 端口说明

端口说明用于对实体中的输入和输出端口进行描述。实体与外界交流的信息必须通过端口输入或输出，端口的功能相当于器件的引脚。实体中的每一个输入、输出信号都被称为一个端口，一个端口就是一个数据对象。端口可以被赋值，也可以作为信号用在逻辑表达式中。端口说明描述模块（或器件）的外部特征，表明一个器件或一个模块与其他部分（模块）之间的连接关系，可以看作是与外部电路连接的输入、输出接口信号以及对应的硬件芯片引脚信息。端口说明语句格式如下：

```
PORT(端口信号名 1:端口模式 1 数据类型 1;
                    ⋮
      端口信号名 n:端口模式 n 数据类型 n);
```

端口信号名是设计者为实体的每一个对外通道（引脚）所取的名字；端口模式是指这些通道上的信号传输方向，共有 IN（输入）、OUT（输出）、INOUT（双向）和 BUFFER（缓冲）4 种传输方向。如果端口模式没有指定，则该端口默认为输入模式。端口模式说明如下：

1）IN：仅允许数据流进入端口。输入模式主要用于时钟输入、控制输入（如复位、使能等）和单向的数据输入。输入模式的端口不能出现在赋值运算符（<=）的左侧。

2）OUT：仅允许数据流从实体内部流出端口，端口驱动是从实体内部向外进行的。输出模式的端口不能出现在赋值运算符（<=）的右侧。

3）INOUT：相当于双向引脚，它是在普通输出端口的基础上增加了一个三态输出缓冲器和一个输入缓冲器构成的，既可以作为输入端口，也可以作为输出端口，但同一时间只能用于输入或输出。INOUT 通常在具有双向数据传输功能的设计实体中使用，例如含有双向数据总线的单元。

4）BUFFER：它是带有输出缓冲器并可以回读的引脚，是 INOUT 的子集，能同时出现在赋值运算符（<=）的左、右两侧。BUFFER 类的信号在输出到外部电路的同时，也可以被实体本身的结构体读入，这种类型的信号常用来描述带反馈的逻辑电路，例如计数器等。但在设计时最好不要使用 BUFFER 类型，因为 BUFFER 类型的端口不能连接到其他类型的端口上，无法把包含该类型端口的设计作为子模块进行器件例化，不利于大型设计和程序的可读性。若设计时需要实现某个输出的回读功能，可以通过增加中间信号作为缓冲，由该中间信号完成回读功能。

3.1.4　结构体

结构体用于描述设计实体的结构或行为，即描述一个实体的功能，并建立设计实体的输入和输出之间的联系。一个实体可以有多个结构体，同一个结构体不能为不同的实体所共同拥有，一个结构体必须对应一个实体。VHDL 语法规定实体要放在结构体的前面，并总是在先编译实体之后才能编译结构体，并把编译结果存放在当前设计库（WORK 库）中。如果实体被重新编译，那么相应的结构体也将被重新编译。结构体的格式如下：

```
ARCHITECTURE 结构体名 OF 实体名 IS
  [结构体说明部分;]
 BEGIN
  功能描述语句;
 END [ARCHITECTURE]　结构体名;
```

结构体说明部分是一个可选项，其位于关键字 ARCHITECTURE 和 BEGIN 之间，用来对结构体内部所使用的信号、常数、器件、函数和过程加以说明。要注意的是，所说明的内容只能用于这个结构体，若要使这些说明也能被其他实体或结构体引用，则需要先把它们放入程序包。在结构体中不要把常量、变量或信号定义成与实体端口相同的名称。

位于 BEGIN 和 END 之间的功能描述语句是必需的，它用来描述设计实体的内部结构或行为，是结构体的一个重要组成部分，可描述实体的具体功能，并确定实体中内部器件的连接关系。

【例 3-2】设计 1 个 2 输入端与门，A 和 B 两个信号相与后，经过指定的延迟时间才送到输出端。

解：其实体与结构体如下。

```
ENTITY   gand2  IS                  --实体名为 gand2
  GENERIC(DELAY:TIME);              --类属说明, DELAY 是常数名, 为时间类型
  PORT( A,B :IN     BIT;            --端口说明
          Y:OUT   BIT);
END gand2;
ARCHITECTURE   behave OF gand2 IS   --结构体
```

```
    BEGIN
        Y <= A  AND B  AFTER ( DELAY );        --A 和 B 与运算后，延迟 DELAY 时间输出
    END behave;
```

由于端口的数据类型是 BIT，可以缺省库和程序包。实际器件从输入到输出必然存在延迟，但不同型号的器件的延迟时间不同，因此可以在源代码中用类属说明来指定待定参数。AFTER 是关键字，表示延迟。当调用这个 2 输入端与门器件时，可以使用 GENERIC 语句将参数初始化为不同的值。例如可以改写成 GENERIC(DELAY:TIME := 5ns)；表示 A 和 B 在与运算后经 5 ns 延时才输出。

3.1.5　VHDL 的特点

1. 语法规范标准、开发周期短

VHDL 具有严格的语法规范和统一的标准，可读性强。用 VHDL 书写的源文件既是程序，又是文档，可以直接用于设计成果的交流。VHDL 采用基于模块库的设计方法，这样在设计一个大规模集成电路或数字系统的过程中，设计人员可不用从门级电路开始一步步地进行设计，可以用原来设计好的模块直接进行累加，这些模块可以预先设计或者使用以前设计中的存档模块，这些模块存放在资源库中，就可以在以后的设计中进行复用。不难看出，复用减少了硬件电路设计的工作量，缩短了开发周期。

2. 与工艺无关

当设计人员用 VHDL 进行硬件电路设计时，并没有涉及与工艺有关的信息。当一个设计描述进行完编译、模拟和综合后，就可以采用不同的工具软件将设计映射到不同的器件上去。映射不同的器件时，只需要改变相应的工具软件即可，无需修改设计描述。

3. 易于 ASIC 移植

当产品的数量达到一定规模时，采用 VHDL 开发的数字系统能够很容易地转成 ASIC 的设计。有时用于 PLD 的程序可以直接用于专用集成电路（Application Specific Integrated Circuit，ASIC），并且由于 VHDL 是一种 IEEE 的工业标准 HDL，所以使用 VHDL 设计可以确保 ASIC 厂商生产出高质量的芯片产品。

4. 上市时间短、成本低

VHDL 和 PLD 的结合，可以大大提高数字产品芯片化设计的实现速度。VHDL 使设计描述更加方便、快捷，PLD 的应用可以将产品设计的前期风险降至最低，并使设计的快速复制简单易行。

但 VHDL 作为一种 HDL，也存在一些缺点：

1）综合工具生成的逻辑实现有时并不是最佳的。设计人员采用综合工具生成的逻辑实现有时候并不能让人满意，因为优化的结果往往依赖于设计目标。现在所有的综合工具均采用一定的算法来对设计的实现进行控制，但是固定的算法并不能发现设计中的所有问题，这样就有可能导致综合工具生成的逻辑实现与设计人员希望的逻辑实现有一定的差距。

2）EDA 工具软件的不同导致综合质量的不同。不同的 EDA 工具软件对同一 VHDL 描述进行综合后，往往产生不同的综合质量，这是不同的 EDA 工具软件采用不同的算法所致。因此设计人员在设计的时候往往需要对不同的 EDA 工具软件的综合质量进行比较，才能够选择出最佳的综合结果，这通常需要花费较长的时间。

3.2　普通编码器的设计

在一些场合，需要用特定的符号或数码表示特定的对象，例如一个班级中的每个学生都有不重复的学号，每个电话用户都有一个特定的号码等。在数字电路中，需要将具有某种特定含义的信号变成代码，而利用代码表示具有特定含义的对象的过程，称为编码。能够完成编码功能的器件，称为编码器（Encoder）。编码器分为普通编码器和优先级编码器两类。

3.2.1　数据对象

凡是可以赋予一个值的对象都可称为数据对象，数据对象类似于一种容器，可以接受不同数据类型的数据。VHDL 描述的硬件电路工作过程实际是信号经输入变化至输出的过程，因此 VHDL 中最基本的数据对象就是信号。为了便于描述，VHDL 还定义了另外两类数据对象：常量和变量，这 3 种常用的数据对象具有不同的物理意义，下面分别加以说明。

1. 常量

常量是在设计实体中保持某一特定值不变的量。例如在计数器设计中，可以将计数器的模值（如 60 进制的模值就是 60）存放于某一常量中，用这个常量代替模值，而改变常量的值就可改变模值。电源电压值或地电平值等不变的量也可用常量表示。使用常量前需要声明，格式如下：

```
CONSTANT 常量名[,常量名…]:数据类型 := 表达式;
```

其中[,常量名…]表示可选项，即多个数据类型相同的常量可以同时声明；数据类型用于说明常量所具有的类型；表达式可对常量赋初值；符号 := 表示赋值运算。下面是几个常量声明及赋值的例子：

```
CONSTANT VCC:REAL := 3.3;              --常量 VCC 的类型是实数，值为 3.3
CONSTANT GND:INTEGER := 0;             --常量 GND 的类型是整数，值为 0
CONSTANT DELAY:TIME := 100 ns;         --常量 DELAY 为时间类型，初值为 100 ns。数值和单位
                                       --之间要留空格
```

常量一旦被赋值之后，在程序中就不能再改变了。常量必须在程序包、实体、结构体和进程的说明部分进行声明，其使用范围取决于被声明的位置。在程序包中声明的常量具有最大全局化特征，可用在调用此程序包的所有实体中；在实体中声明的常量，其有效范围为这个实体所定义的所有结构体；在某个结构体中声明的常量，只能用于此结构体；在结构体某一单元（如进程）内声明的常量，则只能用在这个单元中。

常量所赋的值应该与定义的表达式数据类型一致，否则将会出现错误。例如 CONSTANT VCC:REAL := "0101"; 这条语句就是错误的，因为 VCC 的类型是实数（REAL），而其数值 "0101" 是位矢量（BIT_VECTOR）类型的。在绝大多数情况下，声明常量时必须赋初值。

2. 变量

变量属于局部量，主要用来暂存数据。变量只能在进程和子程序中声明和使用，可以在声明语句中为变量赋初值，但变量的初值不是必需的。变量的声明形式与常量相似，格式如下：

> VARIABLE 变量名[,变量名…]:数据类型[约束条件][:= 表达式];

其中[,变量名…]表示可选项，即多个数据类型相同的变量可以同时声明；数据类型用于说明变量所具有的类型；[约束条件]是可选项，通常用于限定取值范围；[:= 表达式]也是可选项，用于对变量赋初值。

例如：

> VARIABLE s1,s2:INTEGER :=256;
> VARIABLE cont:INTEGER RANGE 0 TO 10;

第一条语句中的变量 s1 和 s2 都为整数类型，初值都是 256；第二条语句中，RANGE…TO…是约束条件，表示变量 cont 的数据限制在 0~10 的整数范围内。变量 cont 没有指定初值，因此取默认值，默认值为该类型数据的最小值或最左端值，那么本条语句中 cont 的初值即为 0（最左端值）。

对变量的赋值是一种理想化的数据传输，是立即发生的，没有任何延迟，所以变量只有当前值。变量的赋值语句属于顺序执行语句，如果一个变量被多次赋值，则根据赋值语句在程序中的位置，按照从上到下的顺序对变量进行赋值，此时变量的值是最后一条赋值语句的值。

3. 信号

信号是描述硬件系统的基本数据对象，是设计实体中并行语句模块间的信息交流通道。通常可认为信号是电路中的一根连接线。信号有外部端口信号和内部信号之分：外部端口信号是单元电路的引脚，在实体中定义，有 IN、OUT、INOUT 和 BUFFER 共 4 种信号流动方向，其作用是在设计的单元电路之间实现互连。外部端口信号供整个设计单元使用，属于全局量；内部信号用来描述设计单元内部的信息传输，除了没有外部端口信号的流动方向外，其他性质与外部端口信号一致。内部信号可以在程序包、结构体和块语句中声明，其使用范围与在程序中的位置有关。如果内部信号只在结构体中声明，则可以在该结构体内使用。信号的声明与变量类似，其格式如下：

> SIGNAL 信号名[,信号名…]:数据类型[约束条件][:= 表达式];

其中[,信号名…]表示可选项，即多个数据类型相同的信号可以同时声明；数据类型用于说明信号所具有的类型；[约束条件]是个可选项，通常用于限定信号的取值范围；[:= 表达式]也是可选项，用于对信号赋初值。

例如：

> SIGNAL a,b:INTEGER :RANGE 0 TO 7 := 5;
> SIGNAL ground:BIT := '0';

第一条语句定义了整数类型的信号 a、b，其取值范围限定在 0~7，并赋初值 5；第二条语句定义了位信号 ground 并赋初值'0'。

在 VHDL 程序中，信号和变量是两个经常使用的对象，二者都要求先声明，后使用，因此具有一定的相似性，其主要区别如下：

1）在声明中赋初值时，信号和变量都使用 := 运算符；在声明后使用时，信号赋值使用 <= 运算符，变量赋值仍然使用 := 运算符；

2）信号赋值有附加延时，变量赋值没有。

3）对于进程语句，进程只对信号敏感，对变量不敏感。

4）外部端口信号表示端口，内部信号可看成是硬件中的一根连线。变量在硬件中没有类似的对应关系，常用于保存运算的中间结果。描述硬件逻辑时，还是应以信号为主，尽量减少变量的使用。

3.2.2 VHDL 的运算符

VHDL 与其他高级语言相似，有着丰富的运算符，以满足描述不同功能的需要。VHDL 主要有 4 类常用的运算符，分别是逻辑运算符、算术运算符、关系运算符和连接（并置）运算符。VHDL 的运算符见表 3-1。

表 3-1 VHDL 的运算符

运算符类型	运 算 符	功 能	运算符类型	运 算 符	功 能
逻辑运算符	NOT	逻辑非	移位运算符	ROL	循环左移
	AND	逻辑与		SRL	逻辑右移
	OR	逻辑或		SRA	算术右移
	NAND	逻辑与非		ROR	循环右移
	NOR	逻辑或非	连接运算符	&	位连接
	XOR	逻辑异或	符号运算符	+	正号
	XNOR	逻辑同或		−	负号
关系运算符	=	等于	算术运算符	+	加
	/=	不等于		−	减
	<	小于		*	乘
	>	大于		/	除
	<=	小于或等于		MOD	取模
	>=	大于或等于		REM	取余数
移位运算符	SLL	逻辑左移		**	乘方
	SLA	算术左移		ABS	取绝对值

1）逻辑运算符：VHDL 有 7 种逻辑运算符，即 AND、OR、NAND、NOR、XOR、XNOR 和 NOT。这些逻辑运算符可以对 BIT、BOOLEAN 和 STD_LOGIC 等类型的对象进行运算，也可以对这些数据类型的对象组成的矢量（数组）进行运算，要求逻辑运算符左边和右边的数据类型必须相同；对矢量（数组）来说就是参与运算的矢量（数组）的维数要相同，并且结果也应是同维数的矢量（数组）。

在这些运算符中，NOT 和算术运算符中的 ABS、** 的优先级相同，是所有运算符中优先级最高的。其他 6 个运算符优先级相同，是所有运算符中优先级最低的。

在一些高级语言中，逻辑运算符有从左向右或从右向左的优先组合顺序，而在 VHDL 中，左右没有优先组合的区别，一个表达式中如果有多个逻辑运算符，则运算顺序的不同可能会影响运算结果，此时需要用括号来解决组合顺序的问题。例如 q <= a AND b OR c; 这条语句在编译时会给出语法错误信息，可以加上括号改为 q <= (a AND b) OR c; 这样的形式。

在逻辑表达式中只有 AND（或 OR、XOR 等）的情况下可以不加括号，因为对于这 3 种逻辑运算来说，改变运算顺序不会影响逻辑结果。例如 q <= a AND b AND c;和 q <= a OR b OR c;以及 q <= a XOR b XOR c；这 3 条语句都是正确的。而 q <= a AND b NAND c ;和 q <= a NOR b NOR c;这 2 个语句在语法上是错误的。

2）关系运算符：VHDL 有 6 种关系运算符，用于将两个相同类型的操作数进行数值相等比较或大小比较。要求这些关系运算符两边的数据类型必须相同，其运算结果为 BOOLEAN 类型，即表达式成立时结果为 TURE，不成立时结果为 FALSE。这 6 种运算符的优先级相同，仅高于逻辑运算符（除 NOT 外）。

运算符=和/=适用于所有已经定义过的数据类型，其他 4 种关系运算符则适用于整数、实数、BIT 和 STD_LOGIC 等类型。另外，<=符号有两种含义（小于或等于运算符以及信号赋值符），在阅读源代码时要根据上下文判断具体的意义。

3）移位运算符：移位运算符是 VHDL_94 新增的运算符，其中 SLL（逻辑左移）和 SRL（逻辑右移）是逻辑移位，用 0 填补移空的位；ROL（循环左移）和 ROR（循环右移）是循环移位，用移出的位依次填补移空的位；算术移位 SLA（算术左移）实现数据左移，同时复制最右端的位，填充在右端移空的位置，算术移位 SRA（算术右移）实现数据右移，同时复制最左端的位，填充在左端移空的位置。移位运算符都是双目运算符，只定义在一维数组上，左操作数（移位数据）必须是 BIT 或 BIT_VECTOR 类型的，右操作数（移动位数）必须是整数类型的。例如 A<="10011011" SLL 1;即逻辑左移 1 位，移空的位用 0 填补，运行后 A 的值为"00110110"，B<="11011010" SLA 1；即算术左移 1 位，移空的位用移位前最右端的位 0 填补，运算结果 B 的值为"10110100"，C<="10011011" ROL 2；即循环左移 2 位，移出的 10 依次补在数尾。运算结果 C 的值为"01101110"。

这 6 种移位运算符的优先级相同，高于关系运算符。

4）连接运算符：连接运算符也称为并置运算符，它只有一种符号，用 & 表示，用于位和矢量的连接，就是将运算符右边的内容接在左边的内容之后，形成一个新的矢量。例如"1011" & "010" 的结果为 "1011010"。其优先级与加、减运算符相同，高于移位运算符，低于符号运算符。

5）符号运算符：+（正号）和-（负号）与数学上的数值运算相同，主要用于浮点和物理量运算。物理量常用于测试单元，表示时间、电压及电流等量，可以视为与物理单位有关的整数，能方便地表示、分析和校验量纲，物理类型只对仿真有意义而对综合无意义。

符号运算符为单目运算符，优先级高于加、减和连接运算符，低于乘、除运算符。

6）算术运算符：单目运算（ABS、**）的操作数可以是任何数据类型的；+（加）、-（减）的操作数为整数类型；*（乘）、/（除）的操作数可以为整数或实数。物理量（如时间等）可以被整数（或实数）相乘（或相除），其运算结果仍为物理量。MOD（取模）和 REM（取余数）只能用于整数类型。MOD 和 REM 运算的区别是符号不同，如果有两个操作数 a 和 b，则表达式 a REM b 的符号与 a 相同；表达式 a MOD b 的符号与 b 相同。例如 7 REM -2=1、-7 REM 2=-1、-7 MOD 2=1、7 MOD -2=-1。ABS（取绝对值）运算符可用于任何数据类型，**（乘方）运算符的左操作数可以是整数或实数，右操作数必须是整数，并且只有在左操作数为实数时，右操作数才可以是负整数。

使用算术运算符，要严格遵循运算符两边的数据的位长一致，否则编译时将出错。例如进行加、减运算时，两个加数的位长和运算结果的位长应相同，否则编译时会给出语法出错信息。另外，乘法运算时，两个因数的位长相加后的总位长和乘法运算结果的位长不同时，同样也会出现语法错误。

运算符 ＊、／、MOD 和 REM 的优先级相同，高于符号运算符，低于 NOT、ABS 和 ＊＊ 等单目运算符。

3.2.3 赋值语句

VHDL 语句用来描述系统内部的硬件结构、动作行为及信号间的基本逻辑关系，这些语句不仅是程序设计的基础，也是最终构成硬件的基础。VHDL 程序主要有两类常用语句：顺序语句和并行语句。顺序语句是严格按照书写的先后顺序执行的，用来实现模型的算法部分；并行语句是 VHDL 区别于传统软件描述语言的最显著的一个方面，各种并行语句在结构体中是同时并发执行的，也就是说，只要某个信号发生变化，就会引起相应语句被执行而产生相应的输出，其执行顺序与书写顺序没有任何关系。

在 VHDL 中，赋值语句就是将一个数值或者表达式传递给某一个数据对象的语句，数据在实体内部的传递以及对端口外的传递都必须通过赋值语句来实现。VHDL 提供了两种类型的赋值语句：变量赋值语句和信号赋值语句。变量赋值语句和信号赋值语句的语法格式如下：

```
变量 := 表达式;
信号 <= 表达式;
```

每一种赋值语句都由 3 个基本部分组成：赋值目标、赋值符号和赋值源。赋值目标是所赋值的受体，基本元素只能是信号或变量；赋值符号有两种，变量赋值符号是:=，信号赋值符号是<=；赋值源是赋值的主体，可以是一个数值，也可以是一个逻辑或运算表达式，但是赋值目标与赋值源的数据类型必须严格一致。

【例 3-3】用并行赋值语句描述 3 人表决器，逻辑表达式为 Y=AB+AC+BC。

解：描述如下。

```
LIBRARY IEEE;
  USE IEEE. STD_LOGIC_1164. ALL;
ENTITY vote_3 IS
  PORT(A,B,C :  IN   STD_LOGIC;
            Y :  OUT  STD_LOGIC);
END vote_3;
ARCHITECTURE de OF vote_3 IS
   SIGNAL e : STD_LOGIC;                    --定义 e 为信号
    BEGIN
    Y <= (A  AND  B) OR (A  AND  C) OR e;   --以下两条并行语句与书写顺序无关
    e <= B  AND  C;
END de;
```

如果不用信号 e，直接写成 Y <= (A　AND　B) OR (A　AND　C) OR (B　AND　C); 之后的结果是一样的；交换 Y 和 e 这两条语句的位置，结果也是一样的。3 人表决器的仿真波形如图 3-1 所示。

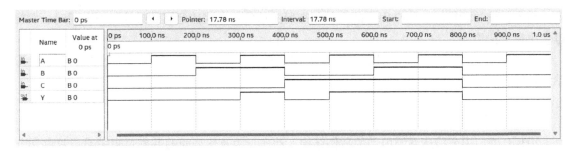

图 3-1　3 人表决器的仿真波形

从仿真波形中可以看出，在 0~100 ns 区间，A＝0、B＝0、C＝0，3 人都不同意，输出 Y＝0，没有通过表决；在 100~200 ns 区间，A＝1、B＝0、C＝0，1 人同意，输出 Y＝0，没有通过表决；在 300~400 ns 区间，A＝1、B＝1、C＝0，2 人同意，输出 Y＝1，通过表决。其他区间的波形情况同样符合 3 人表决器的要求。

想一想、做一做：改成 e <= A　AND　C;Y <= (A　AND　B) OR　e　OR　(B　AND　C);之后的结果会是什么样的？

3.2.4　选择信号赋值语句

选择信号赋值语句是一种条件分支的并行语句，其格式如下：

```
WITH 选择表达式 SELECT
目标信号 < = 信号表达式 1    WHEN    选择条件 1,
             信号表达式 2    WHEN    选择条件 2,
                            ⋮
             信号表达式 n    WHEN    选择条件 n;
```

执行该语句时，先对选择条件表达式进行求值，当选择条件表达式的值符合某一选择条件时，就将该条件前面的信号表达式赋给目标信号。例如，当选择条件表达式的值符合条件 1 时，就将信号表达式 1 赋给目标信号；当选择条件表达式的值符合选择条件 n 时，就将信号表达式 n 赋给目标信号。使用选择信号赋值语句时，应该注意以下几点：

1) 只有当选择条件表达式的值符合某一选择条件时，才将该选择条件前面的信号表达式赋给目标信号。

2) 每一个信号表达式后面都含有 WHEN 子句。

3) 由于选择信号赋值语句是并发执行的，所以不能在进程中使用（进程中使用顺序语句）。

4) 对选择条件的测试是同时进行的，语句会对所有的选择条件进行判断，而没有优先级之分。这时如果选择条件重叠，就有可能出现两个或两个以上的信号表达式赋给同一目标信号的情况，这样就会引起信号冲突，因此不允许有选择条件重叠的情况。

5) 选择条件也不允许出现涵盖不全的情况。如果选择条件不能涵盖选择条件表达式的所有值，就有可能出现选择条件表达式的值找不到与之符合的选择条件的情况，这时编译将会给出错误信息。

【例 3-4】用选择信号赋值语句描述"4 选 1"数据选择器。

解："4 选 1"数据选择器是数据选择器的一种，数据选择器是从多路输入数据中选择一路送至输出端的逻辑功能器件，是一种多输入、单输出的组合逻辑电路，也称为多路选择器或多路开关，类似单刀多掷开关。数据选择器可以完成输入并行数据到输出串行数据的转换。常用的数据选择器有 "2 选 1" "4 选 1" "8 选 1" "16 选 1" 等，其结构由数据输入端、地址输入端和数据输出端组成。根据地址输入端的组合情况，从数据输入端中选择一路数据传送至数据输出端。"4 选 1" 数据选择器的结构示意如图 3-2 所示。

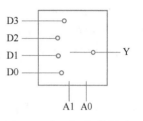

图 3-2　"4 选 1" 数据选择器的结构示意

图 3-2 中，D3、D2、D1 和 D0 是数据输入端；A1 和 A2 是地址输入端，A1 和 A2 有 00、01、10、11 共 4 种状态组合，可分别输出 4 个数据。用选择信号赋值语句描述 "4 选 1" 数据选择器的参考程序如下：

```
LIBRARY IEEE;
  USE IEEE. STD_LOGIC_1164. ALL;
ENTITY  selection_4  IS
PORT(D0,D1,D2,D3 : IN STD_LOGIC;
        A0,A1 : IN STD_LOGIC;
            Q : OUT STD_LOGIC);
END  selection_4;
ARCHITECTURE rt1 OF  selection_4  IS
  SIGNAL comb  :  STD_LOGIC_VECTOR(1  DOWNTO  0);
BEGIN
  comb <=A1 & A0;                --使用连接运算符&, 合并 A0 和 A1
    WITH  comb  SELECT
      Q<=D0  WHEN  "00",
         D1  WHEN  "01",
         D2  WHEN  "10",
         D3  WHEN  "11",
         'Z' WHEN  OTHERS;    --'Z'必须大写，表示高阻状态
END  rt1;
```

需要注意的是，以上程序的选择信号赋值语句中，comb 的值"00""01""10"和"11"被明确规定，为了使选择条件能够涵盖选择条件表达式的所有值，这里用 OTHERS 来代替 comb 的所有其他可能值。注意：每条 WHEN 短句表示并列关系时用逗号，最后一句用分号。"4 选 1" 数据选择器的仿真波形如图 3-3 所示。

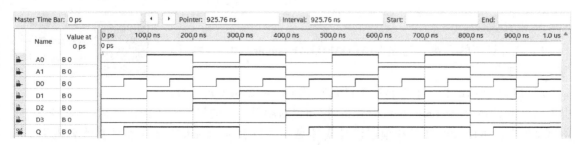

图 3-3　"4 选 1" 数据选择器的仿真波形

从仿真波形中可以看出，在 0~100 ns 区间，A0 = 0、A1 = 0，即 A = 00，输出 Q = D0；在 100~200 ns 区间，A0 = 1、A1 = 0，即 A = 01，输出 Q = D1；在 200~300 ns 区间，A0 = 0、A1 = 1，即 A = 10，输出 Q = D2；在 300~400 ns 区间，A0 = 1、A1 = 1，即 A = 11，输出 Q = D3。其他区间的波形情况同样符合"4 选 1"数据选择器的要求。

想一想、做一做：改成"6 选 1"数据选择器时应当如何修改程序？

3.2.5 8线-3线普通编码器

普通编码器在某一时刻只能对一个输入信号进行编码，即只能有一个输入端有效，当信号高电平有效时，则应只有一个输入信号为高电平，其余输入信号均为低电平。一般来说，由于 n 位二进制代码可以表示 2^n 种不同的状态，所以，2^n 个输入信号只需要 n 个输出就能完成编码工作。

1. 项目要求

利用 Quartus Ⅱ 的文本输入法，设计一个 8 线-3 线普通编码器，完成编译和波形仿真后，下载到实验箱或开发板上验证电路功能。

2. 电路设计

8 线-3 线普通编码器电路具有 8 个输入端和 3 个输出端（$2^3 = 8$），属于二进制编码器。用 X7~X0 表示 8 路输入，Y2~Y0 表示 3 路输出。原则上对输入信号的编码是任意的，但常用的编码方式是按照二进制的顺序由小到大进行编码。设输入、输出均为高电平有效，列出 8 线-3 线普通编码器的真值表，见表 3-2。

表 3-2 8 线-3 线普通编码器的真值表

输　　　入								输　　　出		
X7	X6	X5	X4	X3	X2	X1	X0	Y2	Y1	Y0
0	0	0	0	0	0	0	1	0	0	0
0	0	0	0	0	0	1	0	0	0	1
0	0	0	0	0	1	0	0	0	1	0
0	0	0	0	1	0	0	0	0	1	1
0	0	0	1	0	0	0	0	1	0	0
0	0	1	0	0	0	0	0	1	0	1
0	1	0	0	0	0	0	0	1	1	0
1	0	0	0	0	0	0	0	1	1	1

3. 建立项目

1）在计算机的 E 盘，建立 E：\EDAFILE\Example3_3 文件夹作为项目文件夹。

3.2.5 8线-3线普通编码器——建立项目、编辑与编译

2）启动 Quartus Ⅱ，单击其中的图形按钮 Create a New Project，也可以单击 File→New Project Wizard...，打开"新项目建立向导"对话框，在其中选择建立的项目文件夹，再输入项目名和顶层设计实体名。项目名为 encode，顶层设计实体名也为 encode。

3）由于采用文本输入法，在"添加文件"对话框的 File name 文本框中输入 encode. vhd，然后单击 Add 按钮，添加该文件。

4）在"器件设置"对话框中，根据实验箱或开发板上使用的器件决定选择的芯片系列和具体器件，本书选择 Cyclone Ⅳ E 系列的 EP4CE10E22C8 芯片。

5）设置完成后，单击 Finish 按钮，关闭"新项目建立向导"对话框。

 注意：软件的标题栏必须变为 E:/EDAFILE/Example3_3/encode-encode。

4. 编辑与编译

1）单击 File→New，在弹出的 New 对话框中，选择 VHDL File（VHDL 文件），单击 OK 按钮，在打开的文本文件编辑窗口内，输入以下程序：

```
LIBRARY IEEE;
 USE IEEE. STD_LOGIC_1164. ALL;
ENTITY encode IS
 PORT( X : IN std_logic_VECTOR( 7 DOWNTO 0);
       Y : OUT   std_logic_VECTOR( 2 DOWNTO 0) );
END encode;
ARCHITECTURE A OF encode IS
 BEGIN
  WITH X SELECT
    Y<="000" WHEN "00000001",
       "001" WHEN "00000010",
       "010" WHEN "00000100",
       "011" WHEN "00001000",
       "100" WHEN "00010000",
       "101" WHEN "00100000",
       "110" WHEN "01000000",
       "111" WHEN "10000000",
       "ZZZ" WHEN OTHERS;          --"ZZZ"必须大写，表示高阻状态
  END A;
```

 注意：程序中的标点符号不能使用中文。

2）输入完成后，单击 File→Save 或 ⊟ 按钮，不要做任何改动，直接以默认的 encode 为文件名，保存在当前文件夹 E:\EDAFILE\Example3_3 下。

3）单击 Processing→Start Compilation 或 ▶ 按钮，启动编译。如果设计中存在错误，可以根据信息提示栏所提供的信息进行修改，然后重新编译，直到没有错误为止。

5. 波形仿真

1）单击 File→New，选中 University Program VWF 选项，单击 OK 按钮，建立波形输入文件。

3.2.5 8线-3线普通编码器——波形仿真

2）单击 Edit→Set End Time，设定仿真时间为 1 μs；单击 Edit→Grid Size…，设定网格间距为 100 ns。

3）双击波形编辑器中 Name 下的空白处，打开"插入引脚或总线"对话框。单击 Node Finder…按钮，打开"引脚搜索"对话框，选中 Pins：all，然后单击 List 按钮。

4）单击窗口中间的方向按钮，将引脚加入窗口右侧的选择区，单击 OK 按钮；回到"插入引脚或总线"对话框，再次单击 OK 按钮。

5）选中输入引脚 X，单击 Ⓧ 按钮，在下方的 Count every 文本框中输入 100，单位选 ns。

6）单击 Simulation→Run Functional Simulation 或 按钮，在弹出的对话框中按默认的名字 Waveform 保存后，即可启动仿真。仿真波形如图 3-4 所示。

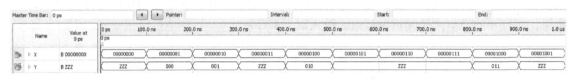

图 3-4 8 线-3 线普通编码器的仿真波形

从仿真波形中可以看出，在 0～100 ns 区间，X＝00000000（编码按键），没有按键按下，输出 Y＝ZZZ（编码），表示高阻状态；在 100～200 ns 区间，X＝00000001，X0 按键按下，输出 Y＝000；在 200～300 ns 区间，X＝00000010，X1 按键按下，输出 Y＝001；在 300～400 ns 区间，X＝00000011，X1 和 X0 按键都被按下，多余 1 个按键，输出 Y＝ZZZ，表示高阻状态。其他区间的波形情况同样符合 8 线-3 线普通编码器的要求。

6. 编程

1）单击 Assignments→Pin Planner，出现引脚规划窗口。将输入信号引脚锁定为按键，输出信号引脚锁定为发光二极管。根据所使用的实验箱或开发板的引脚分配情况确定引脚编号（需要参考实验箱或开发板引脚配置说明），在引脚规划窗口的 Location 下方的文本框中直接输入代表引脚编号的数字即可。

2）单击 Processing→Start Compilation 或 ▶ 按钮，再次启动编译。编译成功后，就可以将设计的程序下载到 PLD 中。

3）将编程器的下载电缆与计算机接口连接好，打开实验箱或开发板电源。单击 Tools→ Programmer，在编程窗口中进行硬件配置，本书选用 USB-Blaster 编程器，编程方式选择 JTAG 编程方式。在编程窗口中，选中 encode. sof 文件，再单击 Start 按钮，即可开始对芯片编程。

7. 电路测试

根据实验箱或开发板的实际情况，测试电路。按下与 X7 锁定的按键，输出信号应该为 111；抬起与 X7 锁定的按键，按下与 X3 锁定的按键，输出信号应该为 011；不抬起与 X3 锁定的按键，再按下与 X7 锁定的按键，由于输入信号超过 1 个，输出信号即为高阻状态（观察与低电平的区别）；再按下与其他输入信号端锁定的按键，观察输出信号。

3.3 优先编码器的设计

普通编码器在工作时，若同时出现两个以上的有效输入信号，则会造成电路工作的混乱，为此人们设计了优先编码器。优先编码器允许多个有效输入信号同时存在，但根据事先设定的优先级别不同，优先编码器只响应输入信号中优先级别最高的编码请求，而不响应其他的输入信号。

3.3.1 数据类型

丰富的数据类型使得 VHDL 能够创建高层次的系统和算法模型。对于常量、变量和信号这 3 种数据对象，在为每一种数据对象赋值时都要确定其数据类型。VHDL 对数据类型有着很强的约束性，不同的数据类型不能直接运算，相同的数据类型如果数据位长不同也不能运算，否则 EDA 工具软件在编译、综合过程中会报告类型错误。根据数据的产生来源可将数据类型分为预定义类型和用户自定义类型两大类，这两类都在 VHDL 的标准程序包中做了定义，设计时可随时调用。

1. STD 库的 STANDARD 程序包中预定义的数据类型

该数据类型是最常用、最基本的一种数据类型，已自动包含在 VHDL 源文件中，使用时不必通过 USE 语句进行显示调用，其具体类型如下：

1）整数（INTEGER）类型：整数类型与数学中的整数相似，包括正整数、零和负整数。整数类型可进行关系运算和算术运算。整数类型的表示范围是 $-2^{31} \sim 2^{31}-1$，这么大范围的数值及其运算在硬件电路实现过程中将消耗很多器件资源，而实际涉及的整数范围通常很小，例如 1 个十进制 7 段数码管只需显示 "0~9" 共 10 个数字。因此在使用整数类型时，要求用 RANGE 语句为定义的整数确定一个范围，例如：

> SIGNAL num：INTEGER RANGE 0 TO 255；   --定义整数类型信号 num 的范围为 0~255

整数可使用十进制、二进制、八进制和十六进制，默认进制是十进制。其他进制在表示时用符号#区分进制与数值。例如 123 表示十进制整数 123、2#0110#表示二进制整数 0110、8#576#表示八进制整数 576、16#FA#表示十六进制整数 FA。

2）自然数（NATURAL）和正整数（POSITIVE）类型：自然数类型是整数类型的子集，正整数类型又是自然数类型的子集。自然数包括零和正整数，正整数只包括大于零的整数。

3）实数（REAL）类型：实数类型与数学中的实数类似，其数据范围是 $-1.0E38 \sim 1.0E38$。书写时一定要有小数点（包括小数部分为 0 时）或采用科学计数法形式。VHDL 仅在仿真时可使用该类型，在综合过程中综合器是不支持实数类型的。实数也可使用十进制、二进制、八进制和十六进制，例如 2.0 表示十进制实数 2.0、605.3 表示十进制实数 605.3、8#46.1#表示八进制实数 46.1。

 注意：不能把实数赋给信号，实数只能赋给实数类型的变量。

4）位（BIT）类型：位类型属于可枚举类型，信号常用位表示，位值用带单引号的'0'和'1'表示，二者只代表电平的高低，与整数中的 0 和 1 意义不同。位类型可以进行算术运算和逻辑运算，而整数类型只能进行关系运算和算术运算。

5）位矢量（BIT_VECTOR）类型：位矢量是用双引号括起来的一组数据，也是基于位类型的数组，可以表示二进制（符号为 B，可缺省）、八进制（符号为 O）、十进制（符号为 D）或十六进制（符号为 H）的位矢量，例如" 011010"、H" 00AB" 分别表示二进制位矢量"011010" 和十六进制位矢量"00AB"。使用位矢量时通常要声明位宽，即数组中元素的个数和

排列顺序，例如：

```
SIGNAL A:BIT_VECTOR(3 DOWNTO 0);
        A<="0101";
```

此处的信号 A 被定义为具有 4 位位宽的位矢量，最左位（即最高位）是 A(3)=0，随后是 A(2)=1 和 A(1)=0，最右位（即最低位）是 A(0)=1。如果写成：

```
SIGNAL A:BIT_VECTOR(0 TO 3);
        A<="0101";
```

虽然同样表示信号 A 被定义为具有 4 位位宽的位矢量，但最左位（即最低位）是 A(0)=0，随后是 A(1)=1 和 A(2)=0，最右位（即最高位）是 A(3)=1。

6）布尔（BOOLEAN）类型：布尔类型只有 TURE 和 FALSE 两种取值，初值通常定义为 FALSE。虽然布尔类型也是二值枚举量，但它与位数据类型不同，没有数值的含义，不能进行算术运算，只能进行逻辑运算。关系表达式或逻辑表达式的运算结果就是布尔类型的，当表达式成立时，表达式的值为 TRUE；当表达式不成立时，表达式的值为 FALSE。

7）字符（CHARACTER）类型：字符也是一种数据类型，定义的字符要用单引号括起来，如'A'，并且字符类型对大小写敏感，如'A'和'a'就是不同的。字符类型中的字符可以是英文字母中的任何一个、数字 0~9 中的任何一个、空格，或者一些特殊字符，如 $、% 和 @ 等。

8）字符串（STRING）类型：字符串是用双引号括起来的字符序列，也称为字符串矢量或字符串数组。如"VHDL Programmer"。字符串常用于程序的提示或程序的说明。

9）时间（TIME）类型：时间类型是 VHDL 中唯一预定义的物理量数据类型。完整的时间类型数据应包括整数和单位两部分，而且整数和单位之间至少要有一个空格，如 10 ns、20 ms 和 33 min。VHDL 中规定的最小时间单位是飞秒（fs），单位依次增大的顺序是飞秒（fs）、皮秒（ps）、纳秒（ns）、微秒（μs）、毫秒（ms）和秒（s），这些单位间均为千进制关系，此外时间单位还有分（min）。

10）错误等级（SEVERITY LEVEL）类型：错误等级类型的数据用来表示系统的工作状态，共有 4 种：NOTE（注意）、WARNING（警告）、ERROR（错误）和 FAILURE（失败）。在系统仿真时，操作者可根据给出的这几种状态提示，了解当前系统的工作情况并采取相应对策。

2. IEEE 库中预定义的数据类型

使用 IEEE 库中预定义的数据类型时，必须先声明 IEEE 库，再通过 USE 语句调用相应的程序包。

1）标准逻辑位（STD_LOGIC）类型：该数据类型在 IEEE 库的 STD_LOGIC_1164 程序包中定义，是一个逻辑型的数据类型，可取代 STANDARD 程序包中的 BIT 类型，其扩展定义了 9 种值，它们的符号和含义具体来说，即'U'表示未初始化，'X'表示不定，'0'表示低电平，'1'表示高电平，'Z'表示高阻，'W'表示弱信号不定，'L'表示弱信号低电平，'H'表示弱信号高电平，'-'表示可忽略（任意）状态。

 注意： 表示高阻的'Z'必须大写，'U'和'X'还有'W'不能被综合工具支持，仅用于仿真。

2）标准逻辑矢量（STD_LOGIC_VECTOR）类型：该数据类型是基于 STD_LOGIC 数据类型的一维数组，使用时必须声明位宽和排列顺序，数据要用双引号括起来，示例如下。

> SIGNAL A:STD_LOGIC_VECTOR(0 TO 7);
>
> A<=H"47";　　　--定义信号 A 为十六进制数 47

3）无符号（UNSIGNED）类型：该数据类型在 IEEE 库的 STD_LOGIC_ARITH 或 STD_LOGIC_UNSIGNED 程序包中定义，是由 STD_LOGIC 数据类型构成的一维数组，表示一个自然数。当一个数据除了执行算术运算外，还要执行逻辑运算，就必须被定义成该类型，示例如下。

> SIGNAL DAT:UNSIGNED(3 DOWNTO 0);
>
> DAT<="0110";

此处定义信号 DAT 是 4 位二进制数码表示的无符号数据，数值是 6。

4）有符号（SIGNED）类型：该数据类型在 IEEE 库的 STD_LOGIC_ARITH 或 STD_LOGIC_SIGNED 程序包中定义，表示一个带符号的整数，其最高位是符号位（0 代表正整数，1 代表负整数），用补码表示数值，示例如下。

> SIGNAL SIGNEDDAT:SIGNED(3 DOWNTO 0);
>
> SIGNEDDAT<="1101";

此处定义信号 SIGNEDDAT 是 4 位二进制数码表示的有符号数据，数值是-3。

3.3.2　条件信号赋值语句

条件信号赋值语句可以根据不同的赋值条件将不同的表达式值赋给目标信号，其格式如下：

> 目标信号 <= 表达式 1 WHEN 赋值条件 1 ELSE
>
> 　　　　 表达式 2 WHEN 赋值条件 2 ELSE
>
> 　　　　　　　⋮
>
> 　　　　 表达式 n;

执行该语句时首先要进行条件判断，然后进行信号赋值操作。例如当赋值条件 1 成立（其值为'1'或 TURE）时，就将表达式 1 的值赋给目标信号，且不再判断其他赋值条件，直接结束条件信号赋值语句；当赋值条件 1 不成立（其值为'0'或 FALSE）时，再判断赋值条件 2，若成立就将表达式 2 的值赋给目标信号；只有在所有的赋值条件都不成立时，才将表达式 n 的值赋给目标信号。使用条件信号赋值语句时，还应该注意以下几点：

1）只有当赋值条件成立时，才能将该赋值条件前面的表达式值赋给目标信号。

2）对赋值条件进行的判断是有顺序的，位置靠前的赋值条件具有较高的优先级，只有不满足本赋值条件的时候才会去判断下一个赋值条件，所以条件信号赋值语句是有优先级的。

3）条件信号赋值语句允许赋值条件重叠，但位置在后面的赋值条件不会被执行。

4）最后一个表达式后面不含有 WHEN 子句。

【例 3-5】用条件信号赋值语句描述"4 选 1"数据选择器，并比较条件信号赋值语句与选择信号赋值语句的区别。

解: 参考程序如下。

```
LIBRARY IEEE;
  USE IEEE. STD_LOGIC_1164. ALL;
ENTITY selection4  IS
  PORT(D: IN  STD_LOGIC_VECTOR(3 DOWNTO 0);
    A: IN  STD_LOGIC_VECTOR(1 DOWNTO 0);
    Y: OUT STD_LOGIC);
END selection4;
ARCHITECTURE one OF selection4 IS
  BEGIN
    Y <= D(0) WHEN  A = "00" ELSE        --从第 1 个条件开始判断
         D(1) WHEN  A = "01" ELSE
         D(2) WHEN  A = "10" ELSE
         D(3);
  END one;
```

最后一个表达式不跟赋值条件句，表示以上赋值条件均不满足时，将此表达式的值赋给目标信号。

 注意: 只有 END 前的表达式后用分号，其他表达式不用任何符号。

"4 选 1" 数据选择器的仿真波形如图 3-5 所示。

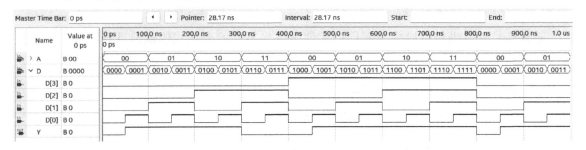

图 3-5 "4 选 1" 数据选择器的仿真波形（条件信号赋值语句）

从仿真波形中可以看出，在 0~100 ns 区间，A=00，输出 Y=D(0)；在 100~200 ns 区间，A=01，输出 Y=D(1)；在 200~300 ns 区间，A=10，输出 Y=D(2)；在 300~400 ns 区间，A=11，输出 Y=D(3)。其他区间的波形情况同样符合 "4 选 1" 数据选择器的要求。

想一想、做一做: 如果 A(0)=0 时输出 D(0)；A(0)=1 时输出 D(1)；A(1)=0 时输出 D(2)；A(1)=1 时输出 D(3)，应当如何修改程序？

3.3.3 8421-BCD 优先编码器

1. 项目要求

利用 Quartus Ⅱ 的文本输入法，设计一个 8421-BCD 优先编码器，要求数值越大优先级越高，完成编译和波形仿真后，下载到实验箱

3.3.3 8421-BCD 优先编码器

或开发板上验证电路功能。

2. 电路设计

8421-BCD 优先编码器具有 10 个输入端，分别代表十进制数 9~0，用 X9~X0 表示；具有 4 个输出端，代表对应的 8421 码，用 Y3~Y0 表示。根据项目要求，输入的十进制数越大，其优先级越高。设输入、输出均为高电平有效，则该优先编码器的真值表见表 3-3（表中的×表示任意状态）。

表 3-3 8421-BCD 优先编码器的真值表

输 入										输 出			
X9	X8	X7	X6	X5	X4	X3	X2	X1	X0	Y3	Y2	Y1	Y0
0	0	0	0	0	0	0	0	0	1	0	0	0	0
0	0	0	0	0	0	0	0	1	×	0	0	0	1
0	0	0	0	0	0	0	1	×	×	0	0	1	0
0	0	0	0	0	0	1	×	×	×	0	0	1	1
0	0	0	0	0	1	×	×	×	×	0	1	0	0
0	0	0	0	1	×	×	×	×	×	0	1	0	1
0	0	0	1	×	×	×	×	×	×	0	1	1	0
0	0	1	×	×	×	×	×	×	×	0	1	1	1
0	1	×	×	×	×	×	×	×	×	1	0	0	0
1	×	×	×	×	×	×	×	×	×	1	0	0	1

3. 建立项目

1）在计算机的 E 盘，建立 E:\EDAFILE\Example3_5 文件夹作为项目文件夹。

2）启动 Quartus Ⅱ，单击其中的图形按钮 Create a New Project，也可以单击 File→New Project Wizard...，打开"新项目建立向导"对话框，在其中选择建立的项目文件夹，再输入项目名和顶层设计实体名。项目名为 pencode、顶层设计实体名也为 pencode。

3）在"添加文件"对话框的 File name 文本框中输入 pencode.vhd，然后单击 Add 按钮，添加该文件。

4）在"器件设置"对话框中，根据实验箱或开发板上使用的器件决定选择的芯片系列和具体器件，本书选择 Cyclone Ⅳ E 系列的 EP4CE10E22C8 芯片。

5）设置完成后，单击 Finish 按钮，关闭"新项目建立向导"对话框。

 注意：软件的标题栏必须变为 E:/EDAFILE/Example3_5/pencode-pencode。

4. 编辑与编译

1）单击 File→New，在弹出的 New 对话框中，选择 VHDL File，单击 OK 按钮，在打开的文本文件编辑窗口内，输入以下程序：

```
LIBRARY IEEE;
 USE IEEE. STD_LOGIC_1164. ALL;
ENTITYpencode IS
```

```
    PORT(X : IN STD_LOGIC_VECTOR(9 DOWNTO 0);
        Y : OUT  STD_LOGIC_VECTOR(3 DOWNTO 0));
  END pencode;
  ARCHITECTURE A OFpencode IS
  BEGIN
    Y<="1001" WHEN X(9)='1' ELSE
      "1000" WHEN X(8)='1' ELSE
      "0111" WHEN X(7)='1' ELSE
      "0110" WHEN X(6)='1' ELSE
      "0101" WHEN X(5)='1' ELSE
      "0100" WHEN X(4)='1' ELSE
      "0011" WHEN X(3)='1' ELSE
      "0010" WHEN X(2)='1' ELSE
      "0001" WHEN X(1)='1' ELSE
      "0000" WHEN X(0)='1' ELSE
      "ZZZZ";
  END A;
```

2）输入完成后，单击 File→Save 或 ■ 按钮，不要做任何改动，直接以默认的 pencode 为文件名，保存在当前文件夹 E:\EDAFILE\Example3_5 下。

3）单击 Processing→Start Compilation 或 ▶ 按钮，启动编译。如果设计中存在错误，可以根据信息提示栏所提供的信息进行修改，然后重新编译，直到没有错误为止。

5. 波形仿真

1）单击 File→New，选中 University Program VWF 选项，单击 OK 按钮，建立波形输入文件。

2）单击 Edit→Set End Time，设定仿真时间为 1 μs；单击 Edit→Grid Size...，设定网格间距为 100 ns。

3）双击波形编辑器中 Name 下的空白处，打开"插入引脚或总线"对话框。单击 Node Finder...按钮，打开"引脚搜索"对话框，选中 Pins：all，然后单击 List 按钮。

4）单击窗口中间的方向按钮，将引脚加入窗口右侧的选择区，单击 OK 按钮；回到"插入引脚或总线"对话框，再次单击 OK 按钮。

5）选中输入引脚 X，单击 ⌇ 按钮，在下方的 Count every 文本框中输入 100，单位选 ns。

6）单击 Simulation→Run Functional Simulation 或 ⌇ 按钮，在弹出的对话框中按默认的名字 Waveform 保存后，即可启动仿真。仿真波形如图 3-6 所示。

图 3-6　8421-BCD 优先编码器的仿真波形

从仿真波形中可以看出，在 0~100 ns 区间，X=0000000000（编码按键），没有按键按下，输出 Y=ZZZZ（编码），表示高阻状态；在 100~200 ns 区间，X=0000000001，X0 按键按下，输出 Y=0000；在 200~300 ns 区间，X=0000000010，X1 按键按下，输出 Y=0001；在 300~400 ns 区间，X=0000000011，X1 和 X0 按键都被按下，按照优先级的设置，X1 的优先级更高，输出 Y=0001。其他区间的波形情况同样符合 8421-BCD 优先编码器的要求。

6. 编程

1）单击标题栏中的 Assignments→Pin Planner，出现引脚规划窗口。将输入信号引脚锁定为按键，输出信号引脚锁定为发光二极管。根据所使用的实验箱或开发板的引脚分配情况确定引脚编号（需要参考实验箱或开发板引脚配置说明），在引脚规划窗口的 Location 下方的文本框中直接输入代表引脚编号的数字即可。

2）单击 Processing→Start Compilation 或 ▶ 按钮，再次启动编译。编译成功后，就可以将设计的程序下载到 PLD 中。

3）将编程器的下载电缆与计算机接口连接好，打开实验箱或开发板电源。单击 Tools→Programmer，在编程窗口中进行硬件配置，本书选用 USB-Blaster 编程器，编程方式选择 JTAG 编程方式。在编程窗口中，选中 pencode. sof 文件，再单击 Start 按钮，即可开始对芯片编程。

4）如果编程窗口没有显示文件，可单击 Add Files（添加文件）按钮，在弹出的对话框中打开 output_files（输出文件）文件夹，单击其中的 pencode. sof 文件即可。

7. 电路测试

根据实验箱或开发板的实际情况，测试电路。按下与 X7 锁定的按键，输出信号应该为 0111；按下与 X3 锁定的按键，如果没有同时抬起与 X7 锁定的按键，则输出信号应该仍为 0111，在抬起与 X7 锁定的按键之后才能输出 0011，这体现了按键的优先级。同样操作与其他输入信号锁定的按键，观察输出信号。

3.4 编码模块的设计

3.4.1 块语句

块语句是一种并行语句的组合方式，可以使程序更加有层次，更加清晰。在物理意义上，一个块语句对应一个子电路；在逻辑电路图上，一个块语句对应一个子电路图。块语句的格式如下：

```
块标号:BLOCK
    [说明语句;]
    BEGIN
      并行语句;
        ⋮
    END BLOCK 块标号;
```

块标号是块语句的名称，说明语句与结构体的说明语句相同，用来定义块内局部信号、数据类型、器件和子程序，在并行语句区可以使用所有的并行语句。

【例 3-6】设计一个电路，包含一个半加器和一个半减器，要求以 a 和 b 为输入端，sum 和 co（进位）为半加器的输出端，sub 和 bo（借位）为半减器的输出端。半加器的逻辑关系为 $sum=a\oplus b$，$co=ab$；半减器的逻辑关系为 $sub=a\oplus b$，$bo=\overline{a}b$。

解： 把半加器和半减器分成两个功能模块，分别用两个块语句来表示，参考程序如下：

```
LIBRARY IEEE;
  USE IEEE. STD_LOGIC_1164. ALL;
  USE IEEE. STD_LOGIC_UNSIGNED. ALL;
ENTITYadsu IS
  PORT(      a,b:IN STD_LOGIC;
    co,sum,bo,sub:OUT STD_LOGIC);
END adsu;
ARCHITECTURE str OFadsu IS
  BEGIN
    half_add:BLOCK                --半加器块开始
      BEGIN
        sum <= a XOR b;
        co <= a AND b;
    END BLOCK half_add;           --半加器块结束
    half_sub:BLOCK                --半减器块开始
        BEGIN
          sub <= a XOR b;
          bo <=(NOT a)AND b;
    END BLOCK half_sub;           --半减器块结束
  END str;
```

程序结构体中使用 2 个块语句分别描述半加器和半减器，半加器和半减器的仿真波形如图 3-7 所示。

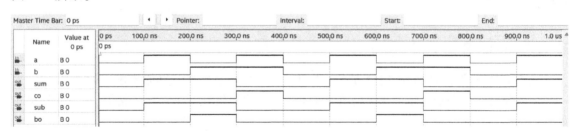

图 3-7　半加器和半减器的仿真波形

从仿真波形中可以看出，在 0~100 ns 区间，a=0、b=0，输出 sum=0（和）、co=0（进位）、sub=0（差）、bo=0（借位）；在 100~200 ns 区间，a=1、b=0，输出 sum=1、co=0、sub=1、bo=0；在 200~300 ns 区间，a=0、b=1，输出 sum=1、co=0、sub=1、bo=1；在 300~400 ns 区间，a=1、b=1，输出 sum=0、co=1、sub=0、bo=0。其他区间的波形情况同样符合半加器和半减器的要求。

想一想、做一做： 若要加入一个二进制乘法模块，应如何修改程序？

3.4.2　编码模块

设计一个 4 线-2 线编码器，能够对代表数码 0~3 的开关量进行编码，同时输出普通编码和优先编码（数码越小优先级越高），比较两种编码器的区别。

1. 项目分析

根据要求，使用块语句设计 4 线-2 线编码器，其中包含普通编码块和优先编码块（数码越小优先级越高），普通编码块使用选择信号赋值语句实现；优先编码块使用条件信号赋值语句实现。

2. 建立项目

1）在计算机的 E 盘，建立 E:\EDAFILE\Example3_7 文件夹作为项目文件夹。

3.4.2　编码模块——建立项目、编辑与编译

2）启动 Quartus Ⅱ，单击其中的图形按钮 Create a New Project，也可以单击 File→New Project Wizard...，打开"新项目建立向导"对话框，在其中选择建立的项目文件夹，再输入项目名和顶层设计实体名。项目名为 codeblock，顶层设计实体名也为 codeblock。

3）在"添加文件"对话框的 File name 文本框中输入 codeblock.vhd，然后单击 Add 按钮，添加该文件。

4）在"器件设置"对话框中，根据实验箱或开发板上使用的器件决定选择的芯片系列和具体器件，本书选择 Cyclone Ⅳ E 系列的 EP4CE10E22C8 芯片。

5）设置完成后，单击 Finish 按钮，关闭"新项目建立向导"对话框。

 注意：软件的标题栏必须变为 E:/EDAFILE/Example3_7/codeblock-codeblock。

3. 编辑与编译

1）单击 File→New，在弹出的 New 对话框中，选择 VHDL File，单击 OK 按钮，在打开的文本文件编辑窗口内，输入以下程序：

```
LIBRARY IEEE;
  USE IEEE. STD_LOGIC_1164. ALL;
  USE IEEE. STD_LOGIC_UNSIGNED. ALL;
ENTITY codeblock IS
  PORT(X : IN STD_LOGIC_VECTOR(3 DOWNTO 0);
    EY,PY : OUT STD_LOGIC_VECTOR(1 DOWNTO 0));
END codeblock;
ARCHITECTURE str OF codeblock IS
  BEGIN
  encode : BLOCK                 --普通编码器块开始
    BEGIN
    WITH X SELECT
     EY<="00" WHEN "0001",
       "01" WHEN "0010",
       "10" WHEN "0100",
       "11" WHEN "1000",
       "ZZ" WHEN OTHERS;         --"ZZ" 必须大写，表示高阻状态
  END BLOCK encode;              --普通编码器块结束
```

```
    pencode : BLOCK                        --优先编码器块开始
        BEGIN
            PY<="11" WHEN X(0)='1' ELSE
                "10" WHEN X(1)='1' ELSE
                "01" WHEN X(2)='1' ELSE
                "00" WHEN X(3)='1' ELSE
                "ZZ";                        --"ZZ" 必须大写，表示高阻状态
            END BLOCK pencode;               --优先编码器块结束
        END str;
```

2) 输入完成后，单击 File→Save 或 🖫 按钮，不要做任何改动，直接以默认的 codeblock 为文件名，保存在当前文件夹 E：\EDAFILE\Example3_7 下。

3) 单击 Processing→Start Compilation 或 ▶ 按钮，启动编译。如果设计中存在错误，可以根据信息提示栏所提供的信息进行修改，然后重新编译，直到没有错误为止。

4. 波形仿真

1) 单击 File→New，选中 University Program VWF 选项，单击 OK 按钮，建立波形输入文件。

3.4.2　编码模块——波形仿真

2) 单击 Edit→Set End Time，设定仿真时间为 1 μs；单击 Edit→Grid Size...，设定网格间距为 100 ns。

3) 双击波形编辑器中 Name 下的空白处，打开"插入引脚或总线"对话框。单击 Node Finder...按钮，打开"引脚搜索"对话框，选中 Pins：all，然后单击 List 按钮。

4) 单击窗口中间的方向按钮，将引脚加入窗口右侧的选择区，单击 OK 按钮；回到"插入引脚或总线"对话框，再次单击 OK 按钮。

5) 选中输入引脚 X，单击 🇽🇨 按钮，在下方的 Count every 文本框中输入 50，单位选 ns。

6) 单击 Simulation→Run Functional Simulation 或 🕭 按钮，在弹出的对话框中按默认的名字 Waveform 保存后，即可启动仿真。4 线-2 线编码器的仿真波形如图 3-8 所示。

Master Time Bar: 0 ps			◀	▶	Pointer:		Interval:		Start:		End:		
Name	Value at 0 ps	0 ps 0 ps	100.0 ns	200.0 ns	300.0 ns	400.0 ns	500.0 ns	600.0 ns	700.0 ns	800.0 ns	900.0 ns	1.0 us	
> X	B 0000	0000 X 0001 X 0010 X 0011 X 0100 X 0101 X 0110 X 0111 X 1000 X 1001 X 1010 X 1011 X 1100 X 1101 X 1110 X 1111 X 0000 X 0001 X 0010 X 0011											
> EY	B ZZ	ZZ X 00 X 01 X ZZ X 10 X ZZ X 11 X ZZ X 00 X 01 X ZZ											
> PY	B ZZ	ZZ X 11 X 10 X 11 X 01 X 11 X 10 X 11 X 00 X 11 X 10 X 11 X 01 X 11 X 10 X 11 X ZZ X 11 X 10 X 11											

图 3-8　4 线-2 线编码器的仿真波形

从仿真波形中可以看出，在 0~50 ns 区间，X=0000（编码按键），没有按键按下，输出 EY=ZZ（普通编码）、PY=ZZ（优先编码），没有编码；在 50~100 ns 区间，X=0001，X0 按键按下，输出 EY=00、PY=11；在 150~200 ns 区间，X=0011，X0 和 X1 按键都被按下，输出 EY=ZZ（超过 1 个按键被按下，没有编码）、PY=11（按照优先级，给 X0 编码）。其他区间的波形情况同样符合 4 线-2 线编码器的要求。

5. 编程

1) 单击 Assignments→Pin Planner，出现引脚规划窗口。将输入信号引脚锁定为按键，输

出信号引脚锁定为发光二极管。根据所使用的实验箱或开发板的引脚分配情况确定引脚编号（需要参考实验箱或开发板引脚配置说明），在引脚规划窗口的 Location 下方的文本框中直接输入代表引脚编号的数字即可。

2）单击 Processing→Start Compilation 或 ▶ 按钮，再次启动编译。编译成功后，就可以将设计的程序下载到 PLD 中。

3）将编程器的下载电缆与计算机接口连接好，打开实验箱或开发板电源。单击 Tools→Programmer，在编程窗口中进行硬件配置，本书选用 USB-Blaster 编程器，编程方式选择 JTAG 编程方式。在编程窗口中，选中 codeblock. sof 文件，再单击 Start 按钮，即可开始对芯片编程。

6. 电路测试

根据实验箱或开发板的实际情况，测试电路。按下与 X1 锁定的按键，输出信号 EY 应该为 01、PY 应该为 10；按下与 X3 锁定的按键，输出信号 EY 应该为 11、PY 应该为 00；如果没有抬起与 X3 锁定的按键，再按下与 X2 锁定的按键，输出信号 EY 应该为 ZZ（高阻，没有编码）、PY 应该为 01（X2 优先级高）。同样操作与其他输入信号端锁定的按键，观察输出信号。

3.5 实训: 3 线-8 线译码器的设计与实现

1. 实训说明

译码器可把输入的二进制代码翻译成对应的输出信号，与编码器正好相反。设 3 线-8 线译码器的输入端为 D2~D0，输出端为 Y7~Y0，低电平有效，其真值表见表 3-4。

表 3-4　3 线-8 线译码器的真值表

输　入　端			输　出　端							
D2	D1	D0	Y7	Y6	Y5	Y4	Y3	Y2	Y1	Y0
0	0	0	1	1	1	1	1	1	1	0
0	0	1	1	1	1	1	1	1	0	1
0	1	0	1	1	1	1	1	0	1	1
0	1	1	1	1	1	1	0	1	1	1
1	0	0	1	1	1	0	1	1	1	1
1	0	1	1	1	0	1	1	1	1	1
1	1	0	1	0	1	1	1	1	1	1
1	1	1	0	1	1	1	1	1	1	1

2. 设计提示

参考 8 线-3 线普通编码器的程序，使用选择信号赋值语句描述表 3-4。参考程序如下：

```
LIBRARY IEEE;
  USE IEEE. STD_LOGIC_1164. ALL;
ENTITY decode38 IS
  PORT( D : IN std_logic_VECTOR(7 DOWNTO 0);
        Y : OUT   std_logic_VECTOR(2 DOWNTO 0));
END DECODE;
```

```
ARCHITECTURE A OF decode38 IS
  BEGIN
   WITH D SELECT
     Y<="00000001" WHEN "000",
        "00000010" WHEN "001",
        "00000100" WHEN "010",
        "00001000" WHEN "011",
        "00010000" WHEN "100",
        "00100000" WHEN "101",
        "01000000" WHEN "110",
        "10000000" WHEN "111",
        "ZZZZZZZZ" WHEN OTHERS;        --"ZZZZZZZZ" 必须大写，表示高阻状态
  END A;
```

3. 实训报告

1）记录并分析仿真波形。

2）分析实训结果。

3）总结项目设计流程。

3.6 拓展阅读：FPGA 的应用领域

随着科技的不断进步，人们对于硬件设计的需求也日益增长。然而，传统的硬件设计方式面临着诸多限制，存在设计周期长、成本高、无法灵活应变等问题。FPGA 在系统可编程的特性使得硬件设计变得更加灵活和可定制，能够缩短设计周期，提高设计效率；FPGA 的可重构性使得硬件系统可以随时进行升级和优化，无需更换硬件设备；FPGA 的并行处理能力和性能优势也使其成为一种重要的高速计算平台。因此，FPGA 技术的发展前景广阔，在各个领域都得到了广泛应用。

1）视频图像处理：随着时代的变换，人们对图像的稳定性、清晰度、亮度和颜色的追求越来越高，以前的标清（SD）慢慢演变成高清（HD），到现在人们更是追求蓝光品质的图像。这就使得图像处理芯片需要实时处理的数据量越来越大，并且图像的压缩算法也越来越复杂。FPGA 的并行处理机制可以更加高效快速地处理数据，所以在图像处理领域，FPGA 越来越受到市场的欢迎。

2）无线通信系统：在无线通信系统中，许多功能模块需要大量的滤波运算，而这些滤波器往往需要大量的乘法和加法运算。FPGA 可以很容易地实现分布式算法结构，能够高效地实现乘法和加法运算，对于实现无线通信中的高速数字信号处理十分有利。

3）高速接口设计：如果外部设备需要和计算机做数据交换，例如将采集到的数据送给计算机处理，或者将处理后的数据交给计算机显示（监控）等，就需要使用接口。计算机与外部设备的接口比较丰富，不同的设备支持不同的接口，需要使用对应的接口芯片，这无疑会使硬件变得复杂，体积变得庞大。FPGA 可以在内部实现这些接口逻辑，也就完全没必要使用接口芯片，这将使接口数据的处理变得更加得心应手。

4）集成电路（IC）设计：印制电路板（PCB）的设计是用一个个元器件在印制电路板上

搭建一个特定功能的电路组合,而 IC 设计就是拿一个个 MOS 管,在硅基衬底上去搭建一个特定功能的电路组合,二者一个宏观,一个微观。但 IC 设计制作成本极高,为了保证一次成功,就要进行充分的仿真测试和 FPGA 验证。

FPGA 验证主要是把 IC 的代码移植到 FPGA 上面,并使用 EDA 工具软件进行综合、布局布线到最终生成网表文件,然后下载到开发板上验证功能。对于复杂的 IC,还可以拆成几部分分别验证,每个功能模块放在一个 FPGA 里面,FPGA 生成的电路非常接近真实的 IC 芯片,能够提高 IC 设计的成功率。

5) 人工智能:FPGA 在人工智能系统的前端部分也得到了广泛的应用,例如自动驾驶需要对行驶路线、信号灯、路障和行驶速度等各种交通信号进行采集,因此需要用到多种传感器,对这些传感器进行综合驱动和融合处理时就可以使用 FPGA。还有一些智能机器人需要对图像进行采集和处理,或者对声音信号进行处理,此时也可以使用 FPGA 去完成。

6) 其他应用领域:军事领域的安全通信、雷达、声呐、电子对抗等;测试和测量领域的通信和监测、半导体自动测试设备、通用仪表等;医疗电子领域的运动数据检测、康复设备、生命科学的基因测序等。

3.7 习题

一、填空题

1) VHDL 设计文件由_____、_____、库和_____等部分构成,其中_____和_____可以构成最基本的 VHDL 程序。

2) 在 VHDL 中最常用的库是_____标准库。

3) VHDL 的结构体用来描述设计实体的_____或_____,是外界看不到的部分。

4) 在 VHDL 的端口声明语句中,端口方向包括_____、_____、_____和_____。

5) VHDL 的字符是以_____括起来的数字、字母或符号。

6) VHDL 的标识符名必须以_____,后跟若干字母、数字或单个下画线构成。

7) VHDL 的数据对象包括_____、_____和_____,用来存放各种类型的数据。

8) VHDL 的变量是一个_____,只能在进程、函数和过程中声明和使用。

9) _____是从多路输入数据中选择一路送至输出端的逻辑功能部件,是一种多输入、单输出的组合逻辑电路。

10) 在数字电路中,需要将具有某种特定含义的信号变成代码,利用代码表示具有特定含义对象的过程,称为_____。编码器分为_____编码器和_____编码器两类。

二、单选题

1) VHDL 的设计实体可以被高层次的系统（　　）,成为系统的一部分。

A. 输入　　　　　　B. 输出　　　　　　C. 仿真　　　　　　D. 调用

2) VHDL 的实体声明部分用来指定设计单元的（　　）。

A. 输入端口　　　　B. 输出端口　　　　C. 引脚　　　　　　D. 以上均可

3) VHDL 的 WORK 库是用户设计的现行工作库,用于存放（　　）的工程项目。

A. 用户自己设计　　B. 公共程序　　　　C. 共享数据　　　　D. 图形文件

4) 在 VHDL 的端口声明语句中,用（　　）声明端口具有回读功能。

A. IN   B. OUT   C. INOUT   D. BUFFER

5）在 VHDL 中，（   ）的数据传输不是立即发生的，赋值需要一定的延时时间。

A. 信号   B. 变量   C. 常量   D. 变量或信号

6）在 VHDL 中，为了使已声明的数据类型、子程序和器件能被其他设计实体调用或共享，可以将其汇集在（   ）中。

A. 设计实体   B. 子程序   C. 结构体   D. 包

7）在 VHDL 中，目标变量的赋值符号是（   ）。

A. =:   B. =   C. :=   D. <=

8）在 VHDL 的 IEEE 标准库中，预定义的标准逻辑位数据 STD_LOGIC 有（   ）种逻辑值。

A. 4   B. 7   C. 8   D. 9

9）在 VHDL 中，定义信号名时可以用（   ）符号为信号赋初值。

A. =:   B. =   C. :=   D. <=

10）在 VHDL 的并行语句之间，可以用（   ）来传递信息。

A. 变量   B. 信号   C. 常量   D. 变量或信号

三、简答题

1）怎样使用库及库内的程序包？列举出 3 种常用的程序包。

2）BIT 数据类型与 STD_LOGIC 数据类型有什么区别？

3）信号与变量在使用时有什么区别？

4）BUFFER 与 INOUT 有什么异同？

5）为什么在实体中定义的整数类型通常要加上一个范围限制？

四、设计题

1）在下面的横线上填入合适的 VHDL 关键词，完成"2 选 1"数据选择器的设计。

```
LIBRARY IEEE;
  USE IEEE. STD_LOGIC_1164. ALL.
_____ mux2_1 IS
  PORT(SEL:IN STD_LOGIC;
       A, B:IN STD LOGIC;
       Q: OUT STD_LOGIC );
END mux2_1;
_____ BHV OF mux2_1 IS
  BEGIN
    Q<=A WHEN SEL='1' ELSE   B;
END BHV;
```

2）在下面的横线上填入合适的 VHDL 语句，完成 16 位"4 选 1"数据选择器的设计。

```
LIBRARY IEEE.
  USE IEEE. STD_LOGIC_1164. ALL.
ENTITY MUX16 IS
  PORT( D0, D1, D2, D3: IN STD_LOGIC_VECTOR(15 DOWNTO 0);
```

```
                       SEL:IN STD_LOGIC_VECTOR(_____ DOWNTO 0);
                       Y:OUT STD_LOGIC_VECTOR(15 DOWNTO 0));
      END;
   ARCHITECTURE ONE OF MUX16 IS BEGIN
     WITH _____ SELECT
       Y <=D0 WHEN "00",
             D1 WHEN "01",
             D2 WHEN "10",
             D3 WHEN _____;
   END;
```

3）分析下面的 VHDL 源程序，说明电路的功能。

```
   LIBRARY IEEE;
    USE IEEE. STD_LOGIC_1164. ALL;
    USE IEEE. STD_LOGIC_UNSIGNED. ALL;
   ENTITY choose IS
    PORT(   s2,s1,s0 : IN STD_LOGIC;
         d3,d2,d1,d0 : IN STD_LOGIC;
         d7,d6,d5,d4 : IN STD_LOGIC;
                   Y : OUT STD_ULOGIC);
   END choose;
   ARCHITECTURE a OF choose IS
    SIGNAL S : STD_LOGIC_VECTOR(2 DOWNTO 0);
   BEGIN
   s<=s2 & s1 & s0;
   y<=d0   WHEN s="000" ELSE
      d1   WHEN s="001" ELSE
      d2   WHEN s="010" ELSE
      d3   WHEN s="011" ELSE
      d4   WHEN s="100" ELSE
      d5   WHEN s="101" ELSE
      d6   WHEN s="110" ELSE
      d7;
   END a;
```

4）用并行信号赋值语句描述逻辑表达式 $y=ab+c\oplus d$，并进行时序仿真验证。

5）用 VHDL 设计一个 8 线-3 线优先编码器，要求数码越小优先级越高（即数码 0 优先级最高，数码 7 优先级最低）。

项目 4　计数器的设计与实现

本项目要点

- VHDL 的顺序语句
- 键盘输入程序设计
- 数码显示计数器的设计与实现

4.1　十进制计数器的设计

计数器的逻辑功能是记忆时钟脉冲的个数，它也是数字系统中常用的一种具有记忆功能的电路，可用来实现系统中的计数、分频和定时等功能。

4.1.1　进程语句

进程语句是最重要的并行语句，也是 VHDL 程序设计中应用最频繁、最能体现 HDL 特点的一种语句。一个结构体内可以包含多个进程语句，每个进程之间是同时执行的。进程语句本身是并行语句，但每个进程的内部则由一系列顺序语句构成。进程语句的格式如下：

```
[进程名:]PROCESS(敏感信号 1,敏感信号 2,…)[IS]
    [说明部分;]
BEGIN
    顺序语句组;
END PROCESS [进程名];
```

1）进程名：表示该进程的名称，可以缺省。

2）敏感信号：列出触发启动本进程的全部信号名，通常所有的输入端口都可以列入。当任意一个敏感信号的值发生变化时，立即启动进程语句，进程中的顺序语句按书写顺序循环执行，直到敏感信号值稳定不变为止。

3）说明部分：可以缺省，此部分用于定义该进程所需的局部数据环境，包括常量、变量和子程序等，但不能定义信号，信号只能在结构体的说明部分定义。

4）顺序语句组：通常包含变量赋值语句、信号赋值语句、IF 语句和 CASE 语句等顺序语句。

进程语句的主要特点归纳如下：

1）同一结构体中的各个进程之间是并发执行的，并且都可以使用实体说明和结构体中定义的信号、常量和变量；但同一进程中的顺序语句组则是按照书写顺序执行的顺序语句。

2）为启动进程，进程的结构中必须至少包含一个敏感信号。敏感信号通常是时钟脉冲、输入端口等。但一个进程中不允许出现两个时钟信号。

3）结构体中的各个进程之间，可以通过结构体中定义的信号或变量来通信，但在进程语句中的说明部分定义的变量，只能在该进程内部使用。

4）VHDL 中的所有并行语句都可以理解为特殊的进程，只是不以 PROCESS 结构出现，其逻辑表达式中的信号就是隐含的敏感信号。

下面列出一个 JK 触发器程序的结构体部分，用来说明进程的格式：

```
ARCHITECTURE a OF jk IS            --实体名是 jk, 结构体名是 a
  BEGIN                            --结构体 a 的开始
    PROCESS(CLK,J,K)               --敏感信号是时钟信号 CLK、输入端口 J 和 K
      VARIABLE  tmp  : STD_LOGIC;  --定义变量 tmp, 在进程内使用
      BEGIN                        --进程的开始
        ⋮                         --顺序语句组
    END PROCESS;                   --进程的结束
END a;                             --结构体 a 的结束
```

4.1.2　IF 语句

IF 语句是应用最广泛的顺序语句。顺序语句是按照书写的先后顺序执行的，用来实现模型的算法部分。虽然 VHDL 中大部分语句是并行语句，但对于进程、过程和子程序等基本单元，却是由顺序语句构成的，顺序语句与传统的软件设计语言非常相似。在实际编程时，应将并行语句和顺序语句灵活运用，以符合 VHDL 的设计要求和硬件特点。

IF 语句是根据所指定的一种或多种条件来决定执行某些语句的一种顺序语句，也可以说成是一种控制转向语句。IF 语句一般有 3 种格式。

（1）单分支（跳转）控制语句　语句格式如下：

```
IF  条件表达式  THEN
    顺序语句 1;
    顺序语句 2;
    ⋮
    顺序语句 n;
END  IF;
```

当程序执行到 IF 语句时，先判断 IF 语句指定的条件表达式是否成立。如果条件表达式成立，IF 语句所包含的全部顺序语句将被按照书写顺序依次执行；如果条件表达式不成立，则程序跳过 IF 语句包含的全部顺序语句，转而执行 END IF 语句后面的语句，这里的条件表达式起到决定是否跳转的作用。

【例 4-1】用 IF 语句描述一个时钟脉冲上升沿触发的基本 D 触发器。

【例 4-1】

解：参考程序如下。

```
LIBRARY IEEE;
  USE IEEE. STD_LOGIC_1164. ALL;
```

```
ENTITY dffc IS
  PORT( CLK, D : IN     STD_LOGIC;
        QOUT : OUT   STD_LOGIC);
END dffc;
ARCHITECTURE one OFdffc IS
  BEGIN
   PROCESS( CLK)
     BEGIN
       IF( CLK'EVENT AND CLK ='1') THEN          --判断时钟脉冲上升沿
          QOUT <=D;
       END IF;
     END PROCESS;
END one;
```

这个程序用于描述时钟信号边沿触发的时序逻辑电路。进程中的 CLK 是敏感信号, 其变化时进程就要执行一次。表达式 CLK'EVENT AND CLK ='1'用来判断 CLK 的上升沿, 若是上升沿则执行 QOUT <=D, 否则 QOUT 保持不变。EVENT 是信号的属性函数, 可用来描述信号的变化。还可以使用 RISING_EDGE(CLK) 来判断 CLK 的上升沿; 使用 FALLING_EDGE(CLK) 来判断 CLK 的下降沿。时钟脉冲上升沿触发的基本 D 触发器的仿真波形如图 4-1 所示。

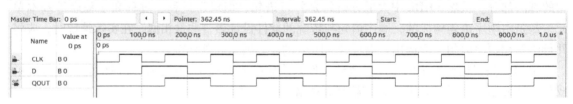

图 4-1　时钟脉冲上升沿触发的基本 D 触发器的仿真波形

从仿真波形中可以看出, 在 0～100 ns 区间, CLK 在 50 ns 处出现上升沿, D = 0, 输出 QOUT = 0; 在 100～200 ns 区间, CLK 在 150 ns 处出现上升沿, D = 1, 输出 QOUT = 1; 在 200～300 ns 区间, CLK 在 250 ns 处出现上升沿, D = 0, 输出 QOUT = 0。其他区间的波形情况同样符合时钟脉冲上升沿触发的基本 D 触发器的要求。

想一想、做一做: 改成时钟脉冲下降沿触发应如何修改程序? 如何使用 RISING_EDGE (CLK) 判断时钟脉冲上升沿?

(2) 双分支控制语句　语句格式如下:

```
IF   条件表达式   THEN
    顺序语句组 1;
ELSE
    顺序语句组 2;
END   IF;
```

在该语句中, 根据 IF 所指定的条件表达式是否成立, 程序可以选择两种不同的执行路径, 当条件表达式成立时, 程序先执行 THEN 和 ELSE 之间的顺序语句组 1, 再执行 END IF 之后的语句; 当条件表达式不成立时, 程序先执行 ELSE 和 END IF 之间的顺序语句组 2, 再执行 END IF 之后的语句。

【例4-2】用 IF 语句描述一个"2 选 1"数据选择器。设 A 和 B 为输入信号，SEL 为选择控制信号，Y 为输出信号，当 SEL 为高电平时，输出 A 信号，否则输出 B 信号。

解：参考程序如下。

```
LIBRARY IEEE;
  USE IEEE. STD_LOGIC_1164. ALL;
ENTITY selection2 IS
  PORT(A,B,SEL : IN    STD_LOGIC;
               Y : OUT   STD_LOGIC);
END selection2;
ARCHITECTURE data OF selection2 IS
  BEGIN
    PROCESS (A,B,SEL)
      BEGIN
      IF(SEL='1') THEN              --控制信号 SEL 为高电平，输出 A 信号
        Y <= A;
      ELSE
        Y <= B;
      END IF;
    END PROCESS;
END data;
```

用 IF 语句描述的"2 选 1"数据选择器的仿真波形如图4-2 所示。

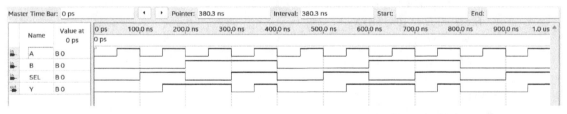

图 4-2 用 IF 语句描述的"2 选 1"数据选择器的仿真波形

从仿真波形中可以看出，当 SEL 为低电平时，Y=B，即输出 B 信号；当 SEL 为高电平时，Y=A，即输出 A 信号。

（3）多分支控制语句 语句格式如下：

```
IF  条件表达式1  THEN  顺序语句组1；
  ELSIF  条件表达式2  THEN  顺序语句组2；
        ⋮
  ELSIF  条件表达式 n  THEN  顺序语句组 n；
  [ ELSE  顺序语句组 n+1；]
END IF；
```

多分支控制语句可允许在一个语句中出现多重条件，实际上也就是条件的嵌套。当条件表达式1 成立，则执行顺序语句组1，执行完即跳出该选择结构，继续执行 END IF 后的语句；当条件表达式1 不成立时，跳过顺序语句组1，进而判断条件表达式2，若成立，则执行顺序语句

组 2，然后执行 END IF 后的语句；如果条件表达式 2 也不成立，则跳过顺序语句组 2，继续判断条件表达式 3，如此下去，若所有条件表达式都不成立，则执行 ELSE 和 END IF 之间的顺序语句组 $n+1$，然后执行 END IF 后的语句。ELSE 语句和顺序语句组 $n+1$ 可以缺省。

【例 4-3】 用 IF 语句描述一个"4 选 1"数据选择器，设 A(0)~A(3) 为输入信号，SEL 为选择信号，Y 为输出信号，SEL=00 时输出 A(0)，SEL=01 时输出 A(1)，SEL=10 时输出 A(2)，其他情况即 SEL=11 时，输出 A(3)。

解：参考程序如下。

```
LIBRARY IEEE;
  USE IEEE. STD_LOGIC_1164. ALL;
ENTITY selection4 IS
  PORT(   A : IN STD_LOGIC_VECTOR(3 DOWNTO 0);
          SEL : IN STD_LOGIC_VECTOR(1 DOWNTO 0);
          Y : OUT STD_LOGIC);
END selection4;
ARCHITECTURE one OF selection4 IS
  BEGIN
    PROCESS(A,SEL)        --进程中任何一个信号出现变化，将导致进程执行一次
    BEGIN
      IF(SEL ="00")THEN
        Y <= A(0);
      ELSIF(SEL ="01")THEN
        Y <= A(1);
      ELSIF(SEL ="10")THEN
        Y <= A(2);
      ELSE
        Y <= A(3);
      END IF;
    END PROCESS;
  END one;
```

IF 语句不仅可用于设计数据选择器，还可用于比较器、译码器等条件控制的电路设计中。IF 语句中至少要有一个条件表达式，多是关系表达式或逻辑运算表达式，表达式的输出值是布尔类型的，即 TURE（表达式成立）或 FALSE（表达式不成立）。用 IF 语句描述的"4 选 1"数据选择器的仿真波形如图 4-3 所示。

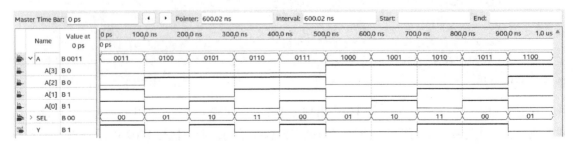

图 4-3　用 IF 语句描述的"4 选 1"数据选择器的仿真波形

从仿真波形中可以看出，SEL=00 时，输出 Y=A(0)；SEL=01 时，输出 Y=A(1)；SEL=10 时，输出 Y=A(2)；SEL=11 时，输出 Y=A(3)。

4.1.3　二进制计数器

1. 二进制递增计数器

设计一个 4 位二进制递增计数器，没有控制端，系统通电即开始计数，要求实现单一递增计数功能。定义一个临时变量，使用 IF 语句判断时钟脉冲上升沿，在每个时钟脉冲上升沿到来时，临时变量就加 1，最后将临时变量的值赋给输出信号。因为结构体中进行了加法运算，使用了 "+" 号，所以需要调用 STD_LOGIC_UNSIGNED 程序包。设 CLK 为时钟脉冲输入端，Q 为计数输出端，临时变量名为 qtemp。

参考程序如下：

```
LIBRARY IEEE;
  USE IEEE. STD_LOGIC_1164. ALL;
  USE IEEE. STD_LOGIC_UNSIGNED. ALL;
ENTITY bcount IS
  PORT ( CLK: IN STD_LOGIC;
              Q : OUT STD_LOGIC_VECTOR (3 DOWNTO 0));
END bcount;
ARCHITECTURE a OF bcount IS
  BEGIN
  PROCESS (CLK)
    VARIABLE qtemp : STD_LOGIC_VECTOR(3 DOWNTO 0);
    BEGIN
      IF CLK'EVENT AND CLK='1' THEN
        qtemp := qtemp+1;
      END IF;
      Q <= qtemp;
  END PROCESS;
END a;
```

4 位二进制递增计数器的仿真波形如图 4-4 所示。

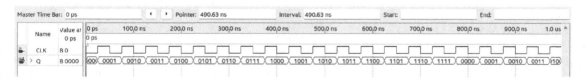

图 4-4　4 位二进制递增计数器的仿真波形

从仿真波形中可以看出，在时钟脉冲上升沿，输出 Q 按二进制递增，当计数到 1111 时，输出 Q 在下一个时钟脉冲上升沿回到 0000。

想一想、做一做：将 VARIABLE（变量）改成 SIGNAL（信号）是否可行？为什么？

2. 二进制可逆计数器

设计一个 3 位二进制同步清零可逆计数器，要求实现递增计数、递减计数和同步清零功能。时序逻辑电路的清零方式有同步和异步两种。同步清零是指清零信号有效时，要等待时钟脉冲的有效沿到来，计数器才回到零状态。异步清零则不用等待时钟脉冲的有效沿到来，只要清零信号有效，计数器就会清零。可逆计数器具有一个计数方向控制端，用来控制计数器是递增计数还是递减计数。

设 CLK 为时钟脉冲输入端，D 为计数方向控制端（高电平为递增计数、低电平为递减计数），CLR 为清零控制端，Q 为计数输出端。

参考程序如下：

```
LIBRARY IEEE;
  USE IEEE. STD_LOGIC_1164. ALL;
  USE IEEE. STD_LOGIC_UNSIGNED. ALL;
ENTITY scount IS
  PORT ( CLK：IN STD_LOGIC;
          CLR：IN STD_LOGIC;
            D：IN STD_LOGIC;
            Q：OUT STD_LOGIC_VECTOR (2 DOWNTO 0)) ;
END scount;
ARCHITECTURE a OFscount IS
  SIGNAL QTMP : STD_LOGIC_VECTOR(2 DOWNTO 0) ;
  BEGIN
   PROCESS(CLK)
    BEGIN
      IF CLK'EVENT AND CLK='1' THEN
        IF CLR ='0' THEN
          QTMP <= "000" ;
        ELSIF D ='1' THEN
          QTMP <= QTMP+1;
        ELSE
          QTMP <= QTMP-1;
        END IF;
      END IF;
     Q <=QTMP;
   END PROCESS;
 END a;
```

3 位二进制同步清零可逆计数器的仿真波形如图 4-5 所示。

从仿真波形中可以看出，在 0~100 ns 区间，CLR=0（清零有效），输出 Q=000；在 100~500 ns 区间，CLR=1（清零无效）、D=1（递增计数），输出 Q 按二进制递增，计数到 111 时，输出 Q 在下一个时钟脉冲上升沿回到 000；在 500~600 ns 区间，CLR=1（清零无效）、D=0（递减计数），输出 Q 按二进制递减；在 600~700 ns 区间，CLR=0（清零有效），由于同步清零要等待时钟脉冲的有效沿，所以输出 Q 在 625 ns 后清零，并保持到 725 ns。

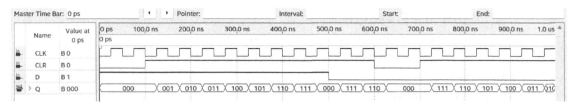

图 4-5　3 位二进制同步清零可逆计数器的仿真波形

想一想、做一做：删除或注释掉 USE IEEE. STD_LOGIC_UNSIGNED. ALL；之后保存并编译，会显示什么错误？

4.1.4　十进制可逆计数器

1. 项目要求

利用 Quartus Ⅱ 的文本输入法，设计一个异步清零、同步置数、同步使能的 4 位十进制可逆计数器，完成编译和波形仿真后，下载到实验箱或开发板上验证电路功能。

2. 电路设计

置数是设置计数初始值，使能是允许计数器工作。设 CLR 为异步清零端（低电平有效）、CE 为同步使能端（高电平有效）、LOAD 为同步置数端（高电平有效）、DIR 为计数方向端（1 表示递增计数、0 表示递减计数）、DIN 为置数数据输入端、Q 为计数器输出端。

3. 建立项目

1）在计算机的 E 盘，建立 E:\EDAFILE\Example4_6 文件夹作为项目文件夹。

2）启动 Quartus Ⅱ，单击其中的图形按钮 Create a New Project，也可以单击 File→New Project Wizard…，打开"新项目建立向导"对话框，在其中选择建立的项目文件夹，再输入项目名和顶层设计实体名。项目名为 spcount、顶层设计实体名也为 spcount。

3）由于采用文本输入法，在"添加文件"对话框的 File name 文本框中输入 spcount. vhd，然后单击 Add 按钮，添加该文件。

4）在"器件设置"对话框中，根据实验箱或开发板上使用的器件决定选择的芯片系列和具体器件，本书选择 Cyclone Ⅳ E 系列的 EP4CE10E22C8 芯片。

5）设置完成后，单击 Finish 按钮，关闭"新项目建立向导"对话框。

注意：软件的标题栏必须变为 E:/EDAFILE/Example4_6/spcount-spcount。

4. 编辑与编译

1）单击 File→New，在弹出的 New 对话框中，选择 VHDL File，单击 OK 按钮，在打开的文本文件编辑窗口内，输入以下程序：

4.1.4　十进制可逆计数器——编辑与编译

```
LIBRARY IEEE;
  USE IEEE. STD_LOGIC_1164. ALL;
  USE IEEE. STD_LOGIC_UNSIGNED. ALL;
ENTITY spcount IS
  PORT( CLK,CLR: IN STD_LOGIC;
```

```
           CE,LOAD,DIR : IN STD_LOGIC;
                 DIN : IN STD_LOGIC_VECTOR (3 DOWNTO 0);
                   Q : OUT  STD_LOGIC_VECTOR (3 DOWNTO 0));
      END spcount;
      ARCHITECTURE A OFspcount IS
       BEGIN
        PROCESS(CLK,CLR)
           VARIABLE counter: STD_LOGIC_VECTOR (3 DOWNTO 0);
          BEGIN
          IF CLR='0' THEN counter:="0000";        -- CLR 低电平有效
           ELSIF CLK'EVENT AND CLK='1'THEN
             IF LOAD='1'THEN
               counter : =DIN;
             ELSE
               IF CE='1' THEN
               IF DIR='1' THEN
                IF counter="1001"   THEN
                  counter:= "0000";
                  ELSE
                  counter:=counter+1;
               END IF;
             ELSE
                IF counter="0000" THEN
                  counter:= "1001";
                ELSE
                  counter:=counter-1;
                END IF;
               END IF;
              END IF;
             END IF;
           END IF;
           Q<=counter;
         END PROCESS;
      END A;
```

2）输入完成后，单击 File→Save 或 🔲 按钮，不要做任何改动，直接以默认的 spcount 为文件名，保存在当前文件夹 E：\EDAFILE\Example4_6 下。

3）单击 Processing→Start Compilation 或 ▶ 按钮，启动编译。如果设计中存在错误，可以根据信息提示栏所提供的信息进行修改，然后重新编译，直到没有错误为止。

5. 波形仿真

1）单击 File→New，选中 University Program VWF 选项，单击 OK 按钮，建立波形输入文件。

4.1.4 十进制可逆计数器——波形仿真

2）单击 Edit→Set End Time，设定仿真时间为 1 μs；单击 Edit→Grid Size…，设定网格间距为 100 ns。

3）双击波形编辑器中 Name 下的空白处，打开"插入引脚或总线"对话框。单击 Node Finder…按钮，打开"引脚搜索"对话框，选中 Pins：all，然后单击 List 按钮。

4）单击窗口中间的方向按钮，将引脚加入窗口右侧的选择区，单击 OK 按钮；回到"插入引脚或总线"对话框，再次单击 OK 按钮。

5）根据项目要求设置波形。在 0~40 ns 区间设置 CLR 为低电平（清零），输出 0000；CE 在 360~480 ns 和 880~1000 ns 区间设置为低电平，保持输出不变；LOAD 在 0~80 ns 和 600~680 ns 区间设置为高电平，将 DIN 的数据置数到输出端；DIR 在 0~440 ns 区间设置为高电平，即递增计数。

6）在 DIN 上拖动鼠标，选中 0~160 ns 区间，单击鼠标右键，在弹出的下拉菜单中单击 Value（数值）→Arbitrary Value…（任意数值），也可以单击 按钮，弹出 Arbitrary Value（任意数值设置）对话框，如图 4-6 所示。

7）单击图 4-6 所示对话框中 Radix 右侧的下拉按钮，从中选择 Unsigned Decimal，并在 Numeric or named value（数值或命名值）文本框中输入"5"后，单击 OK 按钮。按照同样的操作，在 600~680 ns 区间，将 DIN 设置为"3"。

8）单击 Simulation→Run Functional Simulation 或 按钮，在弹出的对话框中按默认的名字 Waveform 保存后，即可启动仿真。仿真波形如图 4-7 所示。

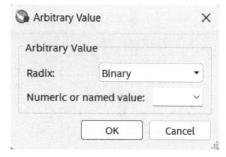

图 4-6　Arbitrary Value 对话框

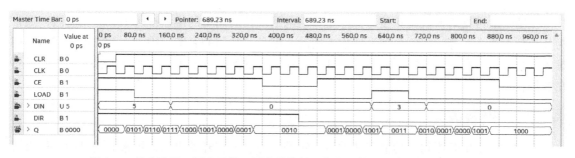

图 4-7　异步清零、同步置数、同步使能的 4 位十进制可逆计数器的仿真波形

从仿真波形中可以看出，在 0~40 ns 区间，CLR = 0（异步清零有效），输出 Q = 0000；在 40~80 ns 区间，CLR = 1（异步清零无效）、LOAD = 1（同步置数有效）、DIN = 5（置数数据），输出 Q = 0101（十进制的 5），与 DIN 相同；在 80~360 ns 区间，CLR = 1（异步清零无效）、LOAD = 0（同步置数无效）、CE = 1（同步使能有效）、DIR = 1（递增计数），输出 Q 按十进制递增计数；在 360~480 ns 区间，CLR = 1（异步清零无效）、LOAD = 0（同步置数无效）、CE = 0（同步使能无效），输出 Q = 0010 保持不变。

6. 编程

1）单击 Assignments→Pin Planner，出现引脚规划窗口。将输入

4.1.4　十进制可逆计数器——编程

信号引脚锁定为按键，输出信号引脚锁定为发光二极管。根据所使用的实验箱或开发板的引脚分配情况确定引脚编号（需要参考实验箱或开发板引脚配置说明），在引脚规划窗口的 Location 下方的文本框中直接输入代表引脚编号的数字即可。

2）单击 Processing→Start Compilation 或 ▶ 按钮，再次启动编译。编译成功后，就可以将设计的程序下载到 PLD 中。

3）将编程器的下载电缆与计算机接口连接好，打开实验箱或开发板电源。单击 Tools→ Programmer，在编程窗口中进行硬件配置，本书选用 USB-Blaster 编程器，编程方式选择 JTAG 编程方式。在编程窗口中，选中 spcount. sof 文件，再单击 Start 按钮，即可开始对芯片编程。

7. 电路测试

根据实验箱或开发板的实际情况，测试电路。将时钟脉冲设置为 4 Hz，按照表 4-1 操作（×表示任意状态）。

表 4-1　操作异步清零、同步置数、同步使能的 4 位十进制可逆计数器

输　　入					输　　出
CLR	LOAD	CE	DIR	DIN	Q
0	×	×	×	×	0000（清零）
1	1	×	×	0100	0100（置数）
1	0	1	1	×	从 0100 开始递增计数
1	1	×	×	0101	0101（置数）
1	0	1	0	×	从 0101 开始递减计数

4.2　编码键盘的设计

按键是最常见的人机交互接口部件之一。电子产品所需要的键盘按键个数非常有限，通常为几个到十几个不等，需要单独设计成专用的小键盘，常用的有编码键盘、扫描键盘和虚拟键盘等。数码管是数字系统常用的显示器件，键盘输入的数码管显示器可将键盘输入的数码显示在数码管上。

4.2.1　CASE 语句

CASE 语句和 IF 语句的功能有些类似，它是一种多分支开关语句，可根据满足的条件直接选择多个顺序语句中的一个执行。CASE 语句可读性好，很容易找出条件和动作的对应关系，经常用来描述总线、编码和译码等行为。CASE 语句的格式如下：

```
CASE　表达式　IS
   WHEN　条件选择值1=> 顺序语句组1;
   WHEN　条件选择值2=> 顺序语句组2;
              ⋮
   WHEN　OTHERS =>顺序语句组 n;
END　CASE;
```

其中，WHEN 的条件选择值有以下几种形式：

1）单个数值，如 WHEN 3。

2）并列数值，如 WHEN 1｜6，表示取值为 1 或者 6。

3）数值选择范围，如 WHEN（1 TO 5），表示取值为 1~5，即 1、2、3、4 或者 5。

4）其他取值情况，如 WHEN OTHERS，常出现在 END CASE 之前，代表已给出的各条件选择值中未能列出的其他可能取值。

执行 CASE 语句时，先计算 CASE 和 IS 之间表达式的值，当表达式的值与某一个条件选择值相同（或在其范围内）时，程序将执行对应的顺序语句组。

 注意：语句中的=>不是运算符，只相当于 THEN 的作用。

【例 4-4】用 CASE 语句描述"4 选 1"数据选择器。

解：参考程序如下。

```
LIBRARY IEEE;
  USE IEEE. STD_LOGIC_1164. ALL;
ENTITY mux41 IS
  PORT(S1,S0 : IN STD_LOGIC;
       A,B,C,D : IN STD_LOGIC;
             Y:OUT STD_LOGIC);
END mux41;
ARCHITECTURE one OF mux41 IS
  SIGNAL S : STD_LOGIC_VECTOR(1 DOWNTO 0);
    BEGIN
    PROCESS(S1,S0,A,B,C,D)
      BEGIN
        S <=S1 & S0;
        CASE S IS
          WHEN "00" =>Y<=A;
          WHEN "01" =>Y<=B;
          WHEN "10" =>Y<=C;
          WHEN "11" =>Y<=D;
          WHEN OTHERS =>Y<='Z';
        END CASE;
      END PROCESS;
    END one;
```

用 CASE 语句描述"4 选 1"数据选择器的仿真波形如图 4-8 所示。

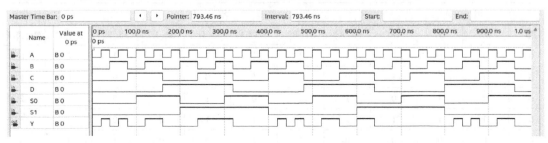

图 4-8　用 CASE 语句描述"4 选 1"数据选择器的仿真波形

从仿真波形中可以看出，在 0~100 ns 区间，S0=0、S1=0，即 S=00，输出 Y=A；在 100~200 ns 区间，S0=1、S1=0，即 S=01，输出 Y=B；在 200~300 ns 区间，S0=0、S1=1，即 S=10，输出 Y=C；在 300~400 ns 区间，S0=1、S1=1，即 S=11，输出 Y=D。其他区间的仿真波形情况同样符合 "4 选 1" 数据选择器的要求。

4.2.2 数码管的静态显示

数字系统中常用的显示器件有发光二极管、数码管和液晶显示器等，其中最常用的是数码管。数码管分别由 A、B、C、D、E、F、G 位段和表示小数点的 DP 位段组成，内部为 8 个发光二极管，通过控制每个发光二极管的点亮或熄灭实现数字显示。数码管分为共阳极和共阴极两种接法，把数码管内所有发光二极管的阳极连接到一起的接法称为共阳极接法；把所有发光二极管的阴极连接到一起的接法称为共阴极接法。数码管 3161AS（共阴极）和 3161BS（共阳极）的引脚排列和内部接线如图 4-9 所示。

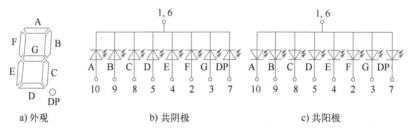

图 4-9 数码管的引脚排列和内部接线

面对数码管（使其型号字符在下方），其下排引脚从左到右依次为 1、2、3、4、5，上排引脚从右到左依次为 6、7、8、9、10，其中引脚 1 和 6 相通，为公共端（COM）。共阴极数码管的信号端由高电平驱动，公共端串联 1 kΩ 电阻接地，如果要使 A 位段发光，则在 A 位段信号端加上高电平即可；共阳极数码管的信号端由低电平驱动，公共端串联 1 kΩ 电阻接 V_{CC}，如果要使 A 位段发光，则在 A 位段信号端加上低电平即可。

静态显示就是将需要显示的 BCD 码数据经过译码后，分别接到数码管的信号端，每位 BCD 码连接一个数码管。静态显示的优点是结构简单、显示稳定，缺点是数码较多时，会占用大量的 I/O 接口线。4 位 BCD 译码器的输入端有 4 个，共有 $2^4=16$ 种不同的输入组合，每一种输入组合可对应一个数码，而十进制数码共有 10 个，因此会出现 6 个无效状态，这时数码管的显示应该为暗。静态显示器应具备的引脚有输入端 D0~D3 和输出端 S0~S6（输出端分别接数码管的 A~G 位段）。共阴极接法的数码管静态显示器真值表见表 4-2。

表 4-2 共阴极接法的数码管静态显示器真值表

输　　入				输　　出							说明
D3	D2	D1	D0	S0(A)	S1(B)	S2(C)	S3(D)	S4(E)	S5(F)	S6(G)	显示数码
0	0	0	0	1	1	1	1	1	1	0	0
0	0	0	1	0	1	1	0	0	0	0	1
0	0	1	0	1	1	0	1	1	0	1	2
0	0	1	1	1	1	1	1	0	0	1	3
0	1	0	0	0	1	1	0	0	1	1	4

（续）

输　入				输　　出							说明
D3	D2	D1	D0	S0(A)	S1(B)	S2(C)	S3(D)	S4(E)	S5(F)	S6(G)	显示数码
0	1	0	1	1	0	1	1	0	1	1	5
0	1	1	0	1	0	1	1	1	1	1	6
0	1	1	1	1	1	1	0	0	0	0	7
1	0	0	0	1	1	1	1	1	1	1	8
1	0	0	1	1	1	1	1	0	1	1	9
1	×	1	×	0	0	0	0	0	0	0	暗

使用进程语句描述输入信号 D 的变化，再用 CASE 语句描述数码管的真值表，参考程序如下：

```
LIBRARY IEEE;
  USE IEEE. STD_LOGIC_1164. ALL;
ENTITY SDISP IS
  PORT ( D : IN   STD_LOGIC_VECTOR(3 DOWNTO 0);
          S : OUT   STD_LOGIC_VECTOR(6 DOWNTO 0));
  END SDISP;
ARCHITECTURE A OF SDISP IS
  BEGIN
    PROCESS(D)
    BEGIN
      CASE D IS
      WHEN "0000" =>S<="1111110";    --0
      WHEN "0001" =>S<="0110000";    --1
      WHEN "0010" =>S<="1101101";    --2
      WHEN "0011" =>S<="1111001";    --3
      WHEN "0100" =>S<="0110011";    --4
      WHEN "0101" =>S<="1011011";    --5
      WHEN "0110" =>S<="1011111";    --6
      WHEN "0111" =>S<="1110000";    --7
      WHEN "1000" =>S<="1111111";    --8
      WHEN "1001" =>S<="1111011";    --9
      WHEN OTHERS=>S<="0000000";
      END CASE;
    END PROCESS;
  END A;
```

编辑的程序文件通过编译后，可进行波形仿真。共阴极接法的数码管静态显示器的仿真波形如图 4-10 所示。

从仿真波形中可以看出，在 250～300 ns 区间，D（输入 5）= 0101，输出 S = 1011011（显示 5）；在 300～350 ns 区间，D（输入 6）= 0110，输出 S = 1011111（显示 6）；在 500～800 ns

| Master Time Bar: 0 ps | | ◀ ▶ Pointer: 477.01 ns | Interval: 477.01 ns | Start: | End: |

	Name	Value at 0 ps	250,0 ns	300,0 ns	350,0 ns	400,0 ns	450,0 ns	500,0 ns	550,0 ns	600,0 ns	650,0 ns	700,0 ns
	D	B 0000	100	0101	0110	0111	1000	1001	1010	1011	1100	1101	1
	S	B 1111110	10011	1011011	1011111	1110000	1111111	1111011			0000000	

图 4-10　共阴极接法的数码管静态显示器的仿真波形

区间，D = 1010、1011、1100、1101、1110 和 1111，输出 S = 0000000。其他波形区间的情况同样符合设计要求。

想一想、做一做：如果 6 个无效状态显示为 A、b、C、d、E 和 F，如何修改程序？

4.2.3　编码键盘

在数字电路中，可以利用编码器实现按键键值的直接编码。将每个按键的输出信号对应连接到编码器的输入端，利用编码逻辑就可以在编码器的输出端得到对应每个按键的码值，称这种键盘为编码键盘。但是当按键较多时，编码键盘会由于接线较多，导致成本高、占用 I/O 多，另外直接编码的方法也不够灵活，一旦编码逻辑固定就难以更改了。一个 12 线-4 线的编码键盘电路如图 4-11 所示。

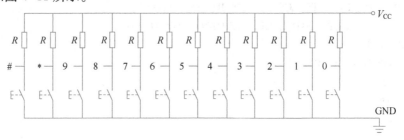

图 4-11　12 线-4 线的编码键盘电路

在图 4-11 中，电阻 R 为 500~1000 Ω，按键接通时输出低电平，按键断开时输出高电平。按键为弹起式机械按键，需要经过去抖动处理。抖动是指弹起式机械按键存在机械触动的弹性作用，一个按键在按下时不会马上稳定地接通，在抬起时也不会马上稳定地断开，均伴随有一连串的接触、断开、再接触的弹跳现象。抖动时间的长短由按键的机械特性决定，一般为 5~10 ms。去抖动处理可以使用 D 触发器（每个按键接 1 个 D 触发器，时钟接 1 kHz）实现，按键较多时，可通过检查按键按下或抬起的时间进行消抖处理。

12 线-4 线的编码键盘应该有 1 个时钟脉冲输入端、1 个 12 位的按键输入端和 1 个 4 位的按键输出端。按键按下时，输入为低电平；没有按键按下时，输入为高电平。键盘编码信息见表 4-3。

表 4-3　键盘编码信息

键盘输入信息	输出编码	对应键号	键盘输入信息	输出编码	对应键号
111111111110	0000	0	111110111111	0110	6
111111111101	0001	1	111101111111	0111	7
111111111011	0010	2	111011111111	1000	8
111111110111	0011	3	110111111111	1001	9
111111101111	0100	4	101111111111	1010	*
111111011111	0101	5	011111111111	1011	#

设时钟脉冲输入端为 CLK、按键输入端为 KEYIN、按键输出端为 KEYOUT。实体名为 EN-CODEJP。定义 2 个临时信号 N 和 Z，其中 N 代表按键输出端 KEYOUT，Z 代表按键输入端 KEYIN。使用 CASE 语句描述表 4-3，参考程序如下：

```
LIBRARY IEEE;                                    --调用 IEEE 库
  USE IEEE. STD_LOGIC_1164. ALL;                 --打开程序包
ENTITY  ENCODEJP  IS
 PORT (   CLK : IN   STD_LOGIC;
          KEYIN : IN   STD_LOGIC_VECTOR(11 DOWNTO 0);
          KEYOUT : OUT STD_LOGIC_VECTOR(3 DOWNTO 0));
END ENCODEJP;
ARCHITECTURE  ART  OF  ENCODEJP  IS
  SIGNAL N : STD_LOGIC_VECTOR(3 DOWNTO 0);
  SIGNAL Z : STD_LOGIC_VECTOR(11 DOWNTO 0);
 BEGIN
  PROCESS(CLK,KEYIN)
   BEGIN
    Z<=KEYIN;
    IF CLK'EVENT AND CLK='1' THEN
      CASE Z IS
        WHEN"111111111110" =>N<="0000";          --0
        WHEN"111111111101" =>N<="0001";          --1
        WHEN"111111111011" =>N<="0010";          --2
        WHEN"111111110111" =>N<="0011";          --3
        WHEN"111111101111" =>N<="0100";          --4
        WHEN"111111011111" =>N<="0101";          --5
        WHEN"111110111111" =>N<="0110";          --6
        WHEN"111101111111" =>N<="0111";          --7
        WHEN"111011111111" =>N<="1000";          --8
        WHEN"110111111111" =>N<="1001";          --9
        WHEN"101111111111" =>N<="1010";          -- *
        WHEN"011111111111" =>N<="1011";          --#
        WHEN OTHERS =>N<="1111";                 --没有按键按下
      END CASE;
     END IF;
  END PROCESS;
    KEYOUT<=N;
  END ART;
```

编辑的程序文件通过编译后，可进行波形仿真。12 线-4 线的编码键盘的仿真波形如图 4-12 所示。

从仿真波形中可以看出，在 0~100 ns 区间，输入 KEYIN = 111111111110（按下键 0），输出 KEYOUT = 0000（键 0 的编码）；在 100~200 ns 区间，输入 KEYIN = 111111111101（按下键 1），输出 KEYOUT = 0001（键 1 的编码）。其他波形区间的情况同样符合设计要求。

图 4-12　12 线-4 线的编码键盘的仿真波形

想一想、做一做：如果将 12 线-4 线的编码键盘改为 8 线-3 线的，应如何修改程序？

4.2.4　数码显示的虚拟键盘

虚拟键盘需要一个由系统内部时钟信号产生的周期性变化的编码信号，还需要一个输入信号确认键，当看到显示的数字是要向系统输入的数码时，按下输入信号确认键，编码信号就不再变化，并将当前显示的数码输入到系统中，然后抬起输入信号确认键，编码信号再次周期性变化。虚拟键盘不需要外接键盘电路，对输入信息的编码灵活方便，常用于调试硬件系统。

4.2.4　数码显示的虚拟键盘

1. 项目要求

设计一个能够输入十进制数码 0~9 的虚拟键盘，输入的数码显示在共阴极数码管上。

2. 电路设计

根据项目要求，系统可分为虚拟键盘和数码管静态显示两个部分。虚拟键盘应该有 1 个时钟脉冲输入端、1 个输入信号确认键和 1 个十进制数值的显示输出端；1 个数码管采用静态显示方式，其输入端接十进制数值的显示输出端。设 CLK 为时钟脉冲输入端、SET 为输入信号确认键，定义临时信号 temp 为十进制数值的显示输出端、临时信号 cnt 为从 0 到 9 周期性变化的计数值。当按下输入信号确认键 SET 时，将 cnt 的当前值赋给 temp，再经过数码管译码后静态显示。

3. 建立项目

1）在计算机的 E 盘，建立 E:\EDAFILE\Example4_10 文件夹作为项目文件夹。

2）启动 QuartusⅡ，单击其中的图形按钮 Create a New Project，也可以单击 File→New Project Wizard…，打开"新项目建立向导"对话框，在其中选择建立的项目文件夹，再输入项目名和顶层设计实体名。项目名为 xnjp、顶层设计实体名也为 xnjp。

3）由于采用文本输入法，在"添加文件"对话框的 File name 文本框中输入 xnjp.vhd，然后单击 Add 按钮，添加该文件。

4）在"器件设置"对话框中，根据实验箱或开发板上使用的器件决定选择的芯片系列和具体器件，本书选择 Cyclone Ⅳ E 系列的 EP4CE10E22C8 芯片。

5）设置完成后，单击 Finish 按钮，关闭"新项目建立向导"对话框。

 注意：软件的标题栏必须变为 E:/EDAFILE/Example4_10/xnjp-xnjp。

4. 编辑与编译

1）单击 File→New，在弹出的 New 对话框中，选择 VHDL File，单击 OK 按钮，在打开的文本文件编辑窗口内，输入以下程序：

```vhdl
LIBRARY IEEE;
 USE IEEE. STD_LOGIC_1164. ALL;
 USE IEEE. STD_LOGIC_UNSIGNED. ALL;
ENTITY xnjp IS
   PORT( CLK : IN STD_LOGIC;
         SET : IN STD_LOGIC;            --输入信号确认键,高电平有效
          S : OUT STD_LOGIC_VECTOR(6 DOWNTO 0));
END xnjp;
ARCHITECTURE ART OF xnjp IS
   SIGNAL cnt,temp :  STD_LOGIC_VECTOR(3 DOWNTO 0);
   BEGIN
   P0: PROCESS( CLK)
     BEGIN
      IF CLK'EVENT AND CLK='1' THEN
        IF cnt="1001" THEN            --从 0 到 9 周期性变化的信号
          cnt<="0000";
        ELSE
          cnt<=cnt+1;
        END IF;
       END IF;
     END PROCESS P0;
   P1: PROCESS( cnt,SET)
     BEGIN
     IF SET='1' THEN
         CASE cnt IS
           WHEN "0000" =>temp<="0000";
           WHEN "0001" =>temp<="0001";
           WHEN "0010" =>temp<="0010";
           WHEN "0011" =>temp<="0011";
           WHEN "0100" =>temp<="0100";
           WHEN "0101" =>temp<="0101";
           WHEN "0110" =>temp<="0110";
           WHEN "0111" =>temp<="0111";
           WHEN "1000" =>temp<="1000";
           WHEN "1001" =>temp<="1001";
           WHEN OTHERS =>temp<="1111";
         END CASE;
      END IF;
    END PROCESS P1;
     P2:PROCESS( temp)
     BEGIN
      CASE temp IS
       WHEN"0000" =>S<="1111110";   --0
```

```
              WHEN"0001"=>S<="0110000";      ——1
              WHEN"0010"=>S<="1101101";      ——2
              WHEN"0011"=>S<="1111001";      ——3
              WHEN"0100"=>S<="0110011";      ——4
              WHEN"0101"=>S<="1011011";      ——5
              WHEN"0110"=>S<="1011111";      ——6
              WHEN"0111"=>S<="1110000";      ——7
              WHEN"1000"=>S<="1111111";      ——8
              WHEN "1001"=>S<="1111011";      ——9
              WHEN OTHERS=>S<="0000000";
            END CASE;
          END PROCESS P2;
        END ART;
```

2）输入完成后，单击 File→Save 或 🔲 按钮，不要做任何改动，直接以默认的 xnjp 为文件名，保存在当前文件夹 E:\EDAFILE\Example4_10 下。

3）单击 Processing→Start Compilation 或 ▶ 按钮，启动编译。如果设计中存在错误，可以根据信息提示栏所提供的信息进行修改，然后重新编译，直到没有错误为止。

5. 波形仿真

1）单击 File→New，选中 University Program VWF 选项，单击 OK 按钮，建立波形输入文件。

2）单击 Edit→Set End Time，设定仿真时间为 1 μs；单击 Edit→Grid Size…，设定网格间距为 100 ns。

3）双击波形编辑器中 Name 下的空白处，打开"插入引脚或总线"对话框。单击 Node Finder…按钮，打开 Node Finder（引脚搜索）对话框，单击 Filter 列表框右侧的下拉按钮，选中 Pins：all & Registers：post–fitting 选项，这样可以将临时信号 temp 和 cnt 加入仿真文件中，便于观察，如图 4-13 所示。

4）单击 List 按钮，再单击窗口中间的方向按钮，将引脚加入窗口右侧的选择区，单击 OK 按钮；回到"插入引脚或总线"对话框，再次单击 OK 按钮。

5）按照项目要求设置波形后，单击 Simulation→Run Functional Simulation 或 🏃 按钮，在弹出的对话框中按默认的名字

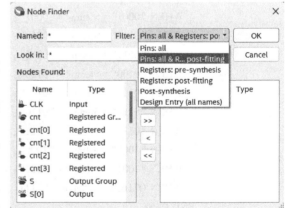

图 4-13　Node Finder 对话框

Waveform 保存后，即可启动仿真。虚拟键盘的仿真波形如图 4-14 所示。

从仿真波形中可以看出，cnt 在时钟脉冲上升沿按十进制递增计数，当 SET 为高电平时，将 cnt 的当前值赋给 temp，再将 temp 译码显示在数码管上；当 SET 为低电平时，temp 保持原值，显示的数码不再变化。

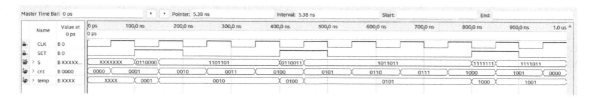

图 4-14　虚拟键盘的仿真波形

6. 编程

1）单击 Assignments→Pin Planner，出现引脚规划窗口。将输入信号引脚锁定为按键，输出信号引脚锁定为发光二极管。根据所使用的实验箱或开发板的引脚分配情况确定引脚编号（需要参考实验箱或开发板引脚配置说明），在引脚规划窗口的 Location 下方的文本框中直接输入代表引脚编号的数字即可。

2）单击 Processing→Start Compilation 或 ▶ 按钮，再次启动编译。编译成功后，就可以将设计的程序下载到 PLD 中。

3）将编程器的下载电缆与计算机接口连接好，打开实验箱或开发板电源。单击 Tools→Programmer，在编程窗口中进行硬件配置，本书选用 USB-Blaster 编程器，编程方式选择 JTAG 编程方式，单击 Start 按钮，即可开始对芯片编程。

7. 电路测试

根据实验箱或开发板的实际情况，测试电路。时钟脉冲设置为 1 Hz，按下与 SET 锁定的按键，这时数码管显示的数码按照十进制变化；抬起与 SET 锁定的按键，这时数码管显示的数码不应变化。

想一想、做一做：该程序能否将进程 P1 和进程 P2 合并成一个？

4.3　扫描键盘的设计

4.3.1　数码管的动态显示

3 位一体数码管将 3 个单个数码管的驱动端（A、B、C、D、E、F、G 和 DP）连接到一起，形成公用数据总线，再把 3 个公共端（COM）引出，作为选通端。3 位一体数码管同样分为共阴极和共阳极两种，其中 3361AS（共阴极）和 3361BS（共阳极）的引脚排列和内部接线如图 4-15 所示。

面对数码管（使其型号字符在下方），其下排引脚从左到右依次为 1、2、3、4、5、6，上排引脚从右到左依次为 7、8、9、10、11、12，其中引脚 12、9、8 分别为数码管 1（左）、数码管 2（中）、数码管 3（右）的公共端，引脚 6 为空引脚。

由于驱动端接在一起，3 位一体数码管采用动态显示方式。动态显示将所有显示数据的 BCD 码按照一定的顺序和变化频率送到公用数据总线上，再通过一个共用的显示译码器译码后，接到数码管的驱动端，同时利用一个与公用数据总线变化频率相同的选通信号来确定是哪个数码管显示。即选通信号决定是哪一个数码管显示，该时刻公用数据总线上的数据决定这个数码管显示的内容。在轮流显示过程中，每位数码管的点亮时间为 1~2 ms，由于人眼的视觉暂留现象及发光二极管的余辉效应，尽管实际上各位数码管并非同时点亮，但只要扫描的速度

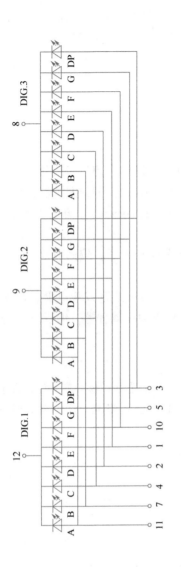

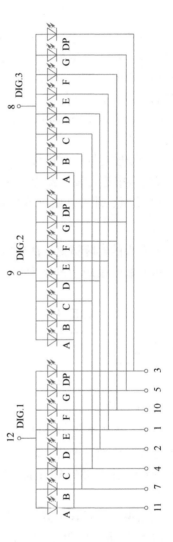

图 4-15　3 位一体数码管的引脚排列和内部接线

足够快，给人的印象就是一组稳定显示的数据，不会有闪烁感，动态显示的效果和静态显示的效果是一样的，但前者能够节省大量的 I/O 接口，而且功耗更低。动态显示状态表见表 4-4。

表 4-4 动态显示状态表

周期信号	显示数据	选通信号（低电平有效）	数码管 1	数码管 2	数码管 3
00	A	110	显示 A	暗	暗
01	B	101	暗	显示 B	暗
10	C	011	暗	暗	显示 C

设 CLK 为系统时钟脉冲（1 kHz 左右，频率太低会闪烁，频率太高会暗），A、B、C 为显示数据，COM 为数码管的选通信号，SEG 为数码管的显示驱动信号，实体名为 ddisp。结构体中需要 1 个周期性变化的信号（00~10），可以用计数器实现，设为 cnt，用 CASE 语句描述选通过程和显示译码。在计算机的 E 盘，建立 E:\EDAFILE\Example4_11 文件夹作为项目文件夹。参考程序如下：

```
LIBRARY IEEE;
  USE IEEE. STD_LOGIC_1164. ALL;
  USE IEEE. STD_LOGIC_UNSIGNED. ALL;
ENTITY ddisp IS
  PORT ( CLK : IN STD_LOGIC;
         A  : IN STD_LOGIC_VECTOR(3 DOWNTO 0);
         B  : IN STD_LOGIC_VECTOR(3 DOWNTO 0);
         C  : IN STD_LOGIC_VECTOR(3 DOWNTO 0);          --A、B、C 为显示数据
       COM : OUT STD_LOGIC_VECTOR(2 DOWNTO 0);          --数码管的选通信号
       SEG : OUT STD_LOGIC_VECTOR(6 DOWNTO 0));         --数码管的显示驱动信号
END ENTITY ddisp;
ARCHITECTURE ART OF ddisp IS
 SIGNAL cnt : STD_LOGIC_VECTOR(1 DOWNTO 0);
 SIGNAL BCD : STD_LOGIC_VECTOR(3 DOWNTO 0);
  BEGIN
   PROCESS(CLK)
     BEGIN
       IF CLK'EVENT AND CLK = '1' THEN                  --周期性变化的信号 cnt
         IF cnt = "10" THEN
             cnt <= "00";
         ELSE
             cnt <= cnt+'1';
         END IF;
       END IF;
     END PROCESS;
   PROCESS(cnt)
     BEGIN
       CASE cnt IS
         WHEN "00" => BCD <= A; COM <= "110";           --选通信号低电平有效
```

```
                WHEN "01" => BCD<=B; COM<="101";
                WHEN "10" => BCD<=C; COM<="011";
                WHEN OTHERS=> BCD<="0000";COM<="111";
            END CASE;
            CASE BCD IS                              --显示译码器
                WHEN "0000" =>SEG<="1111110";        --0
                WHEN "0001" =>SEG<="0110000";        --1
                WHEN "0010" =>SEG<="1101101";        --2
                WHEN "0011" =>SEG<="1111001";        --3
                WHEN "0100" =>SEG<="0110011";        --4
                WHEN "0101" =>SEG<="1011011";        --5
                WHEN "0110" =>SEG<="1011111";        --6
                WHEN "0111" =>SEG<="1110000";        --7
                WHEN "1000" =>SEG<="1111111";        --8
                WHEN "1001" =>SEG<="1111011";        --9
                WHEN OTHERS =>SEG<="0000000";
            END CASE;
        END PROCESS;
    END ART;
```

编辑的程序文件通过编译后，可进行波形仿真。动态显示的仿真波形如图 4-16 所示。

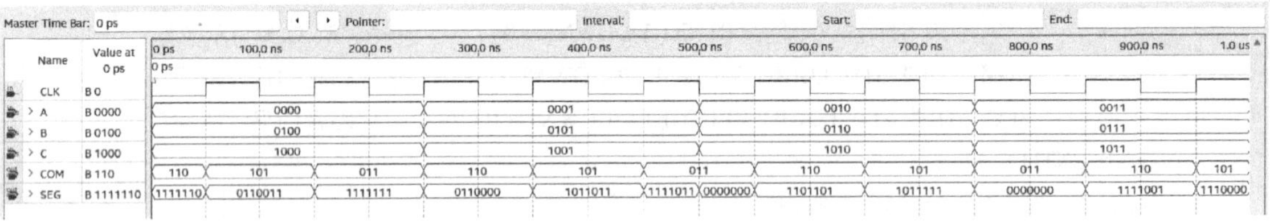

图 4-16　动态显示的仿真波形

从仿真波形中可以看出，在 0~250 ns 区间，数据 A=0000、B=0100、C=1000，数码管显示 0、4、8；在 250~500 ns 区间，数据 A=0001、B=0101、C=1001，数码管显示 1、5、9；在 750~850 ns 区间，数据 C=1011（超过 9），COM=011（选通数码管 1），此时数码管 1 暗。其他波形区间的情况同样符合设计要求。

测试结果完全正确的电路，可以生成符号器件，该器件可作为独立的器件供其他设计项目调用。回到图形编辑器，单击 File→Create/Update→Create Symbol Files for Current File，在弹出的对话框中将此符号器件按默认名称（即 ddisp）保存，扩展名为 .bsf。

4.3.2　扫描键盘

扫描键盘也称为矩阵式键盘，这种键盘将按键连接成矩阵，每个按键就是一个位于水平扫描线和垂直译码线交点上的开关，再通过一个键盘输入译码电路，将水平扫描线和垂直译码线信号的不同组合转化成一个特定的信号值或编码。扫描键盘的优点是当需要的按键数量较多时，可以节省 I/O 接口线，只需要 M 条行线和 N 条列线就可以组成 $M×N$ 个按键的扫描键盘；缺点是编程相对复杂。

设计一个 4×3 扫描键盘，包含数字键 0~9、功能键 F1 和 F0。按键为弹起式，已经过去抖动处理。4×3 扫描键盘如图 4-17 所示。

图 4-17 中的电阻 R 为 500~1000 Ω，扫描信号通过行线 KY3~KY0 进入键盘，按照 1110→1101→1011→0111→1110 的顺序周期性变化，每次扫描一行（低电平有效，相当于该行接地）。假设现在的扫描信号为 1011，代表正在扫描 4、5、6 这行的按键，如果这行当中没有按键被按下，则列线 KX2~KX0 的输出为 111（高电平）；如果这行当中有按键被按下，则该键位输出 0（低电平），其余键位输出 1（高电平）。例如当扫描信号为 1011（KY2 = 0）时，若列线输出 011（KX2 = 0）则键 4 被按下，若列线输出 110 则键 6 被按下；当扫描信号为 1101（KY1 = 0）时，若列线输出 101（KX1 = 0），则键 8 被按下。依此类推，可得到各按键的位置与数码的关系，见表 4-5。

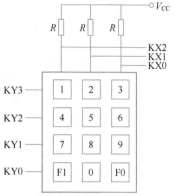

图 4-17 4×3 扫描键盘

表 4-5 各按键的位置与数码的关系

扫描信号	译码信号	按键号	编码	扫描信号	译码信号	按键号	编码
1110	011	F1	1011	1011	011	4	0100
1110	101	0	0000	1011	101	5	0101
1110	110	F0	1010	1011	110	6	0110
1101	011	7	0111	0111	011	1	0001
1101	101	8	1000	0111	101	2	0010
1101	110	9	1001	0111	110	3	0011

4×3 扫描键盘应该有 1 个时钟脉冲输入端、1 个 3 位的译码信号输入端（接 KX2~KX0）；1 个 4 位的扫描信号输出端（接 KY3~KY0）、2 个 4 位的按键编码输出端（数字键和功能键）。设时钟脉冲输入端为 CLK、译码信号输入端为 KEYIN、扫描信号输出端为 SCAN、数字键输出端为 DATAOUT、功能键输出端为 FUNOUT，实体名为 scanjp。在计算机的 E 盘，建立 E:\EDAFILE\Example4_12 文件夹作为项目文件夹。参考程序如下：

```vhdl
LIBRARY IEEE;
  USE IEEE. STD_LOGIC_1164. ALL;
  USE IEEE. STD_LOGIC_UNSIGNED. ALL;
ENTITY scanjp  IS
  PORT ( CLK  :  IN STD_LOGIC;
         KEYIN : IN STD_LOGIC_VECTOR( 2 DOWNTO 0);      --译码信号输入端
          SCAN : OUT STD_LOGIC_VECTOR( 3 DOWNTO 0);     --扫描信号输出端
       DATAOUT : OUT STD_LOGIC_VECTOR( 3 DOWNTO 0);     --数字键输出端
       FUNOUT : OUT STD_LOGIC_VECTOR( 3 DOWNTO 0));     --功能键输出端
END ENTITY scanjp;
ARCHITECTURE ART OF scanjp IS
  SIGNAL cnt : STD_LOGIC_VECTOR( 1 DOWNTO 0);
  SIGNAL D ,F: STD_LOGIC_VECTOR( 3 DOWNTO 0);           --键值寄存器
```

```
        SIGNAL Z:STD_LOGIC_VECTOR(4 DOWNTO 0);              --键盘信息寄存器
        BEGIN
          PROCESS(CLK)                                      --产生扫描信号 cnt
            BEGIN
              IF CLK'EVENT AND CLK='1' THEN
                IF cnt="11" THEN
                    cnt<="00";
                ELSE
                    cnt<=cnt+'1';
                END IF;
              END IF;
          END PROCESS;
        SCAN<="1110" WHEN cnt="00"   ELSE                   --条件信号赋值语句
              "1101" WHEN cnt="01"   ELSE
              "1011" WHEN cnt="10"   ELSE
              "0111" WHEN cnt="11"   ELSE
              "1111";
        Z<=cnt & KEYIN;                                     --连接扫描信号和译码信号
        PROCESS(CLK,cnt,KEYIN)
          BEGIN
          IF CLK'EVENT AND CLK='1' THEN
            CASE Z IS                                       --按键编码
              WHEN "00101" =>D<="0000";                     --0
              WHEN "11011" =>D<="0001";                     --1
              WHEN "11101" =>D<="0010";                     --2
              WHEN "11110" =>D<="0011";                     --3
              WHEN "10011" =>D<="0100";                     --4
              WHEN "10101" =>D<="0101";                     --5
              WHEN "10110" =>D<="0110";                     --6
              WHEN "01011" =>D<="0111";                     --7
              WHEN "01101" =>D<="1000";                     --8
              WHEN "01110" =>D<="1001";                     --9
              WHEN OTHERS =>D<="1111";
            END CASE;
          END IF;
          IF CLK'EVENT AND CLK='1' THEN
            CASE Z IS                                       --按键编码
              WHEN "00110" =>F<="1010";                     --F0
              WHEN "00011" =>F<="1011";                     --F1
              WHEN OTHERS =>F<="1111";
            END CASE;
          END IF;
        END PROCESS;
```

```
DATAOUT<=D;        --输出数字键编码
FUNOUT<=F;         --输出功能键编码
END ARCHITECTURE ART;
```

编辑的程序文件通过编译后，可进行波形仿真。4×3 扫描键盘的仿真波形如图 4-18 所示。

Master Time Bar: 0 ps		Pointer: 704.76 ns	Interval: 704.76 ns	Start:	End:

Name	Value at 0 ps	0 ps	100.0 ns	200.0 ns	300.0 ns	400.0 ns	500.0 ns	600.0 ns	700.0 ns	800.0 ns	900.0 ns	1.0 us
CLK	B 0											
> KEYIN	B 011		011		101		110		011		110	
> SCAN	B 1110	1110	1101	1011	0111	1110	1101	1011	0111	1110	1101	1011
> DATA...	B 0000	0000	1111	0101	0101	0010	1111	1001	0100	0001	1111	1001
> FUNO...	B 1010	1010	1011		1111		1010		1111		1010	1111

图 4-18　4×3 扫描键盘的仿真波形

从仿真波形中可以看出，在 0~100 ns 区间，KEYIN = 011（列 KX2 有键按下）、CLK 上升沿左侧 SCAN = 1110（行 KY0），CLK 上升沿右侧 DATAOUT = 1111（非数字键）、FUNOUT = 1011（功能键 F1）；在 100~200ns 区间，KEYIN = 011（列 KX2 有键按下）、CLK 上升沿左侧 SCAN = 1101（行 KY1），CLK 上升沿右侧 DATAOUT = 0111（数字键 7）、FUNOUT = 1111（非功能键）；在 200~300ns 区间，KEYIN = 101（列 KX1 有键按下）、CLK 上升沿左侧 SCAN = 1011（行 KY2），CLK 上升沿右侧 DATAOUT = 0101（数字键 5）、FUNOUT = 1111（非功能键）。其他波形区间的情况同样符合设计要求。

测试结果完全正确的电路，可以生成符号器件，该器件可作为独立的器件供其他设计项目调用。回到文本编辑器，单击 File→Create/Update→Create Symbol Files for Current File，在弹出的对话框中将此符号器件按默认名称（即 scanjp）保存，扩展名为 .bsf。

4.3.3　数码显示的扫描键盘

1. 项目要求

设计并实现一个 3 位一体共阴极数码管动态显示的 4×3 扫描键盘，键盘按键为弹起式，已经过去抖动处理。按下数字键会在右侧的数码管上显示相应数字，按下功能键 F0 会在左侧数码管上显示"」"，按下功能键 F1 会在左侧数码管上显示"「"。完成编译和波形仿真后，下载到实验箱或开发板上验证电路功能。

4.3.3　数码显示的扫描键盘

2. 电路设计

根据项目要求，可在前面设计的基础上，采用原理图输入法，调用扫描键盘和数码管的动态显示项目生成的符号器件。但数码管的动态显示程序没有对功能键 F0 和 F1 的译码，因此可打开数码管的动态显示项目文件，在程序的译码器部分中添加如下的功能键译码语句：

```
WHEN "1010" =>SEG<="0111000";     --F0
WHEN "1011" =>SEG<="1000110";     --F1
```

再次编译成功后，生成单元模块。

3. 建立项目

1）在计算机的 E 盘，建立 E:\EDAFILE\Example4_13 文件夹作为项目文件夹。

2）启动 Quartus Ⅱ，单击其中的图形按钮 Create a New Project，也可以单击 File→New Project Wizard…，打开"新项目建立向导"对话框，在其中选择建立的项目文件夹，再输入项目名和顶层设计实体名。项目名为 SCANddisp，顶层设计实体名也为 SCANddisp。

3）采用原理图输入法，在"添加文件"对话框的 File name 文本框中输入 SCANddisp. bdf，然后单击 Add 按钮，添加该文件。

4）由于需要使用先前生成的数码管的动态显示符号器件 ddisp 模块和扫描键盘符号器件 scanjp 模块，可单击"添加文件"对话框的 File name 文本框右侧的按钮，选择 E：\EDAFILE\ Example4_11 文件夹下的 ddisp. vhd，单击 Add 按钮，添加该文件；再选择 E：\EDAFILE\Example4_12 文件夹下的 scanjp. vhd，再次单击 Add 按钮，添加该文件。

5）在"器件设置"对话框中，根据实验箱或开发板上使用的器件决定选择的芯片系列和具体器件，本书选择 Cyclone Ⅳ E 系列的 EP4CE10E22C8 芯片。

6）单击 Finish 按钮，关闭"新项目建立向导"对话框。

 注意：软件的标题栏必须变为 E：/EDAFILE/Example4_13/SCANddisp-SCANddisp。

4. 编辑与编译

1）编辑。单击 File→New，选中 Block Diagram/Schematic File 选项，单击 OK 按钮，进入图形编辑器。

2）双击图形编辑区，打开"器件输入"对话框。单击"器件输入"对话框中 Name 文本框右侧的按钮，在弹出的"打开"对话框中选择 E：\EDAFILE\Example4_11 文件夹下的 ddisp. bsf 文件；再选择 E：\EDAFILE\Example2_2 文件夹下的 scanjp. bsf 文件，并复制成 3 个；然后依次输入 2 个 INPUT（输入引脚）和 2 个 OUTPUT（输出引脚）。因为数码管 2 在本项目中没有使用，所以直接接地处理。按照逻辑关系将其连接，完成的电路如图 4-19 所示。

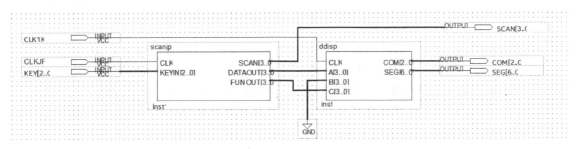

图 4-19　数码显示的扫描键盘电路

将此图形文件按默认名称 SCANddisp 保存在 E：\EDAFILE\Example4_13 文件夹下。

3）编译。单击 Processing→Start Compilation 或 ▶ 按钮，启动编译。如果设计中存在错误，可以根据信息提示栏所提供的信息进行修改，然后重新编译，直到没有错误为止。如果错误显示不认识模块，可能是建立项目时没有在文件中添加该模块。可单击 Project→Add/Remove Files in Project…，打开 Category 对话框，选择 Files，添加模块文件。

5. 波形仿真

1）单击 File→New，选中 University Program VWF 选项，单击 OK 按钮，建立波形输入文件。

2）按照项目要求设置波形后，单击 Simulation→Run Functional Simulation 或 ![按钮] 按钮，在弹出的对话框中按默认的名字 Waveform 保存后，即可启动仿真。仿真波形如图 4-20 所示。

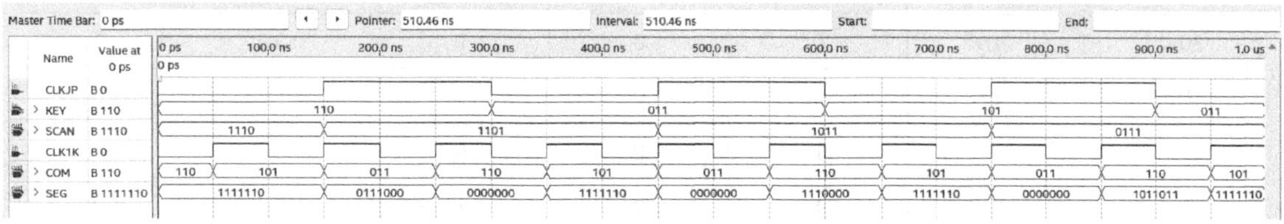

图 4-20　数码显示的扫描键盘的仿真波形

从仿真波形中可以看出，在 150 ns 处，KEY = 110（列 KX0 有键按下），CLKJP 上升沿左侧 SCAN = 1110（行 KY3），功能键 F0 按下，CLK1K 上升沿右侧 COM（数码管选通端）依次为 011（左）、110（右）和 101（中），对应数码管显示"」""暗""0"（数码 0）；在 450 ns 处，KEY = 011（列 KX2 有键按下），CLKJP 上升沿左侧 SCAN = 1101（行 KY2），数字键 7 按下，CLK1K 上升沿右侧 COM 依次为 011（左）、110（右）和 101（中），对应数码管显示"暗""7""0"（数码 0）；在 750 ns 处，KEY = 101（列 KX1 有键按下），CLKJP 上升沿左侧 SCAN = 1011（行 KY1），数字键 5 按下，CLK1K 上升沿右侧 COM 依次为 011（左）、110（右）和 101（中），对应数码管显示"暗""5""0"（数码 0）。

6. 编程

1）单击 Assignments→Pin Planner，出现引脚规划窗口，根据所使用的实验箱或开发板的引脚分配情况确定引脚编号（需要参考实验箱或开发板引脚配置说明），在引脚规划窗口的 Location 下方的文本框中直接输入代表引脚编号的数字即可。

2）单击 Processing→Start Compilation 或 ▶ 按钮，再次启动编译。编译成功后，就可以将设计的程序下载到 PLD 中。

3）将编程器的下载电缆与计算机接口连接好，打开实验箱或开发板电源。单击 Tools→Programmer，在编程窗口中进行硬件配置，本书选用 USB-Blaster 编程器，编程方式选择 JTAG 编程方式，单击 Start 按钮，即可开始对芯片编程。

7. 电路测试

根据实验箱或开发板的实际情况，测试电路。CLKJP 频率为 2 Hz、CLK1K 频率为 1 kHz，按下键盘按键，观察数码管显示情况。

4.4　实训：交通灯控制器的设计与实现

1. 实训说明

设东西方向和南北方向的车流量大致相同，因此两个方向的红、黄、绿灯亮的时间也相同。黄灯是红灯变绿灯、绿灯变红灯时的过渡信号，一是提醒驾驶人和行人注意信号的变化；二是让已经出发但未能走完路口的行人和车辆通过。设红灯每次亮 34 s，黄灯每次亮 4 s，绿灯每次亮 30 s。用秒脉冲的个数来表示时间，一个时钟周期就是 1 s。用 1 代表灯亮、0 代表灯灭。交通灯的循环顺序见表 4-6。

表 4-6 交通灯的循环顺序

时间	东西方向			南北方向		
	红灯	黄灯	绿灯	红灯	黄灯	绿灯
30 s	1	0	0	0	0	1
2 s	1	0	0	0	1	0
2 s	0	1	0	0	1	0
2 s	0	1	0	1	0	0
30 s	0	0	1	1	0	0
2 s	0	1	0	1	0	0
2 s	0	1	0	0	1	0
2 s	1	0	0	0	1	0

从表 4-6 中可以看出，交通灯共有 8 种状态，某个方向红灯亮的时间等于另一个方向绿灯和黄灯亮的时间的和，每个方向交通灯的发光顺序是红→黄→绿→黄→红。

2. 设计提示

根据表 4-6 所示，应该有一个输入端（CLK），可用标准逻辑位数据类型（STD_LOGIC）；有一个输出端（Y），由于要代表两个方向共 6 个交通灯的状态，数据类型应该使用标准逻辑数组类型(STD_LOGIC_VECTOR)，用包含 6 个元素的数组代表 6 个交通灯。实体的名称为 traffic 。

为了描述表 4-6 中的逻辑关系，可设一个代表时间的变量 m，用于计算时钟脉冲的个数，利用 m 的数值区间实现要求的逻辑关系。参考程序如下：

```
LIBRARY IEEE;
  USE IEEE. STD_LOGIC_1164. ALL;
ENTITY traffic IS
  PORT( CLK  : IN     STD_LOGIC;
            Y  : OUT STD_LOGIC_VECTOR(5 DOWNTO 0));
END traffic;
ARCHITECTURE a OF traffic IS
BEGIN
  PROCESS( CLK)
    VARIABLE m : INTEGER RANGE 0 TO 72;        --整数类型，取值范围为 0~72
    BEGIN
      IF CLK'EVENT AND CLK ='1' THEN
        IF m>=72 THEN m:=1;
        ELSE m:=m+1;
         IF m<=30 THEN Y<="100001";
          ELSIF m<=32 THEN Y<="100010";
          ELSIF m<=34 THEN Y<="010010";
          ELSIF m<=36 THEN Y<="010100";
          ELSIF m<=66 THEN Y<="001100";
```

```
            ELSIF m<=68 THEN Y<="010100";
            ELSIF m<=70 THEN Y<="010010";
        ELSE   Y<="100010";
        END IF;
      END IF;
    END IF;
  END PROCESS;
END a;
```

3. 实训报告

1）记录并分析仿真波形。

2）分析实训结果。

3）若要设置左转向灯，应如何修改程序？

4.5　拓展阅读：量子计算机

量子计算机是一种可以实现量子计算的机器，它通过量子力学规律实现数学和逻辑运算，以及处理和存储信息。量子计算机以量子态为记忆单元和信息存储形式。在量子计算机中，其硬件的尺寸达到原子或分子的量级。量子计算机是一个物理系统，能存储和处理用量子比特表示的信息，具有比传统计算机更高效的计算能力和更快的运算速度。

量子计算机和许多计算机一样，都是由软件和硬件组成的，软件包括量子算法、量子编码等；硬件包括量子晶体管、量子存储器和量子效应器等。量子晶体管通过电子的高速运动来突破物理的能量界限，从而实现晶体管的开关作用，这种晶体管控制开关的速度很快，其构成的芯片比普通的芯片运算能力强很多，而且对使用环境的适应能力很强，所以在未来的发展中，量子晶体管是量子计算机不可缺少的一部分。量子存储器是一种存储信息效率很高的存储器，能够在非常短的时间里对任何计算信息进行赋值。量子效应器是一个大型的控制系统，能够控制各部件的运行。这些组成在量子计算机的发展中占据主要地位，发挥着重要的作用。

2017年5月3日，中国科学技术大学潘建伟团队构建了光量子计算机实验样机，其计算能力已超越早期的电子计算机。此外，中国科研团队完成了对10个超导量子比特的操纵，成功打破了当时世界上最大位数超导量子比特纠缠和完整测量的纪录。

2020年12月4日，潘建伟团队成功构建了76个光子的量子计算原型机——"九章"，这一突破使中国成为全球第二个实现"量子优越性"的国家。

2024年1月，由本源量子自主研发的"本源悟空"正式上线运行，接收全球量子计算任务。"本源悟空"搭载72位自主超导量子芯片"悟空芯"，是我国目前最先进的可编程、可交付超导量子计算机。

2021年2月8日，在中国科学院量子信息重点实验室的科技成果转化平台上，合肥本源量子计算科技有限责任公司发布了具有自主知识产权的量子计算机操作系统——"本源司南"。

4.6 习题

一、填空题

1）在 VHDL 中，进程语句本身是_____语句。

2）在 VHDL 中，CASE 语句表达式的值必须且只能与某一个条件选择值相同或_____。

3）共阴极数码管是指数码管内部的发光二极管的_____连在一起，作为公共端。

4）对于 4 位一体共阴极数码管，若要让各个数码管都能显示不同的数字，则必须逐个使相应的选通信号为_____，其他选通信号为_____，并将要显示的数字送到公用数据总线上。

5）数码管动态显示时，虽然每个时刻只有一个数码管显示，但只要延时适当，由于人眼的_____，看起来就是稳定显示的。

二、单选题

1）在 VHDL 中，进程语句的结构内部是由（   ）语句组成的。

A. 顺序   B. 并行   C. 顺序或并行   D. 任何

2）在 VHDL 的进程语句中，不能在敏感信号表中列出的是电路的（   ）信号。

A. 输入   B. 时钟   C. 输出   D. 输入或输出

3）进程语句的说明部分定义了该进程所需的局部数据环境，但不能定义（   ）。

A. 常量   B. 信号   C. 子程序   D. 变量

4）进程语句的顺序语句组部分不能包含（   ）语句。

A. 条件信号赋值语句   B. IF 语句   C. 变量赋值语句   D. CASE 语句

5）在 VHDL 的 CASE 语句中，=>不是运算符，只相当于（   ）的作用。

A. IF   B. THEN   C. AND   D. OR

三、设计题

1）改正程序中存在的 4 处错误。

```
LIBRARY IEEE;
  USE IEEE. STD_LOGIC_1164. ALL;
ENTITY count IS
   PORT (clk: IN BIT;
           q: OUT BIT_VECTOR(7 DOWNTO 0); );
END count;
ARCHITECTURE one OF count IS
  BEGIN
  PROCESS(clk)
    IF clk' EVENT AND clk ='1' THEN
    q<=q+1;
  END PROCESS;
END one;
```

2）分析下面的 VHDL 源程序，说明设计电路的功能。

```
LIBRARY IEEE;
 USE IEEE. STD_LOGIC_1164. ALL;
 USE IEEE. STD_LOGIC_UNSIGNED. ALL;
ENTITY COMP IS
 PORT( A : IN STD_LOGIC_VECTOR(3 DOWNTO 0);
        B : IN STD_LOGIC_VECTOR(3 DOWNTO 0);
        GT, LT, EQ : OUT STD_LOGIC);
 END COMP;
ARCHITECTURE one OF COMP IS
 BEGIN
  PROCESS(a,b)
   BEGIN
     GT<='0'; LT<='0'; EQ<='0';
     IF  A>B  THEN  GT<='1';
     ELSIF  A<B  THEN  LT<='1';
     ELSE  EQ<='1';
     END IF;
   END PROCESS;
  END one;
```

3) 设计一个静态显示器, 要求能够驱动 1 个 7 段共阳极数码管, 将 4 位 BCD 译码器的输出静态显示成十六进制数码 (0~9、A、b、C、d、E、F)。

4) 用 CASE 语句描述 74LS138 (3 线-8 线译码器) 芯片的功能。设 d0~d2 为译码器的输入信号, g1~g3 为使能信号, 只有当 g1 = 1、g2 = 0、g3 = 0 时, 才允许译码, y 为输出信号。

5) 设计一个异步清零、同步置数、带有计数使能控制的六进制递增计数器。设时钟脉冲输入端为 CLK, 异步清零端为 CLR, 同步置数端为 LDN, 计数使能端为 EN, 置数数据输入端为 D, 计数输出端为 Q, 进位端为 COUT, 实体名为 CNT6。

6) 设计一个 4×4 扫描键盘, 按键为弹起式, 已经过去抖动处理。要求数字键 (0~9) 和功能键 (F0~F5) 分别输出。设时钟脉冲输入端为 CLK, 按键输入端为 KEYIN, 扫描信号输入端为 SCAN, 数字键输出端为 DATAOUT, 功能键输出端为 FUNOUT, 实体名为 SCAN-JP44。4×4 扫描键盘如图 4-21 所示。

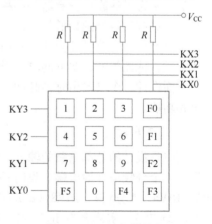

图 4-21　4×4 扫描键盘

本项目要点

- 分频器的设计
- 寄存器的设计
- 点阵广告牌的设计与实现

5.1　分频器的设计

分频器可将一个给定的频率较高的输入信号，经过适当处理，产生一个或多个频率较低的输出信号。在数字系统设计中，常使用分频器将晶振产生的单一频率分解成系统的工作频率。分频器可分为偶数分频器、奇数分频器、半整数分频器（例如 7.5 分频、10.2 分频）等。使用计数器能够设计各种形式的偶数分频器及非等占空比的奇数分频器，但实现等占空比的奇数分频器及半整数分频器则较为困难。

5.1.1　2^N 分频器

2^N（N 为正整数）分频器是一种特殊的等占空比分频器，它利用计数器计算时钟脉冲的个数，二进制计数器的最低位（2^0 位）就是时钟脉冲的 2 分频（一个时钟脉冲有效沿计为 1，下一个时钟脉冲有效沿计为 0，两个时钟脉冲构成一个周期），次低位（2^1 位）就是时钟脉冲的 4 分频，依此类推，便可同时获得多个 2^N 分频的时钟脉冲信号。

下面设计一个可输出时钟脉冲 2 分频、4 分频、8 分频和 16 分频信号的分频电路，仿真验证电路功能。

1. 实体的确定

实体是设计的外部电路的输入、输出端口。分析 2^N 分频器可知，应该有 1 个时钟脉冲输入端和 4 个分频信号输出端。设时钟脉冲输入端为 CLK，分频信号输出端分别为 DIV2（2 分频）、DIV4（4 分频）、DIV8（8 分频）和 DIV16（16 分频），都可以使用标准逻辑位数据类型（STD_LOGIC）。实体名为 divf，参考程序如下：

```
ENTITY divf IS
    PORT(CLK : IN STD_LOGIC;
        DIV2 , DIV4 , DIV8 , DIV16 : OUT STD_LOGIC);
END ENTITY divf;
```

2. 结构体的确定

结构体用来描述设计实体的内部结构和实体端口之间的逻辑关系，是实体的一个组成单元。此处在结构体中设计一个计数器，并定义一个 4 位临时信号来存储计数值，临时信号的定义需要放在结构体的声明部分。参考程序如下：

```
ARCHITECTURE ART OF divf IS
    SIGNAL q : STD_LOGIC_VECTOR( 3 DOWNTO 0) ;     --定义临时信号 q
BEGIN
   PROCESS( CLK)
     BEGIN
     IF CLK'EVENT AND CLK='1' THEN                  --判断时钟脉冲上升沿
        q<=q+1 ;
     END IF;
   END PROCESS;
   DIV2<=q( 0) ;                                    --输出 2 分频信号
   DIV4<=q( 1) ;                                    --输出 4 分频信号
   DIV8<=q( 2) ;                                    --输出 8 分频信号
   DIV16<=q( 3) ;                                   --输出 16 分频信号
END ARCHITECTURE ART;
```

3. 库和程序包的确定

由于实体中端口信号定义的 STD_LOGIC 数据类型不是 VHDL 的默认数据类型，需要调用 IEEE 库中的 STD_LOGIC_1164 程序包；又由于结构体中使用了运算符"+"，需要调用 IEEE 库中的 STD_LOGIC_UNSIGNED 程序包，因此在实体的前面调用 IEEE 库，并使用这两个程序包。参考程序如下：

```
LIBRARY IEEE;
  USE IEEE. STD_LOGIC_1164. ALL;
  USE IEEE. STD_LOGIC_UNSIGNED. ALL;
```

4. 波形仿真

编译成功后，进行仿真分析，2^N 分频器的仿真波形如图 5-1 所示。

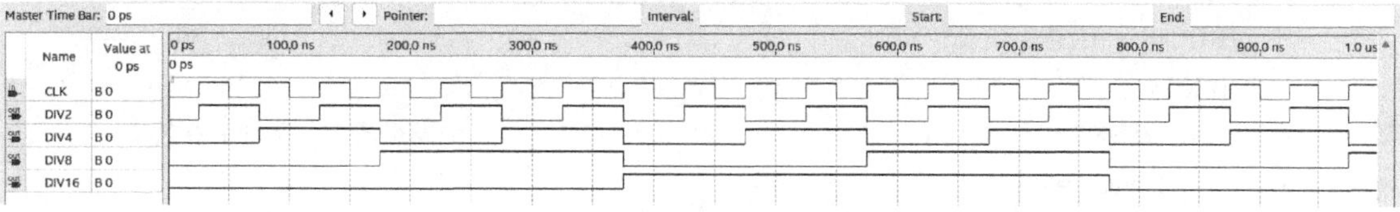

图 5-1　2^N 分频器的仿真波形

从仿真波形中可以看出，在 25~125 ns 区间，CLK 经历了 2 个周期，DIV2 经历了 1 个周期，符合 2 分频；在 75~275 ns 区间，CLK 经历了 4 个周期，DIV4 经历了 1 个周期，符合 4 分频；在 175~570 ns 区间，CLK 经历了 8 个周期，DIV8 经历了 1 个周期，符合 8 分频。

锁定引脚编译成功后，下载到实验箱或开发板。CLK 接 4 Hz，DIV2 每 1 s 闪 2 次，DIV4 每 1 s 闪 1 次，DIV8 每 2 s 闪 1 次，DIV16 每 4 s 闪 1 次。

想一想、做一做：增加一个 32 分频，应如何修改程序？增加一个异步清零端 CLR，应如何修改程序？

5.1.2　偶数分频器

偶数分频器的设计非常简单，通过计数器计数就可以实现。例如进行 N（N 为偶数）分频时，就可以由待分频的时钟脉冲触发计数器计数，当计数器从 0 计数到 $(N/2)-1$ 时，输出信号翻转，形成半个周期，并给计数器清零，以便在下一个时钟脉冲有效沿到来时从零开始计数；当计数器又计到 $(N/2)-1$ 时，输出信号再次翻转，形成另外半个周期。以此循环，就可以实现任意的偶数分频。

下面设计一个能够异步清零，等占空比的 6 分频器，并仿真验证电路功能。

1. 实体的确定

等占空比的 6 分频器应该有 1 个时钟脉冲输入端、1 个清零端和 1 个分频信号输出端。设时钟脉冲输入端为 CLK、异步清零端为 RESET、分频信号输出端为 DIV6，均使用标准逻辑位数据类型（STD_LOGIC）。实体名为 divsix，参考程序如下：

```
ENTITY divsix IS
    PORT(CLK : IN STD_LOGIC;
           RESET : IN STD_LOGIC;
        DIV6 : OUT STD_LOGIC);
END ENTITY divsix;
```

2. 结构体的确定

在结构体中设计一个计数器，由于是 6 分频（$N=6$），因此 $(N/2)-1=2$，可定义 1 个信号 count 存储计数值。因为 DIV6 的方向定义为 OUT，所以不能出现在赋值语句的右侧，无法描述触发器的计数状态，需要设置 1 个临时信号 clktemp，信号的定义需要放在结构体的声明部分。参考程序如下：

```
ARCHITECTURE ART OF divsix  IS
    SIGNAL   count : STD_LOGIC_VECTOR(1 DOWNTO 0);      --计数值寄存器
    SIGNAL  clktemp : STD_LOGIC;                        --输出寄存器
  BEGIN
  PROCESS(RESET,CLK)
    BEGIN
    IF   RESET='1'   THEN                               --异步清零, 高电平有效
      clktemp<='0';
      ELSIF  RISING_EDGE(CLK) THEN                      --判断 CLK 的上升沿
        IF count="10"   THEN
          count <= "00";                                --计数到(N/2)-1(N=6)就清零
          clktemp <=NOT clktemp ;                       --输出信号翻转, 形成前半个周期
        ELSE
          count<=count+1;
        END IF;
      END IF;
    END PROCESS;
```

```
    DIV6<=clktemp;
END ARCHITECTURE ART;
```

3. 库和程序包的确定

由于实体中定义的 STD_LOGIC 数据类型不是 VHDL 的默认数据类型，需要调用 IEEE 库中的 STD_LOGIC_1164 程序包；由于结构体中使用了运算符"+"，需要调用 IEEE 库中的 STD_LOGIC_UNSIGNED 程序包，因此需要在实体的前面调用 IEEE 库，并使用程序包。参考程序如下：

```
LIBRARY IEEE;
    USE IEEE. STD_LOGIC_1164. ALL;
    USE IEEE. STD_LOGIC_UNSIGNED. ALL;
```

4. 波形仿真

编辑的程序文件通过编译后，可以进行波形仿真。6 分频器的仿真波形如图 5-2 所示。

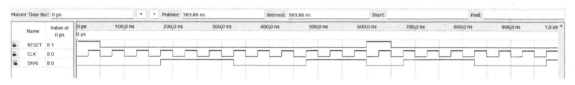

图 5-2　6 分频器的仿真波形

从仿真波形中可以看出，在 0~50 ns 区间，RESET=1（异步清零有效），DIV6=0；在 175~475 ns 区间，CLK 经历了 6 个周期，DIV6 经历了 1 个周期，符合 6 分频；在 600~650 ns 区间，RESET=1（异步清零有效），DIV6=0。

想一想、做一做：若改成同步清零，应如何修改程序？若要将 128 Hz 的信号分频成 1 Hz，应如何修改程序？

5.2　寄存器的设计

在数字系统中，常常需要将数据或运算结果暂时存放，以便随时取用。寄存器是具有存储二进制数据功能的数字部件。寄存器分为数据寄存器和移位寄存器两类，数据寄存器只具有寄存数据的功能；移位寄存器除了具有存储二进制数据的功能以外，还具有移位功能。移位功能就是指寄存器里面存储的代码能够在时钟脉冲的作用下依次左移或右移，并可以实现数据的串/并转换和数值运算。

5.2.1　数据寄存器

设计一个具有三态输出的 8 位数据寄存器，并完成编译和波形仿真。寄存器的三态输出是指当不需要从寄存器输出数据时，寄存器可呈现高阻状态，此状态下的寄存器不会影响与寄存器输出端相连的数据总线的状态，并且不影响数据的写入。

1. 实体的确定

三态输出的 8 位数据寄存器应该有 1 个时钟脉冲输入端、1 个三态输出控制端、1 个 8 位数据输入端和 1 个 8 位数据输出端。设 D 为 8 位数据输入端、OE 为三态输出控制端（当 OE＝1 时输出为高阻态，OE＝0 时为正常输出状态）、Q 为 8 位数据输出端，均使用标准逻辑位数据类型（STD_LOGIC）。实体名为 regist，参考程序如下：

```
ENTITY regist IS
 PORT(CLK,OE : IN std_logic;
        D : IN std_logic_VECTOR(7 DOWNTO 0);
        Q : OUT std_logic_VECTOR(7 DOWNTO 0));
END regist;
```

2. 结构体的确定

在结构体的声明部分定义一个 8 位临时寄存器来代表输出信号，在进程中使用 IF 语句判断并描述三态关系。参考程序如下：

```
ARCHITECTURE a OF regist IS
 SIGNAL qtemp : std_logic_VECTOR(7 DOWNTO 0);
BEGIN
 PROCESS(CLK,OE)
  BEGIN
   IF OE='0' THEN
     IF CLK'EVENT AND CLK='1' THEN
        qtemp<=D;
     END IF;
   ELSE
     qtemp<="ZZZZZZZZ";
   END IF;
     Q<=qtemp;
 END PROCESS;
END A;
```

3. 库和程序包的确定

由于实体中定义的 STD_LOGIC 数据类型不是 VHDL 的默认数据类型，需要调用 IEEE 库中的 STD_LOGIC_1164 程序包，因此需要在实体的前面调用 IEEE 库，并使用该程序包。参考程序如下：

```
LIBRARY IEEE;
USE IEEE. STD_LOGIC_1164. ALL;
```

4. 波形仿真

编辑的程序文件通过编译后，可以进行波形仿真。三态输出的 8 位数码寄存器的仿真波形如图 5-3 所示。

从仿真波形中可以看出，在 0~250 ns 区间，OE＝1，Q＝ZZZZZZZZ（寄存器输出为高阻态）；在 250~500 ns 区间，OE＝0，但在 250~350 ns 区间，CLK 没有上升沿，Q 保持高阻态不

Master Time Bar: 0 ps		◄ ►	Pointer: 649.24 ns		Interval: 649.24 ns		Start:		End:	

Name	Value at 0 ps	0 ps 100.0 ns	200.0 ns	300.0 ns	400.0 ns	500.0 ns	600.0 ns	700.0 ns	800.0 ns	900.0 ns	1.0 us
CLK	B 0										
D	B 000000...	00000000	00000001	00000010	00000011	00000100	00000101	00000110	00000111	00001000	00001001
OE	B 1										
Q	B ZZZZZ...	ZZZZZZZZ			00000011	00000100	ZZZZZZZZ			00001000	00001001

图 5-3　三态输出的 8 位数码寄存器的仿真波形

变；在 350ns 时，CLK 出现上升沿，Q = D；在 500 ns 时，OE = 1，虽然 CLK 不是上升沿，但 OE 为异步信号，所以 Q = ZZZZZZZZ。

5.2.2　循环移位寄存器

移位寄存器是一种具有移位功能的寄存器。移位功能是指寄存器里面存储的数据能够在外部时钟信号的作用下进行顺序左移或者右移，因此移位寄存器常用来实现数据的串/并转换，进行数值运算以及数据处理等。循环移位寄存器分为循环左移和循环右移两种，能够完成数码的逻辑运算。循环左移是指数据由低位向高位移动，移出的高位又从低位一侧移入该寄存器，变成低位；循环右移是指数据由高位向低位移动，移出的低位又从高位一侧移入该寄存器，变成高位。

下面设计一个 5 位循环左移寄存器，并完成编译和波形仿真。

1. 实体的确定

5 位循环左移寄存器应该有 1 个时钟脉冲输入端、1 个加载控制端、1 个 5 位数据输入端和 1 个 5 位数据输出端，均使用标准逻辑位数据类型（STD_LOGIC），设时钟脉冲输入端为 CLK、5 位数据输入端为 DATA、加载控制端为 LOAD、5 位数据输出端为 DOUT。实体名为 shiftreg，参考程序如下：

```
ENTITY shiftreg IS
    PORT ( CLK,LOAD : IN STD_LOGIC;
                  DATA : IN STD_LOGIC_VECTOR(4 DOWNTO 0);
                  DOUT : OUT STD_LOGIC_VECTOR(4 DOWNTO 0));
    END shiftreg;
```

2. 结构体的确定

由于 5 位数据输出端 DOUT 在描述移位时要出现在赋值符号的右侧，但其端口方向为 OUT（输出方式），因此可在结构体声明部分定义一个 5 位临时信号 DTEMP 来代替 DOUT，并在进程中利用赋值语句将低 4 位赋值给高 4 位、最高位赋值给最低位，以此实现循环左移。参考程序如下：

```
ARCHITECTURE a OF shiftreg IS
    SIGNAL DTEMP : STD_LOGIC_VECTOR(4 DOWNTO 0);
    BEGIN
    PROCESS(CLK)
```

```
    BEGIN
      IF CLK'EVENT AND CLK='1' THEN
        IF LOAD='1' THEN DTEMP<=DATA;
        ELSE
          DTEMP(4 DOWNTO 1)<=DTEMP(3 DOWNTO 0);    --低4位赋值给高4位
          DTEMP(0)<=DTEMP(4);                      --最高位赋值给最低位
        END IF;
      END IF;
    END PROCESS;
    DOUT<=DTEMP;
    END a;
```

3. 库和程序包的确定

由于实体中定义的 STD_LOGIC 数据类型不是 VHDL 的默认数据类型，需要调用 IEEE 库中的 STD_LOGIC_1164 程序包，因此需要在实体的前面调用 IEEE 库，并使用该程序包。参考程序如下：

```
LIBRARY IEEE;
  USE IEEE. STD_LOGIC_1164. ALL;
```

4. 波形仿真

编辑的程序文件通过编译后，可以进行波形仿真。5 位循环左移寄存器的仿真波形如图 5-4 所示。

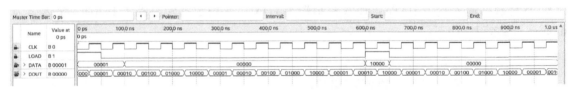

图 5-4 5 位循环左移寄存器的仿真波形

从仿真波形中可以看出，在 0~50 ns 区间，LOAD（加载控制端）= 1（有效），由于 LOAD 是同步信号，在 25 ns 处的 CLK 上升沿，DOUT = DATA；在 50~600 ns 区间，LOAD = 0，DOUT 循环左移；在 600~650 ns 区间，LOAD = 1，同样在 625 ns 处的 CLK 上升沿，DOUT = DATA；650 ns 以后，DOUT 循环左移。

想一想、做一做：若改成循环右移，应如何修改程序？

5.2.3 双向移位寄存器

双向移位寄存器可以在工作模式控制端的控制下，通过预置数据输入端输入并行数据，还能通过移位数据输入端输入串行数据，数据能从低位向高位移动，还能从高位向低位移动。

5.2.3 双向移位寄存器

下面设计一个 5 位寄存器，要求能够同步复位、能够预置 5 位并行数据、能够输入 1 位串行数据（分左移和右移）、能够双向移位，在完成编译和波形仿真后，下载到实验箱或开发板上验证电路功能。

1. 实体的确定

分析要求可知，应设置同步复位端、工作模式控制端（左移、右移、预置数据）和数据输入端（并行、串行左移和串行右移），数据输出端的方向设置为 BUFFER（双向缓冲方式）。设时钟脉冲输入端为 CLK、预置数据输入端为 PRED、工作模式控制端为 M（00 是保持、01是右移、10 是左移、11 是预置数）、左移数据输入端为 DSL、右移数据输入端为 DSR、异步清零端为 RESET、移位寄存器输出端为 DOUT。实体名为 dreg，参考程序如下：

```
ENTITY dreg IS
    PORT ( CLK,RESET,DSL,DSR : IN STD_LOGIC;
            M : IN STD_LOGIC_VECTOR(1 DOWNTO 0);
           PRED : IN STD_LOGIC_VECTOR(4 DOWNTO 0);          --并行数据输入端
           DOUT :BUFFER STD_LOGIC_VECTOR(4 DOWNTO 0));      --双向缓冲方式
END dreg;
```

2. 结构体的确定

使用 IF 语句描述相关功能。数据串行右移时，将右移数据输入端 DSR 赋值到 DOUT 的最高位，再连接 DOUT 的高 4 位；数据串行左移时，将左移数据输入端 DSL 赋值到 DOUT 的最低位，再连接 DOUT 的低 4 位。参考程序如下：

```
ARCHITECTURE a OF dreg IS
    BEGIN
    PROCESS(CLK,RESET)
      BEGIN
        IF CLK'EVENT AND CLK='1' THEN
          IF RESET='1' THEN                                 --同步复位，高电平有效
            DOUT<=(OTHERS=>'0');                            --相当于 DOUT<="00000"
          ELSE
            IF M(1)='0' THEN
              IF M(0)='0' THEN                              --M=00，保持
                NULL;                                       -- NULL 为空操作，保持
              ELSE                                          --M=01，串行右移
                DOUT<=DSR & DOUT(4 DOWNTO 1);               --数据右移。& 为连接运算符
              END IF;
            ELSIF M(0)='0' THEN                             --M=10，串行左移
              DOUT<=DOUT(3 DOWNTO 0) & DSL;                 --数据左移
            ELSE
              DOUT<=PRED;                                   --M=11，并行预置数
            END IF;
          END IF;
        END IF;
      END PROCESS;
    END a;
```

3. 库和程序包的确定

由于实体中定义的 STD_LOGIC 数据类型不是 VHDL 的默认数据类型，需要调用 IEEE 库中的 STD_LOGIC_1164 程序包，因此需要在实体的前面调用 IEEE 库，并使用该程序包。参考程序如下：

```
LIBRARY IEEE;
    USE IEEE. STD_LOGIC_1164. ALL;
```

4. 波形仿真

编辑的程序文件通过编译后，可以进行波形仿真。双向移位寄存器的仿真波形如图 5-5 所示。

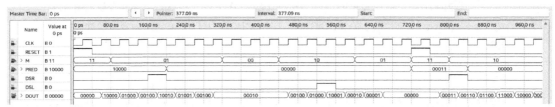

图 5-5 双向移位寄存器的仿真波形

从仿真波形中可以看出，在 0~40 ns 区间，RESET=1（异步清零有效），DOUT=0000；在 40~80 ns 区间，M=11（预置数）、PRED（数据输入端）=10000，DOUT=PRED；在 80~160 ns 区间，M=01（右移），DOUT 右移（每个 CLK 上升沿右移 1 位）；在 160 ns 处，DSR（右移数据输入端）=1，DOUT（4）=1，同时 DOUT 继续右移；在 320~440 ns 区间，M=00（保持），DOUT 不再变化；在 440~600 ns 区间，M=10（左移），DOUT 左移（每个 CLK 上升沿左移 1 位）；同样在 520 ns 处，DSL（左移数据输入端）=1，DOUT（0）=1，同时 DOUT 继续左移；在 600~720 ns 区间，M=01（右移），DOUT 右移。

5. 电路测试

根据实验箱或开发板的实际情况锁定引脚，再次编译成功后，将编程器的下载电缆与计算机接口连接好，打开实验箱或开发板电源，将设计的程序下载到 PLD 中。将时钟脉冲设置为 8 Hz，按照表 5-1 操作。

表 5-1 5 位双向移位寄存器的操作

输 入					输 出
RESET	M	PRED	DSR	DSL	DOUT
0	11	10000	0	0	10000
0	01	×	0	0	循环右移
0	01	×	1	0	从高位输入 1，然后右移
0	00	×	×	×	保持
0	10	×	0	1	从高位输入 1，然后左移
1	×	×	×	×	00000

想一想、做一做： 若改成异步复位，应如何修改程序？

5.3 器件例化与生成

5.3.1 用户定义的数据类型

VHDL 允许用户根据需要自己定义新的数据类型，这给设计者提供了极大的自由度。允许用户定义的数据类型主要有枚举类型、用户自定义的整数类型、数组类型和用户自定义子类型。

（1）枚举类型（ENUMERATED） 枚举类型在数据类型定义中直接列出数据的所有取值。其格式如下：

> TYPE 数据类型名 IS(取值 1,取值 2,…);

这种数据类型应用广泛，可以用字符来代替数字，简化了逻辑电路中状态的表示。例如在设计描述一周中每一天状态的逻辑电路时，如果用数组 000 代表周一、001 代表周二，依此类推，直到 110 代表周日，这种表示方法对编写和阅读程序来说是不方便的。若改用枚举类型来表示则方便得多，此时可以把一周定义成一个名为 week 的枚举类型：

> TYPE week   IS (Mon,Tue,Wed,Thu,Fri,Sat,Sun);

这样，周一到周日就可以用 Mon 到 Sun 来表示，直观了很多。再例如，设某控制器的控制过程可用 6 个状态来表示，则描述该控制器时可以定义一个名为 con_states 的枚举类型：

> TYPE con_states IS(st0,st1,st2,st3,st4,st5);

在结构体的 ARCHITECTURE 与 BEGIN 之间定义枚举类型后，在该结构体中就可以直接使用枚举类型了，如设某控制器需要用到两个名为 current_states 和 next_states 的信号，且这两个信号的数据类型为 con_states，则可以定义：

> SIGNAL current_states, next_states: con_states;

此后在结构体中就可对 current_states 和 next_states 赋值，如描述使 current_states 的信号状态变为 st4 的赋值语句即为：

> current_stat<=st4;

（2）用户自定义的整数类型（INTEGER） STANDARD 程序包中预定义的整数类型的表示范围是 32 位有符号的二进制数，这么大范围的数据之间的运算用硬件实现起来将消耗极大的资源，而应用中涉及的整数范围通常很小，例如一个数码管需要显示的数据仅为 0~9。由于这个原因，VHDL 在使用整数时，要求用 RANGE 语句为定义的整数限定一个范围，VHDL 综合器可根据用户指定的范围在硬件中将整数用相应的二进制数据表示。用户自定义的整数类型可认为是 STANDARD 程序包中预定义的整数类型的一个子类。其格式如下：

> TYPE 整数类型名 IS RANGE 约束范围;

例如，用户定义一个用于数码管显示的数据类型时，可定义为：

TYPE   digit   IS RANGE 0 TO 9;

（3）数组类型（ARRAY） 数组类型是将相同类型的数据集合在一起所形成的数据类型，可以是一维的，也可以是多维的。数组类型定义格式如下：

TYPE 数据类型名 IS ARRAY 数组下角标范围 OF 数组元素的数据类型;

如果数据类型没有指定，则使用整数类型；如果用整数类型以外的其他数据类型，则需要在确定数据范围后加上数据类型名。例如：

TYPE bus IS ARRAY(15 DOWNTO 0)OF BIT;

这里的数组名称为 bus，共有 16 个元素，下角标排序是 15、14、…、1、0，各元素可分别表示为 bus（15）、…、bus（0），数据类型为 BIT。除了一维数组外，VHDL 还可以定义二维、三维数组，例如定义一个 16 字，每字 8 位的 RAM（随机存储器）时，可以定义为：

TYPE ram_16_8 IS ARRAY (0 TO 15) OF STD_LOGIC_VECTOR(7 DOWNTO 0);

（4）用户自定义子类型 用户若对自己定义的数据给出一些限制，就形成了用户自定义子类型。对于每一个类型说明都定义了一个范围，一个类型说明与其他类型说明所定义的范围可以是不同的，在用 VHDL 对硬件描述时，有时一个对象可能取值的范围是某个类型定义范围的子集，这时就要用到子类型的概念。子类型的格式如下：

SUBTYPE 子数据类型名 IS 数据类型名 RANGE 数据范围;

例如在 STD_LOGIC_VECTOR 数据类型上所形成的子类型为：

SUBTYPE iobus IS STD_LOGIC_VECTOR(4 DOWNTO 0);

子类型可以经由对原数据类型指定范围而形成，也可以完全和原数据类型范围一致。子类型常用于存储器阵列等的数组描述场合。

5.3.2 数据类型间的转换

VHDL 的运算符要求操作数的数据类型应该和运算符所要求的数据类型相一致，且操作数之间必须是同类型的，不同类型的数据是不能进行运算和赋值的。为了实现不同类型的数据赋值或运算，就要进行数据类型的转换。数据类型转换函数在 VHDL 程序包中的定义见表 5-2。

表 5-2 数据类型转换函数

程序包名称	函数名称	功 能
STD_LOGIC_1164	TO_BIT	由 STD_LOGIC 转换为 BIT
	TO_BIT VECTOR	由 STD_LOGIC_VECTOR 转换为 BIT_VECTOR
	TO_STD LOGIC	由 BIT 转换为 STD_LOGIC
	TO_STD LOGIC VECTER	由 BIT_VECTOR 转换为 STD_LOGIC_VECOTR

（续）

程序包名称	函数名称	功　能
STD_LOGIC_ARITH	CONV_INTEGER	由 UNSIGNED、SIGNED 转换为 INTEGER
	CONV_UNSIGNED	由 SIGNED、INTEGER 转换为 UNSIGNED
	CONV_STD_LOGIC_VECTOR	由 INTEGER、UNSDGNED、SIGNED 转换为 STD_LOGIC_VECTOR
STD_LOGIC_UNSIGNED	CONV_INTEGER	由 STD_LOGIC_VECTOR 转换为 INTEGER

例如把 INTEGER 数据类型的信号 A 转换为 STD_LOGIC_VECTOR 数据类型的信号 B，程序如下：

```
SIGNAL A:INTEGER RANGER 0 TO 15;            --定义信号 A
SIGNAL B:STD _LOGIC_VECTOR(3 DOWNTO 0);     --定义信号 B
B<=CONV_STD_LOGIC_VECTOR(A);                --调用转换函数
```

注意：使用数据类型转换函数 CONV_STD_LOGIC_VECTOR 时，需要调用 IEEE 库中的 STD_LOGIC_ARITH 程序包。

5.3.3　器件例化语句

器件例化是构成自上而下层次化设计的一种重要途径，即引入一种关系，将预先设计好的单元电路生成为一个器件，然后利用器件例化语句将此器件的端口与当前设计电路中的端口或信号相连接，从而为当前设计电路引进一个低一级的设计层次，类似于原理图输入法中调用以前生成的电路单元模块。器件例化语句由器件声明语句（COMPONENT）和端口映射语句（PORT MAP）两部分组成。

1）器件声明语句（COMPONENT）格式如下：

```
COMPONENT 器件名
    [GENERIC(类属说明)]      --参数说明
    PORT(器件端口说明)        --端口说明
END COMPONENT 器件名；
```

器件名是被调用器件的实体名；类属说明可缺省，用于被调用器件可变参数的代入和赋值；器件端口说明是被调用器件的输入及输出端口的名称、传输方向和数据类型，与其实体中的 PORT 部分相同。COMPONENT 语句可以在结构体、程序包和块中使用。

2）端口映射语句（PORT MAP）格式如下：

```
例化名:器件名 PORT MAP(器件端口对应关系表)；
```

例化名不可缺省，在当前结构体中必须是唯一的，它相当于一个插座；器件名相当于一个插头，是准备在此插入的已声明的器件，即该器件名必须与器件声明语句中的引用器件名相一致；器件端口对应关系表的作用是实现被调用器件的端口与当前设计单元的正确连接。

当使用端口映射语句进行器件端口信号连接时，当前设计单元与被调用器件端口之间有位置映射和名称映射两种方式。

① 位置映射即被调用器件在器件声明语句的 PORT（器件端口说明）中信号的书写顺序及位置，和端口映射语句中当前设计单元的信号书写顺序及位置一一对应。例如某器件名为 u1 的器件端口说明为：

PORT(a,b:IN BIT;c:OUT BIT)；

调用该器件时可使用：

com1:u1 PORT MAP(n1,n2,m)；

按照位置映射就是 n1 对应 a，n2 对应 b，m 对应 c，com1 是例化名，u1 是器件名。
② 名称映射使用=>符号将被调用器件在器件声明语句的 PORT(器件端口说明)中的信号名与当前设计单元的信号名关联起来，被调用器件信号名在=>符号的左侧。
上例可改为：

com1:u1 PORT MAP(c => m,b => n2,a => n1)；

【例 5-1】使用器件例化语句实现 4 位移位寄存器的设计。

【例 5-1】

解：4 位移位寄存器可由 4 个维持阻塞 D 触发器组成，触发方式是时钟脉冲上升沿触发，D 触发器的器件名称是 dff。第一个触发器的输入端用来接收移位寄存器的输入信号（串行数据），其余的每一个触发器的输入端均与前一个触发器的输出端相连，可以将串行数据变成 4 位并行数据。采用了上述设定方式的 4 位移位寄存器电路如图 5-6 所示。

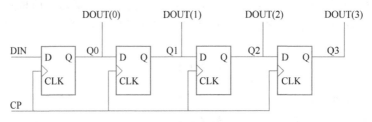

图 5-6　4 位移位寄存器电路

根据题目要求，调用 D 触发器模块 dff，并使用器件例化语句设计的程序如下：

```
LIBRARY IEEE;
  USE IEEE. STD_LOGIC_1164. ALL;
ENTITY  shift IS
  PORT( DIN : IN    STD_LOGIC;
          CP : IN    STD_LOGIC;
        DOUT : OUT  STD_LOGIC_VECTOR(3 DOWNTO 0))；
END shift；
ARCHITECTURE  str  OF  shift  IS
  COMPONENT dff                                   --器件声明语句
    PORT( D : IN STD_LOGIC;
      CLK : IN   STD_LOGIC;
```

```
            Q : OUT STD_LOGIC);
    END COMPONENT;
    SIGNAL q : STD_LOGIC_VECTOR(4 DOWNTO 0);
BEGIN
    q(0)<= DIN;
    dff1  : dff  PORT MAP (q(0),CP,q(1));                    --位置映射
    dff2  : dff  PORT MAP (q(1),CP,q(2));
    dff3  : dff  PORT MAP (D=>q(2),CLK=>CP, Q=>q(3));        --名称映射
    dff4  : dff  PORT MAP (D=>q(3), CLK=>CP, Q=> q(4));
    DOUT <=q(4 DOWNTO 1);
    END str;
```

编译成功后建立波形文件，根据题意编辑输入信号的波形，编辑完成并保存文件后进行仿真。4 位移位寄存器的仿真波形如图 5-7 所示。

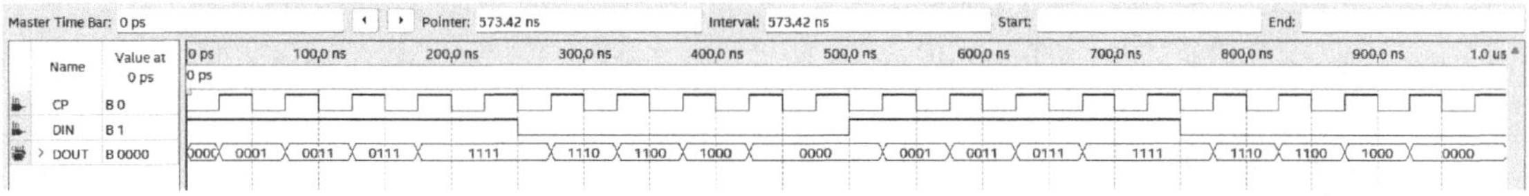

图 5-7　4 位移位寄存器的仿真波形

从仿真波形中可以看出，在 0～50 ns 区间，DIN=1，在 CP（时钟脉冲）上升沿，DOUT=0001（移入数据"1"）；在 50～100 ns 区间，DIN=1，在 CP 上升沿，DOUT=0011（再次移入数据"1"）。其他区间的波形情况同样符合 4 位移位寄存器的要求。

器件例化语句属于并行语句，器件例化语句主要用于模块化程序设计中，并且使用该语句可以直接利用以前建立的电路模块。因此，设计人员常常将一些使用频率很高的器件模块放在工作库中，以便在以后的设计中直接调用，避免大量的重复性书写工作。每个器件都是一个独立的设计实体，可以把一个复杂的设计实体划分成多个简单的器件来设计。

5.3.4　生成语句

生成语句是一种循环语句，具有复制电路的功能。当设计一个由多个相同的单元模块组成的电路时，利用生成语句能够复制一组完全相同的组件或单元电路，避免了多段相同结构程序的重复书写，简化了程序的设计。生成语句有 FOR 工作模式和 IF 工作模式两种。

1. FOR 工作模式的生成语句

FOR 工作模式的生成语句常用来进行重复结构的描述，其格式如下：

```
［语句标号:］FOR 循环变量　 IN 取值范围 GENERATE
            并行语句组；
        END GENERATE［语句标号］；
```

语句标号可以缺省，它代表该生成语句；循环变量是一个局部变量，通常用 i 或 j 表示；取值范围可以选择递增或递减两种形式，如 0 TO 4（递增）和 3 DOWNTO 0（递减）等；并行语句组可以是并行信号赋值语句、器件例化语句和块语句等。

生成语句所复制的单元模块是按照一定的顺序排列的, 而单元模块之间的关系却是并行的, 所以生成语句属于并行语句。

【例 5-2】用 FOR 工作模式的生成语句描述 6 位移位寄存器。

解: 程序如下。

```vhdl
LIBRARY IEEE;
  USE IEEE. STD_LOGIC_1164. ALL;
ENTITY   shiftfor IS
  PORT(   DIN : IN   STD_LOGIC;
            CP : IN   STD_LOGIC;
          DOUT : OUT   STD_LOGIC_VECTOR(5 DOWNTO 0));
END shiftfor;
ARCHITECTURE str   OF   shiftfor IS
  COMPONENT dff                              --器件声明语句
    PORT(   D : IN   STD_LOGIC;
          CLK : IN   STD_LOGIC;
            Q : OUT STD_LOGIC);
  END COMPONENT;
  SIGNAL q : STD_LOGIC_VECTOR(6 DOWNTO 0);
  BEGIN
    q(0)< = DIN;
    reg1 : FOR i IN 0 TO 5 GENERATE            --FOR 工作模式的生成语句
        dffx : dff   PORT   MAP (q(i),cp,q(i+1));   --器件例化语句
        END GENERATE reg1;
    DOUT< =q(6 DOWNTO 1);
  END str;
```

编译成功后建立波形文件, 根据题意编辑输入信号的波形, 编辑完成并保存文件后进行仿真。6 位移位寄存器的仿真波形如图 5-8 所示。

图 5-8   6 位移位寄存器的仿真波形

从仿真波形中可以看出, 在 0~50 ns 区间, DIN=1, 在 CP (时钟脉冲) 上升沿, DOUT= 000001 (移入数据 "1"); 在 50~100 ns 区间, DIN=1, 在 CP 上升沿, DOUT=000011 (再次移入数据 "1"); 在 200~250 ns 区间, DIN=0, 在 CP 上升沿, DOUT=011110 (移入数据 "0")。其他区间的波形情况同样符合 6 位移位寄存器的要求。

通过比较【例 5-1】和【例 5-2】可以看出,【例 5-2】用一个 FOR 工作模式的生成语句来代替 6 条器件例化语句。不难看出, 当移位寄存器的位数增加时, FOR 工作模式的生成语句只需要修改循环变量 i 的取值范围就可以了。

2. IF 工作模式的生成语句

FOR 工作模式的生成语句无法描述端口内部信号和端口信号的连接，所以【例 5-2】中只好用了两条信号赋值语句来实现内部信号和端口信号的连接。要实现内部信号和端口信号的连接，可以使用 IF 工作模式的生成语句。IF 工作模式的生成语句常用来描述带有条件选择或含有例外情况的结构，例如电路边界处发生的特殊情况。其格式如下：

```
［生成标号:］IF 条件 GENERATE
              并行语句组；
          END GENERATE ［生成标号］；
```

条件是一个关系或逻辑表达式，返回值为布尔类型，当返回值为 TRUE（真）时，就会去执行生成语句中的并行语句组；当返回值为 FALSE（假）时，则不执行生成语句中的并行语句组。

【例 5-3】用 FOR 和 IF 工作模式的生成语句描述 8 位移位寄存器。

解：程序如下。

```
LIBRARY IEEE;
   USE IEEE. STD_LOGIC_1164. ALL;
ENTITY shiftif  IS
   PORT( DIN : IN  STD_LOGIC;
         CP  : IN  STD_LOGIC;
        DOUT  : OUT  STD_LOGIC_VECTOR(7 DOWNTO 0));
END shiftif;
ARCHITECTURE str OF   shiftif  IS
   COMPONENT dff
     PORT(   D  : IN  STD_LOGIC;
           CLK  : IN  STD_LOGIC;
             Q  : OUT STD_LOGIC);
   END COMPONENT;
   SIGNAL q  : STD_LOGIC_VECTOR(8 DOWNTO 0);
   BEGIN
   reg  : FOR i IN 0 TO 7 GENERATE            -- FOR 工作模式的生成语句
     g1  : IF i=0 GENERATE                    --IF 工作模式的生成语句
         dffx  : dff  PORT  MAP(DIN,cp,q(1));
         END GENERATE;
     g2  : IF i=7 GENERATE
         dffx  : dff  PORT  MAP (q(i),cp,q(8));
         END GENERATE;
     g3  : IF ((i/=0)AND(i/=7)) GENERATE
         dffx  : dff PORT MAP(q(i),cp,q(i+1));
         END GENERATE;
     END GENERATE reg;
   DOUT<=q(8 DOWNTO 1);
END str;
```

编译成功后建立波形文件，根据题意编辑输入信号的波形，编辑完成并保存文件后进行仿真。仿真波形如图 5-9 所示。

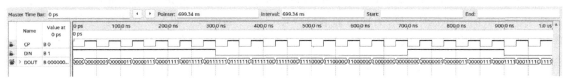

图 5-9　8 位移位寄存器的仿真波形

从仿真波形中可以看出，在 0~50 ns 区间，DIN=1，在 CP（时钟脉冲）上升沿，DOUT = 00000001（移入数据 "1"）；在 50~100 ns 区间，DIN=1，在 CP 上升沿，DOUT = 00000011（再次移入数据 "1"）；在 300~350 ns 区间，DIN=0，在 CP 上升沿，DOUT = 01111110（移入数据 "0"）。其他区间的波形情况同样符合 8 位移位寄存器的要求。

在 FOR 工作模式的生成语句中，IF 工作模式的生成语句首先进行条件 i=0 和 i=7 的判断，即判断所产生的 D 触发器是移位寄存器的第一级还是最后一级。如果是第一级，就将寄存器的输入信号 DIN 代入 PORT MAP 语句中；如果是最后一级，就将寄存器的输出信号最高位代入 PORT MAP 语句中。这样就方便地实现了内部信号和端口信号的连接，而不需要再采用其他的信号赋值语句了。

5.4　点阵显示的设计

5.4.1　LED 点阵

8 行×8 列的 LED 点阵具有 64 个像素点，可以显示数字和一些比较简单的汉字，其内部由 64 个发光二极管组成，每个发光二极管放置在行线和列线的交叉点上。点阵的连接关系与矩阵键盘相似，分为共阴极和共阳极两种。共阴极是将每一行发光二极管的阴极接在一起并引出，形成行线；再将每一列发光二极管的阳极接在一起并引出，形成列线。这样 8 行 8 列的 LED 点阵就会有 16 个端口，即 8 条行线和 8 条列线。点阵 1088AS（共阴极）的外观和内部结构如图 5-10 所示。

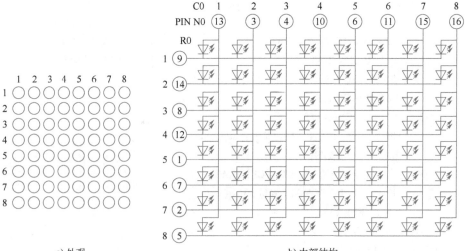

a) 外观　　　　　　　　　　　　　　b) 内部结构

图 5-10　点阵 1088AS（共阴极）的外观和内部结构

以 1088AS 为例，面对 LED 点阵（型号字符在下方）时，其下排引脚从左到右依次为 1、2、3、4、5、6、7、8，上排引脚从右到左依次为 9、10、11、12、13、14、15、16。当某一行（RO）置低电平，对应的某一列（CO）置高电平，则相应的发光二极管点亮。例如要将左上角第一个点（第 1 行、第 1 列）点亮，则点阵的引脚 9 接低电平，引脚 13 接高电平，此时该点就亮了。共阳极时刚好相反。

当一个 LED 点阵以 3 个发光二极管（R，G，B）组成一个点（像素），且发光二极管的体积足够小时，就形成了彩色点阵，这种点阵可以利用像素的 R、G、B 三种颜色混合成任意的颜色，只要像素足够多，那么就可以显示彩色图像。一个点阵模块由显示模块、控制系统和电源系统组成。将多个点阵模块连接在一起就构成了点阵显示屏。LED 点阵显示屏能够显示文字、图片、动画和视频等，由于制作简单，安装方便，LED 点阵显示屏被广泛应用于各种公共场合，如汽车报站器、广告屏以及公告牌等。

5.4.2 彩灯控制器

使用 1088AS 的某一行，设计并实现一个能够异步复位的 8 路彩灯控制器，要求彩灯按照 4 种自动循环变化的花形闪烁。

5.4.2 彩灯控制器

1. 实体的确定

分析设计要求可知，控制器应该有 1 个时钟脉冲输入端、1 个异步复位端和 8 个信号输出端。设时钟脉冲输入端为 CLKIN、异步复位端为 CLR、信号输出端口为 LED，实体名为 ledctrl，参考程序如下：

```
ENTITY ledctrl IS
    PORT(CLKIN : IN STD_LOGIC;
          CLR : IN STD_LOGIC;
          LED : OUT STD_LOGIC_VECTOR(7 DOWNTO 0));
END ENTITY ledctrl;
```

2. 结构体的确定

在结构体中定义 4 个常量（F1、F2、F3、F4），代表 4 种花形；自定义只有 5 种取值的枚举数组类型（STATE），用于记录当前的 4 种花形和 1 个高阻状态（复位状态），使用状态驱动，即用 CASE 语句判断"当前状态"并运行相应语句（某个花形），然后将下一个状态赋值给"当前状态"，运行下一个状态对应的语句（另一个花形），再改变"当前状态"，利用状态的变化驱动程序不断运行。参考程序如下：

```
ARCHITECTURE ART OF ledctrl IS
    TYPE STATE IS(S0,S1,S2,S3,S4);          --自定义枚举数组类型 STATE
    SIGNAL CURRSTATE:STATE;                 --定义 STATE 类型信号 CURRSTATE
    SIGNAL FLOWER:STD_LOGIC_VECTOR(7 DOWNTO 0);
    BEGIN
    PROCESS(CLR,CLKIN) IS
        CONSTANT F1:STD_LOGIC_VECTOR(7 DOWNTO 0):="01010101";   --定义花形 1
        CONSTANT F2:STD_LOGIC_VECTOR(7 DOWNTO 0):="00100100";   --定义花形 2
```

```
        CONSTANT F3:STD_LOGIC_VECTOR(7 DOWNTO 0):="11001100";   --定义花形3
        CONSTANT F4:STD_LOGIC_VECTOR(7 DOWNTO 0):="11100010";   --定义花形4
    BEGIN
     IF CLR='1' THEN
        CURRSTATE<=S0;                    --状态 S0
      ELSIF RISING_EDGE(CLKIN) THEN
        CASE CURRSTATE IS
          WHEN S0=>                       --CURRSTATE=S0 时，执行的语句
            FLOWER<="000000000000";
            CURRSTATE<=S1;                --将 CURRSTATE 改为 S1
          WHEN S1=>
            FLOWER<=F1;                   --CURRSTATE=S1 时，执行的语句
            CURRSTATE<=S2;                --将 CURRSTATE 改为 S2
          WHEN S2=>
            FLOWER<=F2;
            CURRSTATE<=S3;
          WHEN S3=>
            FLOWER<=F3;
            CURRSTATE<=S4;
          WHEN S4=>
            FLOWER<=F4;
            CURRSTATE<=S1;                --将 CURRSTATE 改为 S1，实现循环运行
        END CASE;
      END IF;
    END PROCESS;
    LED<=FLOWER;
  END ARCHITECTURE ART;
```

3. 库和程序包的确定

由于实体中定义的 STD_LOGIC 数据类型不是 VHDL 的默认数据类型，需要调用 IEEE 库中的 STD_LOGIC_1164 程序包，因此需要在实体的前面调用 IEEE 库，并使用该程序包。参考程序如下：

```
    LIBRARY IEEE;
    USE IEEE.STD_LOGIC_1164.ALL;
```

4. 波形仿真

编译成功后建立波形文件，根据要求编辑输入信号的波形，编辑完成并保存文件后进行仿真。彩灯控制器的仿真波形如图 5-11 所示。

从仿真波形中可以看出，在 0~50 ns 区间，CLR=1（异步复位有效），LED=00000000；在 50~200 ns 区间，LED=00000000（状态 S0）；在 250~350 ns 区间，LED=01010101（状态 S1）；在 350~450 ns 区间，LED=00100100（状态 S2）。其他区间的波形情况同样符合要求。

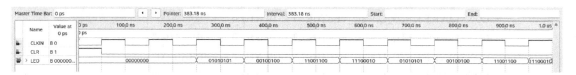

图 5-11 彩灯控制器的仿真波形

想一想、做一做： 改成按列显示，应如何修改程序？

5.4.3 汉字的显示

LED 点阵可以显示汉字或字符，只是此时的汉字或字符应以点阵来表示，取点越多，汉字或字符越逼真，通常 8 行 8 列的点阵可以用来显示一些简单的汉字。把要显示的汉字用 8 位二进制代码（对应点阵的行或列）来表示，这一过程称为取字模。例如

汉字"电"的十六进制字模为：10、7C、54、7C、54、7C、12、1E，其中"1"表示该点发光，"0"表示该点不发光。将字模赋值给点阵的每一列，在程序中采用逐行扫描的方法扫描点阵的每一行，使之轮流为低电平，于是每列字模的相应点被点亮。虽然汉字是逐行显示的，但由于人眼的视觉暂留作用，只要扫描速度足够快，看到的还将是一个完整的汉字。

下面使用 1088AS 设计并实现一个显示汉字"电"的电路，要求显示稳定、笔画完整。

1. 实体的确定

分析设计要求可知，点阵汉字的显示是多行、多列的显示，相当于数码管的动态显示。电路应该有 1 个时钟脉冲输入端、1 个异步复位端、8 个行信号输出端和 8 个列信号输出端。设时钟脉冲输入端为 CLKIN、异步复位端为 CLR、行信号输出端口为 ROLED、列信号输出端口为 LEDCO，文件名为 ledword，参考程序如下：

```
ENTITY ledword IS
 PORT(CLKIN:IN STD_LOGIC;
        CLR:IN STD_LOGIC;
        ROLED,LEDCO:OUT STD_LOGIC_VECTOR(7 DOWNTO 0));
 END ENTITY ledword;
```

2. 结构体的确定

在结构体中定义 8 个常量（F0~F7），代表汉字字模。自定义只有 9 种取值的枚举数组类型（STATE），用于记录当前的汉字字模和 1 个高阻状态（复位状态）。字模赋值给行信号，列信号（低电平）用于决定显示字模某列，同样使用状态驱动，参考程序如下：

```
ARCHITECTURE ART OF ledword IS
 TYPE STATE IS(S0,S1,S2,S3,S4,S5,S6,S7,S8);
  SIGNAL CURRSTATE:STATE;
  SIGNAL tmproled,tmpledco:STD_LOGIC_VECTOR(7 DOWNTO 0);
 BEGIN
 PROCESS(CLR,CLKIN) IS
```

```vhdl
    CONSTANT F0:STD_LOGIC_VECTOR(7 DOWNTO 0):="00010000";   --定义字模
    CONSTANT F1:STD_LOGIC_VECTOR(7 DOWNTO 0):="01111100";
    CONSTANT F2:STD_LOGIC_VECTOR(7 DOWNTO 0):="01010100";
    CONSTANT F3:STD_LOGIC_VECTOR(7 DOWNTO 0):="01111100";
    CONSTANT F4:STD_LOGIC_VECTOR(7 DOWNTO 0):="01010100";
    CONSTANT F5:STD_LOGIC_VECTOR(7 DOWNTO 0):="01111100";
    CONSTANT F6:STD_LOGIC_VECTOR(7 DOWNTO 0):="00010010";
    CONSTANT F7:STD_LOGIC_VECTOR(7 DOWNTO 0):="00011110";
  BEGIN
   IF CLR='1' THEN
      CURRSTATE<=S0;tmpledco<="11111111";
    ELSIF RISING_EDGE(CLKIN) THEN
      CASE CURRSTATE IS
        WHEN S0=>
          tmproled<="00000000";
          CURRSTATE<=S1;
        WHEN S1=>
            tmpledco<=F0;tmproled<="01111111";
            CURRSTATE<=S2;
        WHEN S2=>
            tmpledco<=F1;tmproled<="10111111";
            CURRSTATE<=S3;
        WHEN S3=>
            tmpledco<=F2;tmproled<="11011111";
            CURRSTATE<=S4;
        WHEN S4=>
            tmpledco<=F3;tmproled<="11101111";
            CURRSTATE<=S5;
        WHEN S5=>
            tmpledco<=F4;tmproled<="11110111";
            CURRSTATE<=S6;
        WHEN S6=>
            tmpledco<=F5;tmproled<="11111011";
            CURRSTATE<=S7;
        WHEN S7=>
            tmpledco<=F6;tmproled<="11111101";
            CURRSTATE<=S8;
        WHEN S8=>
            tmpledco<=F7;tmproled<="11111110";
            CURRSTATE<=S1;
      END CASE;
   END IF;
END PROCESS;
```

```
            ROLED<=tmproled;LEDCO<=tmpledco;
         END ARCHITECTURE ART;
```

3. 库和程序包的确定

由于实体中定义的 STD_LOGIC 数据类型不是 VHDL 的默认数据类型，需要调用 IEEE 库中的 STD_LOGIC_1164 程序包，因此需要在实体的前面调用 IEEE 库，并使用该程序包。参考程序如下：

```
      LIBRARY IEEE;
        USE IEEE. STD_LOGIC_1164. ALL;
```

4. 波形仿真

编译成功后建立波形文件，根据要求编辑输入信号的波形，编辑完成并保存文件后进行仿真。汉字显示控制的仿真波形如图 5-12 所示。

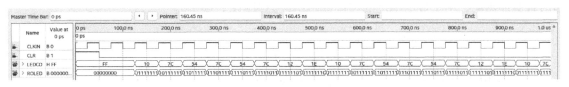

图 5-12　汉字显示控制的仿真波形

从仿真波形中可以看出，在 0～50 ns 区间，CLR = 1（异步复位有效），LEDCO = FF、ROLED = 00000000（状态 S0）；在 125 ns 处，CLKIN 上升沿右侧，LEDCO = 10、ROLED = 01111111（状态 S1）。其他区间的波形情况同样符合要求。

5. 下载测试

根据实验箱或开发板的实际情况，锁定引脚并再次编译成功后，将编程器的下载电缆与计算机接口连接好，打开实验箱或开发板电源，将设计的程序下载到 PLD 中。将时钟脉冲设置为 1024 Hz，异步复位按键设置为低电平，观察点阵能否显示稳定的汉字"电"。

想一想、做一做：汉字"子"的十六进制字模为 00、1E、04、08、78、08、38、08，修改程序，显示汉字"子"。

5.4.4　汉字的滚动显示

下面使用 1088AS 设计并实现汉字"电"的滚动显示。要求能够异步复位，且汉字从下往上循环滚动显示。

5.4.4　汉字的滚动显示

把所有需要显示的汉字或字符的字模从上往下依次排好，一方面用足够快的速度（即满足视觉暂留的频率）从上往下扫描整个点阵，显示该时刻所扫描的汉字或字符，即显示一个完整"画面"，同时用一个较慢的速度每次从下往上移动一行，即将"画面"的首行移出，补充到"画面"的末行，这时将显示上方缺少首行、下方多出首行的"画面"。不断重复，在视觉上就是滚动的效果了。

1. 实体的确定

分析设计要求，与汉字显示相同，应该有 1 个时钟脉冲输入端、1 个异步复位端、8 个行信号输出端和 8 个列信号输出端。设时钟脉冲输入端为 CLK、异步复位端为 CLR、行信号输出端口为 ROLED、列信号输出端口为 LEDCO，文件名为 rollword。参考程序如下：

```vhdl
ENTITY rollword IS
  PORT( CLK : IN STD_LOGIC;
        CLR : IN STD_LOGIC;
        ROLED,LEDCO : OUT STD_LOGIC_VECTOR(7 DOWNTO 0));
END ENTITY rollword;
```

2. 结构体的确定

在结构体中定义 4 个进程：复位和慢速信号产生进程、稳定"画面"显示进程、行扫描进程、行递增计数进程。其中行递增计数进程由慢速信号驱动，用于滚动"画面"，其他进程由时钟脉冲驱动，用于显示稳定的"画面"。参考程序如下：

```vhdl
ARCHITECTURE ART OF rollword IS
  SIGNAL tmproled,tmpledco:STD_LOGIC_VECTOR(7 DOWNTO 0);
  SIGNAL row,col,count:STD_LOGIC_VECTOR(2 DOWNTO 0);
  SIGNAL CLKLOW :STD_LOGIC;
  BEGIN
  p0: PROCESS(CLR,CLK) IS              --复位和慢速信号产生进程
    VARIABLE cnt : STD_LOGIC_VECTOR(9 DOWNTO 0);
      BEGIN
      IF CLR='1' THEN
         cnt:=(OTHERS=>'0');
              col<="000";row<="000";
         ELSIF RISING_EDGE(CLK) THEN
              cnt:=cnt+1;col<=col+1;row<=row+1;
         END IF;
      CLKLOW<=cnt(9);                  --慢速信号
    END PROCESS p0;
  p1: PROCESS(CLK) IS                  --稳定"画面"显示进程
  CONSTANT F0:STD_LOGIC_VECTOR(7 DOWNTO 0):="00010000";
  CONSTANT F1:STD_LOGIC_VECTOR(7 DOWNTO 0):="01111100";
  CONSTANT F2:STD_LOGIC_VECTOR(7 DOWNTO 0):="01010100";
  CONSTANT F3:STD_LOGIC_VECTOR(7 DOWNTO 0):="01111100";
  CONSTANT F4:STD_LOGIC_VECTOR(7 DOWNTO 0):="01010100";
  CONSTANT F5:STD_LOGIC_VECTOR(7 DOWNTO 0):="01111100";
  CONSTANT F6:STD_LOGIC_VECTOR(7 DOWNTO 0):="00010010";
  CONSTANT F7:STD_LOGIC_VECTOR(7 DOWNTO 0):="00011110";
  VARIABLE tempcnt : STD_LOGIC_VECTOR(2 DOWNTO 0);
  BEGIN
```

```
       IF RISING_EDGE(CLK) THEN
           tempcnt : =count+col;
           CASE tempcnt IS
             WHEN "000" =>tmpledco<=F0;
             WHEN "001" =>tmpledco<=F1;
             WHEN "010" =>tmpledco<=F2;
             WHEN "011" =>tmpledco<=F3;
             WHEN "100" =>tmpledco<=F4;
             WHEN "101" =>tmpledco<=F5;
             WHEN "110" =>tmpledco<=F6;
             WHEN "111" =>tmpledco<=F7;
             WHEN OTHERS =>tmpledco<="00000000";
           END CASE;
             END IF;
       END PROCESS p1;
  p2: PROCESS(CLK) IS              --行扫描进程
       BEGIN
       IF RISING_EDGE(CLK) THEN
         CASE row IS
           WHEN "000" =>tmproled<="01111111";
           WHEN "001" =>tmproled<="10111111";
           WHEN "010" =>tmproled<="11011111";
           WHEN "011" =>tmproled<="11101111";
           WHEN "100" =>tmproled<="11110111";
           WHEN "101" =>tmproled<="11111011";
           WHEN "110" =>tmproled<="11111101";
           WHEN "111" =>tmproled<="11111110";
           WHEN OTHERS =>tmpledco<="11111111";
         END CASE;
         END IF;
     END PROCESS p2;
  P3: PROCESS(CLR,CLKLOW) IS       --行递增计数进程
       VARIABLE cnt1 : STD_LOGIC_VECTOR(2 DOWNTO 0);
         BEGIN
         IF CLR='1' THEN
             cnt1: =(OTHERS=>'0');
         ELSIF RISING_EDGE(CLKLOW) THEN
             cnt1 : =cnt1+1;
         END IF;
       count<=cnt1;
     END PROCESS p3;
  ROLED<=tmproled;LEDCO<=tmpledco;
END ARCHITECTURE ART;
```

3. 库和程序包的确定

由于实体中定义了 STD_LOGIC 数据类型，需要调用 IEEE 库中的 STD_LOGIC_1164 程序包；又由于结构体中使用了运算符"+"，需要调用 IEEE 库中的 STD_LOGIC_UNSIGNED 程序包。参考程序如下：

```
LIBRARY IEEE;
  USE IEEE. STD_LOGIC_1164. ALL;
  USE IEEE. STD_LOGIC_UNSIGNED. ALL;
```

4. 波形仿真

编译成功后建立波形文件，根据要求编辑输入信号的波形，编辑完成并保存文件后进行仿真。汉字滚动显示的仿真波形如图 5-13 所示。

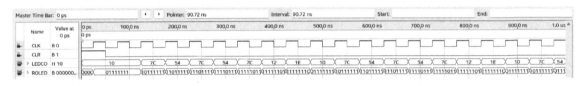

图 5-13 汉字滚动显示的仿真波形

从仿真波形中可以看出，在 0 ~ 50 ns 区间，CLR = 1（异步复位有效），LEDCO = 10、ROLED = 00000000（不显示）；在 125 ns 处，CLK 上升沿右侧，LEDCO = 10、ROLED = 01111111（显示首行）。其他区间的波形情况同样符合要求。

5. 下载测试

根据实验箱或开发板的实际情况，锁定引脚并再次编译成功后，将编程器的下载电缆与计算机接口连接好，打开实验箱或开发板电源，将设计的程序下载到 PLD 中。将时钟脉冲设置为 1024 Hz，复位按键设置为低电平，观察点阵能否显示滚动的汉字"电"。

想一想、做一做：若要让汉字从上往下滚动，应如何修改程序？

5.5 实训：点阵广告牌的设计与实现

1. 实训说明

使用 1088AS 设计并实现"I♥电子"的滚动显示，要求能够异步复位，且字符、图案和汉字从右往左循环滚动显示。

2. 设计提示

参考汉字滚动显示的程序，把所有需要显示的字符、图案和汉字的字模从右往左依次排好，一方面用 1 kHz 的频率（即满足视觉暂留的频率）从右往左扫描整个点阵，显示该时刻所扫描的字符，即显示一个"画面"，同时用一个较慢的速度每次从右往左移动一列，即将"画面"的首列移出，补充到字模队列的最后列，在视觉上就是从右往左滚动的效果。

3. 实训报告

1）记录并分析仿真波形。

2）分析实训结果。

3）若要设置快、慢两种滚动速度，应如何修改程序？

5.6　拓展阅读：可弯折的柔性屏幕

柔性屏幕是指装在塑料或金属箔片等柔性材料上的有机发光二极管（OLED）面板。柔性屏幕的成功量产不仅利好于智能手机的制造，也因其低功耗、可弯曲的特性，对可穿戴设备的应用带来了深远的影响。相较于传统屏幕，柔性屏幕优势明显，不仅在体积上更加轻薄，在功耗上也低于原有器件，有助于提升设备的续航能力，同时基于其可弯曲、柔韧性佳的特性，柔性屏幕的耐用程度也大大高于传统屏幕，可降低设备意外损伤的概率。

2013 年 10 月 7 日，韩国 LG 公司宣布开始量产首款柔性 OLED 面板，用于智能手机。随后不久，韩国三星电子公司发布曲面 OLED 显示屏手机 Galaxy Round，成为世界上第一款曲屏手机。

2014 年 10 月 30 日，在日本横滨举行的显示发明展览会上，日本创新高科技半导体能源实验室展示了 5.9 英寸柔性可折叠显示屏，这种显示屏在配备触摸传感器后可弯折 10 万次，能满足市场上多种产品所需。

京东方科技集团股份有限公司通过持续的技术创新，在柔性显示的多个关键技术方向上取得了丰硕成果，已经拥有柔性卷曲显示、折叠显示、腕带显示、双边固定曲率显示等多款柔性显示产品，并已在多地布局柔性有源矩阵有机发光二极管（AMOLED）生产线，进一步提升了我国在显示产业的国际竞争力。

5.7　习题

一、填空题

1）分频器可分为_____、奇数分频、_____等。

2）寄存器是具有存储_____数据功能的数字部件。寄存器分为数据寄存器和_____两类。

3）寄存器的三态输出是指当不需要从寄存器的输出端取数据时，寄存器呈现_____状态，不影响与寄存器输出端相连的数据总线的_____，并且不影响数据的写入。

4）移位寄存器就是一种具有移位功能的寄存器。循环移位寄存器分为_____和_____两种。

5）器件例化语句属于_____，器件例化语句主要用于模块化的程序设计中，并且使用该语句可以直接利用以前建立的电路模块。

6）器件例化语句中的端口映射方式有_____和_____两种。

7）点阵可分为_____和_____两种。

8）把要在点阵上显示的汉字用 8 位二进制代码表示的过程称为_____。

二、简答题

1）数据类型间的转换的目的是什么？怎么转换？

2）用户定义的数据类型有哪几种？

3）什么是生成语句？它有哪些工作模式？

4）点阵稳定显示汉字的原理是什么？

5）汉字滚动显示的原理是什么？

三、设计题

1）以下程序描述了一个具有置 0、置 1、计数和保持功能的边沿 JK 触发器，在横线上填入合适的 VHDL 语句，完成程序设计。

```
LIBRARY IEEE;
  USE IEEE. STD_LOGIC_1164. ALL;
ENTITY   JK1   IS
  PORT ( CLK ,j , k  : IN     STD_LOGIC;
                 q  : OUT  STD_LOGIC);
END   JK1 ;
ARCHITECTURE  a  OF  JK1  IS          --结构体的名称是 a
 SIGNAL  tmp  :STD_LOGIC;             --临时信号 tmp
 _____
  PROCESS(CLK,j,k)                     --敏感信号 CLK、j、k
    BEGIN
      IF CLK'EVENT AND CLK='1' THEN    --判断时钟脉冲上升沿
       IF j='0' AND k='0' THEN tmp<=tmp;  --保持
        ELSIF j='0' AND _____ THEN
          tmp <='0';                   --置 0
        ELSIF j='1' AND k='0'  THEN
          tmp <='1';                   --置 1
        ELSE _____;             --计数
        END IF;
      _____;
    END PROCESS;
    q<= tmp;
  END a;
```

2）设计一个等占空比的分频器，要求能够选择输出 6 分频和 4 分频两种频率信号。设时钟脉冲输入端为 CLK、复位端为 CLR、输出选择端为 CHOSE、输出端口为 CLKOUT，文件名为 SXBLOCK。当 CHOSE=0 时，输出 6 分频；CHOSE=1 时，输出 4 分频。

3）使用器件例化语句设计一个异步复位/置位、同步使能的边沿 JK 触发器。提示：使能是指当使能端有效时，触发器才能够开始工作，当使能端无效时，触发器保持原有状态。具有异步复位/置位、同步使能功能的边沿 JK 触发器的器件名称是 JKFFE。

项目 6　信号发生器的设计与实现

本项目要点

- 子程序和 LOOP 语句
- 存储器的设计
- 信号发生器的设计与实现

6.1　子程序和 LOOP 语句

6.1.1　子程序

　　子程序是由一组顺序语句组成的，它在程序包或结构体中定义，在结构体或进程中调用。子程序只有在定义后才能被调用，并将处理结果返回给主程序，主程序和子程序之间通过端口参数关联进行数据传送，且可以被多次调用，以便完成重复性的任务。每次调用时，都要先对子程序进行初始化，一次执行结束后再次调用时需再次初始化，因此子程序内部定义的变量都是局部变量。虽然子程序可以被多次调用来完成重复性的任务，但从硬件角度看，EDA 软件的综合工具对每次调用的子程序都要生成一个电路逻辑模块，因此设计者在频繁调用子程序时需要考虑硬件的承受能力。VHDL 中的子程序有两种类型：过程和函数。过程和函数的区别主要是返回值和参数的不同，过程调用可以通过其接口返回多个值，函数只能返回单个值；过程可以有输入参数、输出参数和双向参数，函数的所有参数都是输入参数。

　　1. 过程（PROCEDURE）

　　过程语句的定义由过程首和过程体两部分组成。过程语句的定义格式如下。

　　1）过程首：

> PROCEDURE　过程名　参数列表

　　2）过程体：

> PROCEDURE 过程名　参数列表　IS
> 　［说明部分；］
> BEGIN
> 　顺序语句组；
> END 过程名；

　　在结构体中，过程首可以省略，过程体放在结构体的说明部分。在程序包中必须定义过程首，把过程首放在程序包的包头部分，而过程体放在包体部分。在参数列表中可以对常量、变量和信号 3 类数据对象做出说明，这些对象可以是输入参数和输出参数，也可以是双向参数，用 IN、OUT、INOUT 和 BUFFER 定义这些参数的端口模式。

3）过程语句的调用格式：

> 过程名　参数列表；

【例 6-1】用一个过程语句来实现 3 个 4 位二进制数据的求和运算程序。

解：参考程序如下。

【例 6-1】

```
LIBRARY IEEE;
  USE IEEE.STD_LOGIC_1164.ALL;
  USE IEEE.STD_LOGIC_UNSIGNED.ALL;
ENTITY psum IS
 PORT(a,b,c : IN   STD_LOGIC_VECTOR(3 DOWNTO 0);
     clk,clr : IN   STD_LOGIC;           --clr 为复位端,高电平有效
     SUM : OUT   STD_LOGIC_VECTOR(3 DOWNTO 0));
  END  psum;
ARCHITECTURE  a  OF psum  IS
  PROCEDURE add1(data,datb,datc : IN   STD_LOGIC_VECTOR;   --定义过程体
                         datout : OUT STD_LOGIC_VECTOR)IS
  BEGIN
    datout : = data+datb+datc;          --数据求和
  END add1;                            --过程体定义结束。在结构体中省略了过程首
  BEGIN                               --结构体开始
  PROCESS(clk)
    VARIABLEtmp : STD_LOGIC_VECTOR(3 DOWNTO 0);
    BEGIN                             --进程开始
    IF(clk'EVENT AND clk ='1')THEN
      IF(clr ='1')THEN                --高电平同步复位
        tmp : = "0000" ;
      ELSE
        add1(a,b,c,tmp);             --过程调用
      END IF;
    END IF;
    SUM <=tmp;
  END PROCESS;
END a;
```

编辑的程序文件通过编译后，可以进行波形仿真。求和运算程序的仿真波形如图 6-1 所示。

从仿真波形中可以看出，在 0~50 ns 区间，clr=1（同步复位有效），SUM=0000；在 50~100 ns 区间，clk 上升沿的左侧（观察输入信号），a=0001、b=0100、c=0010，clk 上升沿的右侧（观察输出信号），SUM=0111；在 350~400 ns 区间，clk 上升沿的左侧，a=0111、b=

0111、c=0011，clk 上升沿的右侧，SUM＝0001（数据溢出）。其他区间的波形情况同样符合题意。

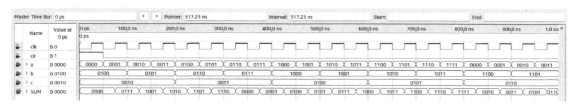

图 6-1　求和运算程序的仿真波形

想一想、做一做：如何解决数据溢出的问题？

2. 程序包

在 VHDL 中，用户可以自己定义一个程序包，将一些数据类型、子程序和器件保存在该程序包中，以便被其他设计程序所利用。程序包分为包首和包体两部分，格式如下。

1）包首：

```
PACKAGE　程序包名称　IS
     包首说明；
END　程序包名称；
```

2）包体：

```
PACKAGE BODY　程序包名称　IS
     包体说明语句组；
END　程序包名称；
```

包首说明可定义函数、器件和子程序等。包体说明语句组是具体描述函数、器件和子程序的内容。在程序包结构中，如果在包首定义了函数、器件和子程序的具体内容，这时包体可以缺省。

3. 函数（FUNCTION）

函数分为函数首和函数体两部分。在结构体中，函数首可以缺省，而在程序包中，必须定义函数首并放在程序包的包首部分，而函数体放在包体部分。函数的定义格式如下。

1）函数首：

```
FUNCTION　函数名(参数列表)
     RETURN　数据类型名；
```

2）函数体：

```
FUNCTION　函数名(参数列表)
     RETURN　数据类型名 IS
       [说明部分;]
     BEGIN
       顺序语句组；
```

```
        RETURN  返回变量名；
        END 函数名；
```

参数列表列出的参数都是输入参数，可以对常量、变量和信号 3 类数据对象做出说明，默认的端口模式是 IN。在函数中，如果参数没有特别指定，就当作常数处理。调用函数后返回的数据和数据类型是由返回变量及其数据类型决定的。

3）调用函数的格式为：

```
        变量名   := 函数名（参数列表）；
```

【例 6-2】编写一个能输出 2 个 4 位二进制数中较大数的函数，并将此函数放在一个程序包中，然后在进程中调用该函数两次，输出 3 个 4 位二进制数中的最大数。

解：

1）在名为 blockA 的程序包中，定义函数名为 maxA 的函数，程序包文件名为 blockA. vhd。

由于本题需要调用程序包中定义的函数，可先建立一个文件夹，然后打开 Quartus Ⅱ，在该文件夹下建立一个项目，项目名为 smax，再编辑以下程序。

```
        LIBRARY IEEE；
          USE IEEE. STD_LOGIC_1164. ALL；
        PACKAGE blockA IS                      --定义程序包的包头，blockA 是程序包名
        FUNCTION maxA（a：STD_LOGIC_VECTOR；     --定义函数首，函数名是 maxA
                      b：STD_LOGIC_VECTOR）
                RETURN STD_LOGIC_VECTOR；        --定义函数返回值的数据类型
        END blockA；
        PACKAGE BODY blockA IS                  --定义程序包体
          FUNCTION maxA（a：STD_LOGIC_VECTOR；   --定义函数体
                        b：STD_LOGIC_VECTOR）
                RETURN   STD_LOGIC_VECTOR   IS
          VARIABLE   tmp：  STD_LOGIC_VECTOR（3 DOWNTO 0）；
            BEGIN
              IF（a> b）THEN
                tmp：= a；
              ELSE
                tmp：= b；
              END IF；
              RETURN tmp；                       --tmp 是函数返回变量
            END maxA；                           --函数体结束
        END blockA；
```

注意，在编辑完成后，不用编译，直接使用文件名 blockA 保存在当前文件夹下，以供主程序调用。

2）调用函数 maxA 的主程序，文件名为 smax. vhd，参考程序如下。

```
LIBRARY IEEE;
 USE IEEE. STD_LOGIC_1164. ALL;
LIBRARY  WORK;                    --WORK 是用户工作库
 USE WORK. blockA. ALL;           --使用 WORK 库中的 blockA 程序包
ENTITY smax IS
PORT(dc,da,db: IN  STD_LOGIC_VECTOR(3 DOWNTO 0);
      clk,clr: IN  STD_LOGIC;
           D: OUT  STD_LOGIC_VECTOR(3 DOWNTO 0));
END smax;
ARCHITECTURE a OF smax IS
  BEGIN
   PROCESS(clk)
     VARIABLE tmp: STD_LOGIC_VECTOR(3 DOWNTO 0);
     VARIABLE tmpmax: STD_LOGIC_VECTOR(3 DOWNTO 0);
      BEGIN
       IF(clk'EVENT AND clk='1')THEN
       IF(clr ='1')THEN
         tmpmax: = "ZZZZ";
        ELSE
         tmp: = maxA(da,db);        --调用函数,最大值放入 tmp 中
         tmpmax: = maxA(dc,tmp);
      END IF;
        END IF;
     D < =tmpmax;
END PROCESS;
END a;
```

编辑的程序文件通过编译后，可以进行波形仿真。按题意要求设置输入信号波形，输出最大数的仿真波形如图 6-2 所示。

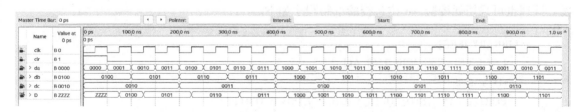

图 6-2　输出最大数的仿真波形

从仿真波形中可以看出，在 0～50 ns 区间，clr=1（同步复位有效），D=ZZZZ（高阻）；在 50～100 ns 区间，clk 上升沿的左侧（观察输入信号），da=0001、db=0100、dc=0010，clk 上升沿的右侧（观察输出信号），D=0100。其他区间的波形情况同样符合题意。

6.1.2　LOOP 语句

设计人员在工作过程中，常会遇到某些操作重复进行或操作要重复进行到某个条件满足为止的情况，如果采用一般的 VHDL 描述语句，往往需要进行大量程序段的重复书写，这样将会降低程序的可读性。为了解决这个问题，同其他高级语言一样，VHDL 也提供了可以实现迭代控制的循环语句，即 LOOP 语句。LOOP 语句是顺序语句，可以使程序有规律地循环执行，循环次数取决于循环参数的取值范围。常用的 LOOP 语句有 FOR 和 WHILE 两种。

1. FOR 循环

FOR 循环是一种已知循环次数的循环，其格式如下：

```
［循环标号］:FOR　循环变量　IN　循环次数范围　LOOP
        顺序语句组；
    END LOOP［循环标号］；
```

循环标号是用来表示 FOR 循环语句的标识符，可缺省；循环变量通常用 i 表示；循环次数范围表示循环变量的取值范围。示例如下。

```
ASUM:FOR i IN 1 TO 9 LOOP        -- ASUM 为循环标号
    sum = 1+sum;
    END LOOP   ASUM;
```

i 是一个临时循环变量，属于 FOR 循环语句的局部变量，不必事先定义，可由 FOR 循环语句自动定义，在 FOR 循环语句中不应再使用其他与此变量同名的标识符。i 从循环次数范围的初值开始，每循环一次就自动加 1，直到超出循环次数范围的终值为止。

【例 6-3】用 FOR 循环语句描述一个接收端的 8 位奇校验电路，电路输入信号为 a，输出信号为 y。

解：奇偶校验是一种检查所传输信息错误的简单方法，如采用奇校验传输 7 位二进制信息时，可在 7 个信息位后加一个校验位，如果前 7 位中 1 的个数是奇数，则第 8 位为 0；如果前 7 位中 1 的个数是偶数，则第 8 位为 1，这样使整个字符代码（共 8 位）中 1 的个数恒为奇数。接收端如检测到某字符代码中 1 的个数不是奇数，即可判定为错码而不予接收，通知发送端重发。同理也可采用偶校验。8 位奇校验电路程序如下。

```
LIBRARY IEEE;
  USE IEEE. STD_LOGIC_1164. ALL;
ENTITY pc IS
  PORT(a : IN   STD_LOGIC_VECTOR(7 DOWNTO 0);
        y: OUT   STD_LOGIC);
END pc;
ARCHITECTURE odd OF pc IS
  BEGIN
  PROCESS(a)
    VARIABLE tmp: STD_LOGIC;        --tmp 为局部变量，只能在进程中定义
```

```
        BEGIN
          tmp : = '0';
          FOR i IN 0 TO 7 LOOP          --循环变量 i 由 FOR 循环语句自动定义
            tmp : = tmp XOR a(i);
          END LOOP;                     --缺省了循环标号
          y <=tmp;
        END PROCESS;
    ENDodd;
```

编辑的程序文件通过编译后，可以进行波形仿真。8 位奇校验电路的仿真波形如图 6-3 所示。

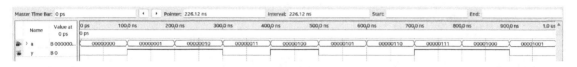

图 6-3　8 位奇校验电路的仿真波形

从仿真波形中可以看出，输入数据 a 中 1 的个数为奇数，则输出 y 为高电平；输入数据 a 中 1 的个数为偶数（0 是偶数），则输出 y 为低电平，符合题意。

想一想、做一做：若要改成接收端偶校验，应如何修改程序？

2. WHILE 循环

WHILE 循环是一种未知循环次数的循环，其循环次数取决于条件表达式是否成立，格式如下：

```
    [循环标号]:WHILE　条件表达式　LOOP
              顺序语句；
          END LOOP [循环标号];
```

循环标号是用来表示 WHILE 循环语句的标识符，是可选项。在 WHILE 循环语句中，没有给出循环次数的范围，而是给出了循环语句的条件。WHILE 后边的条件表达式是一个布尔表达式，如果条件表达式为 TURE，则进行循环，如果条件表达式为 FALSE，则结束循环。

如果采用 WHILE 循环语句描述【例 6-3】中的 8 位奇校验电路，则只要将结构体程序改写即可：

```
    ARCHITECTURE a OF pc IS
      BEGIN
      cbc: PROCESS(a)
        VARIABLE   tmp: STD_LOGIC;     --tmp 为局部变量，只能在进程中定义
        VARIABLE    i:  INTEGER;       --定义循环变量 i, WHILE 语句不能自定义
        BEGIN
          tmp : = '0';
            i : = 0;                    --给循环变量 i 赋初值
          WHILE (i<8) LOOP
```

```
                    tmp  : =   tmp XOR a(i);
                       i : = i+1;
                   END LOOP;
                y < =tmp;
             END PROCESS cbc;
          END a;
```

 注意：并非所有的 EDA 综合器都支持 WHILE 循环语句。

想一想、做一做：为什么有的 EDA 综合器不支持 WHILE 循环语句？

6.2 存储器的设计

在数字系统中，用于存储大量二进制信息的器件是存储器。存储器可以存放各种数据、程序和复杂的资料，表征系统的"记忆"功能。按照内部信息存取方式的不同，存储器可分为只读存储器（ROM）和随机存储器（RAM）两大类。存储器属于通用大规模器件，一般不需要自行设计，但是数字系统有时需要设计一些小型的存储器，用于临时存放数据或构成查表运算的数据表等。

6.2.1 ROM

ROM 是一种只能读出所存数据的存储器，用于存放永久性的、不变的数据，如常数、表格和程序等。ROM 所存数据稳定，断电后所存数据也不会改变，具有结构简单、读出方便的特点。

1. 设计要求

设计一个容量为 256×4 bit 的 ROM，并仿真验证电路功能。ROM 存储的部分数据及对应地址见表 6-1。

表 6-1　ROM 存储的部分数据及对应地址

地　　址	存储的数据	地　　址	存储的数据
00000000	0001	00000101	1000
00000001	0010	00011000	1100
00000010	0011	00011100	1110
00000011	0100	00100000	1101
00000100	0101	00100100	0111

2. 实体的确定

容量为 256×4 bit 的 ROM 的地址线（2^8 = 256）为 8 位，设为 ADDR，即 ADDR(0) ~ ADDR(7)；ROM 的数据宽度为 4，数据输出线为 4 位，设为 DOUT，即 DOUT(0) ~ DOUT(3)。实体名为 rom256，实体参考程序如下：

```
ENTITY rom256 IS
  PORT(CLK ：  IN    STD_LOGIC;
       ADDR：  IN    STD_LOGIC_VECTOR(7 DOWNTO 0);
       DOUT：  OUT   STD_LOGIC_VECTOR(3 DOWNTO 0));
END rom256;
```

3. 结构体的确定

用 CASE 语句描述表 6-1 即可，其他情况输出高阻状态。结构体参考程序如下：

```
ARCHITECTURE ART OF rom256 IS
  BEGIN
  PROCESS(CLK)
    BEGIN
    IF CLK'EVENT AND CLK='1' THEN
      CASE ADDR IS
        WHEN "00000000" =>DOUT<="0001";
        WHEN "00000001" =>DOUT<="0010";
        WHEN "00000010" =>DOUT<="0011";
        WHEN "00000011" =>DOUT<="0100";
        WHEN "00000100" =>DOUT<="0101";
        WHEN "00000101" =>DOUT<="1000";
        WHEN "00011000" =>DOUT<="1100";
        WHEN "00011100" =>DOUT<="1110";
        WHEN "00100000" =>DOUT<="1101";
        WHEN "00100100" =>DOUT<="0111";
        WHEN OTHERS=>DOUT<="ZZZZ";        --其他情况输出高阻状态
      END CASE;
    END IF;
  END PROCESS;
END ART;
```

4. 库和程序包的确定

由于实体中定义了 STD_LOGIC 数据类型，需要调用 IEEE 库中的 STD_LOGIC_1164 程序包。参考程序如下：

```
LIBRARY IEEE;
  USE IEEE. STD_LOGIC_1164. ALL;
```

5. 波形仿真

编辑的程序文件通过编译后，可以进行波形仿真。ROM 的仿真波形如图 6-4 所示。

从仿真波形中可以看出，地址 ADDR = 00000000 时，读出的数据 DOUT = 0001，地址 ADDR = 00000001 时，读出的数据 DOUT = 0010，符合表 6-1 中的设置。地址 ADDR = 00000110 时，由于该地址没有存入数据，读出的数据 DOUT = ZZZZ，符合设计要求。

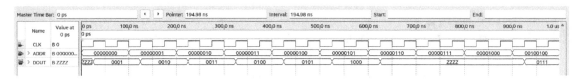

图 6-4　ROM 的仿真波形

6.2.2　SRAM

RAM 可以从任意选定的存储单元中读出数据，或将数据写入任意选定的存储单元。其优点是读、写方便，使用灵活。缺点是掉电就丢失信息。RAM 分为静态随机存储器（SRAM）和动态随机存储器（DRAM）两大类。SRAM 的特点是只要不断电，信息就将长期保存，所需的读/写控制电路简单，存取速度快，一般用于容量小于 64 KB 的小系统或作为大系统中的高速缓冲器。DRAM 的存储单元由静态存储单元改为动态存储单元，能实现较大的存储容量，但控制电路比较复杂。

SRAM 的容量用"深度×宽度"表示，深度是指存储数据的数量，宽度是指存储数据的位数。例如一个宽度为 8、深度为 8 的 SRAM，就可以存储 8 个 8 位二进制数据，表示为 8×8 的 SRAM；宽度为 8、深度为 12 的 SRAM 就可以存储 12 个 8 位二进制数据，表示为 12×8 的 SRAM。

1. 设计要求

设计一个 8×8 的 SRAM，能够读、写表 6-2 中的数据。

表 6-2　8×8 的 SRAM 数据表

写 信 号	读 信 号	地　　址	数　　据
1	0	000（写入地址）	00000000（写入数据）
1	0	001（写入地址）	00000001（写入数据）
1	0	010（写入地址）	00000010（写入数据）
1	0	011（写入地址）	00000011（写入数据）
0	1	000（读出地址）	00000000（读出数据）
0	1	001（读出地址）	00000001（读出数据）
0	1	010（读出地址）	00000010（读出数据）
0	1	011（读出地址）	00000011（读出数据）

2. 实体的确定

8×8 的 SRAM 可存储 8 个 8 位二进制数据，数据输入和输出端都需要 8 位的 STD_LOGIC_VECTOR 数据类型。设数据输入端为 DATAIN、数据输出端为 DATAOUT，存储的数据有 8 个，因此读写地址线有 3 位即可（$2^3 = 8$），设读地址为 RADDR、写地址为 WADDR，均为 STD_LOGIC_VECTOR 数据类型，还需要读写控制线，设读控制线为 RE、写控制线为 WE，均为 STD_LOGIC 数据类型。实体名为 sram88，实体参考程序如下：

```
ENTITY sram88 IS
    PORT(CLK       :  IN STD_LOGIC;
        WE,RE      :  IN STD_LOGIC;      --写、读信号，高电平有效
        DATAIN     :  IN STD_LOGIC_VECTOR(7 DOWNTO 0);
        WADDR      :  IN STD_LOGIC_VECTOR(2 DOWNTO 0);
        RADDR      :  IN STD_LOGIC_VECTOR(2 DOWNTO 0);
        DATAOUT    :  OUT STD_LOGIC_VECTOR(7 DOWNTO 0));
END sram88;
```

3. 结构体的确定

根据设计要求，可设置写、读两个进程，先写后读。自定义 8×8 数组用于存储数据，该数组的行号使用写、读地址产生。由于写、读地址为 STD_LOGIC_VECTOR 数据类型，而数组的行号是整数，需要使用数据类型转换函数 CONV_INTEGER。例如 CONV_INTEGER(110) 可将 STD_LOGIC_VECTOR 数据类型的"110"转换成整数"6"。参考程序如下：

```
ARCHITECTURE ART OF sram88 IS
    TYPE MEM IS ARRAY(7 DOWNTO 0) OF STD_LOGIC_VECTOR(7 DOWNTO 0);
        SIGNAL RAMTMP: MEM;        --自定义 8×8 数组 RAMTMP
BEGIN
  WR: PROCESS(CLK)                --写进程
    BEGIN
      IF CLK'EVENT AND CLK='1' THEN
        IF WE='1' THEN
            RAMTMP(CONV_INTEGER(WADDR))<=DATAIN;    --写入数据
        END IF;
      END IF;
    END PROCESS WR;
  RR:PROCESS(CLK)                 --读进程
    BEGIN
      IF CLK'EVENT AND CLK='1' THEN
        IF RE='1' THEN
            DATAOUT<=RAMTMP(CONV_INTEGER(RADDR));   --读出数据
        END IF;
      END IF;
    END PROCESS RR;
END ART;
```

4. 库和程序包的确定

由于实体中定义了 STD_LOGIC 数据类型，需要调用 IEEE 库中的 STD_LOGIC_1164 程序包。另外，实体中还使用了数据类型转换函数 CONV_INTEGER，需要调用 IEEE 库中的 STD_LOGIC_UNSIGNED 程序包。参考程序如下：

```
LIBRARY IEEE;
    USE IEEE. STD_LOGIC_1164. ALL;
    USE IEEE. STD_LOGIC_UNSIGNED. ALL;
```

5. 波形仿真

编辑的程序文件通过编译后，可以进行波形仿真。8×8 的 SRAM 的仿真波形如图 6-5 所示。

6.2.2 SRAM——波形仿真

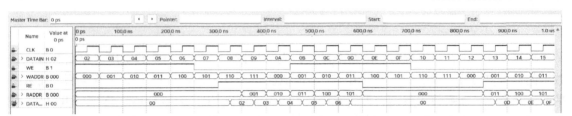

图 6-5　8×8 的 SRAM 的仿真波形

从仿真波形中可以看出，在 0~250 ns 区间，WE=1（写控制有效）、写地址 WADDR=000~100、数据输入端 DATAIN=02~06，按写地址写入数据，同时，RE=0（读控制无效），数据输出端 DATAOUT=00（初始数据）；在 250~450 ns 区间，WE=0（写控制无效），在 300~600 ns 区间，RE=1（读控制有效）、读地址 RADDR=000~101，在 CLK 上升沿右侧，数据输出端 DATAOUT=02~06，即读出写入的数据；在 450~700 ns 区间，WE=1（写控制有效）、写地址 WADDR=001~101、数据输入端 DATAIN=0B~0F，在 850~1000 ns 区间，RE=1（读控制有效）、读地址 RADDR=011~101、数据输出端 DATAOUT=0D~0F。

6.2.3　FIFO

FIFO 是一种先进先出的队列式数据缓存器，它与 SRAM 的区别是，FIFO 没有外部读写地址线，使用起来非常简单，但缺点是只能按顺序写入数据，并按顺序读出数据。其数据地址由内部读写指针自动累加完成，不能像 SRAM 那样可以由地址线决定读取或写入某

6.2.3　FIFO

个指定的地址。FIFO 一般用于不同时钟域（工作频率）之间的数据传输，例如一端是 A/D（模/数）转换串行数据采集，另一端是计算机的并行数据采集（PCI）总线时，二者之间就可以采用 FIFO 来作为数据缓冲。对于不同宽度的数据接口也可以采用 FIFO，例如单片机为 8 位数据输出，而 DSP 可能为 16 位数据输入，那么在单片机与 DSP 之间传输数据时就可以使用 FIFO 来达到数据匹配的目的。

1. 设计要求

设计一个 4×4 的 FIFO，其中 4×4 的含义与 SRAM 相同。FIFO 的一些重要参数如下：

1）满标志：FIFO 已满或将要满（只能写入当前数据）时，由状态电路发出的一个信号，以阻止写操作继续向 FIFO 中写入数据而造成数据溢出。

2）空标志：FIFO 已空或将要空（只能读出当前数据）时，由状态电路发出的一个信号，以阻止读操作继续从 FIFO 中读出数据而造成无效数据的读出。

3）读指针：指向下一个读出地址，读完后自动加 1。

4）写指针：指向下一个写入地址，写完后自动加 1。

2. 设计提示

读/写指针其实就是读/写的地址，只不过这个地址不能任意选择，而是连续的。为了保证数据的正确写入或读出，不发生溢出或空读，必须保证 FIFO 在满的情况下，不能进行写操作；在空的状态下，不能进行读操作。有以下两种情况不能写入：

1）写地址到达最后一位，同时读地址在初始位置。即写满全部空间，而且没有读出时不能写入。

2）写满后，读出几个字节但没有全部读完，留下的空位又被写满时不能写入。

同样有以下两种情况不能读出：

1）读地址到达最后一位，同时，写地址在初始位置。即已将所有数据读出，而且没有再次写入时不能读出。

2）读空后，写入几个字节但没有写满，又开始读操作，读出这几个字节后即不能读出。

3. 实体的确定

设写信号为 WE、读信号为 RE、输入数据为 DATAIN、输出数据为 DATAOUT、空标志为 EF、满标志为 FF。实体名为 fifo44，实体参考程序如下：

```
ENTITY fifo44 IS
  PORT( CLK, CLR :  IN   STD_LOGIC;
        WE,RE :  IN   STD_LOGIC;          --写信号、读信号
        DATAIN:  IN  STD_LOGIC_VECTOR(3 DOWNTO 0);
        EF,FF :  OUT  STD_LOGIC;          --空标志、满标志
        DATAOUT：OUT   STD_LOGIC_VECTOR(3 DOWNTO 0));
  END fifo44;
```

4. 结构体的确定

根据设计提示，设置修改写指针、写操作、修改读指针、读操作、产生满标志、产生空标志 6 个进程，先写后读。在结构体中定义写地址信号 WADDR、读地址信号 RADDR、记录指针位置的信号 W 和 R，同时自定义 4×4 数组用于存储数据。由于写、读地址为 STD_LOGIC_VECTOR 数据类型，而数组的行号是整数，需要使用数据类型转换函数 CONV_INTEGER 和 CONV_STD_LOGIC_VECTOR，以此完成地址和数组的行号之间的转换，例如 CONV_STD_LOGIC_VECTOR(3,2) 是将整数 3 转换成 2 位 STD_LOGIC_VECTOR 数据类型的 "11"。参考程序如下：

```
ARCHITECTURE ART OF fifo44 IS
  TYPE MEM IS ARRAY(3 DOWNTO 0) OF
    STD_LOGIC_VECTOR(3 DOWNTO 0);              --自定义 4×4 数组
  SIGNAL RAMTMP: MEM;
  SIGNAL WADDR: STD_LOGIC_VECTOR(1 DOWNTO 0);    --写地址
  SIGNAL RADDR: STD_LOGIC_VECTOR(1 DOWNTO 0);    --读地址
  SIGNAL W,W1,R,R1: INTEGER RANGE 0 to 4;
```

```
   BEGIN
--修改写指针进程
WRITE_POINTER: PROCESS(CLK,CLR,WADDR)  IS
     BEGIN
      IF CLR='0' THEN
        WADDR<=(OTHERS=>'0');            --写地址清零
          ELSIF CLK'EVENT AND CLK='1' THEN
            IF WE='1' THEN                 --写信号有效
              IF WADDR="11" THEN
                WADDR<=(OTHERS=>'0');    --写地址已满,清零
              ELSE
                WADDR<=WADDR+'1';
              END IF;
            END IF;
          END IF;
      W <=CONV_INTEGER(WADDR);
      W1<=W-1;                       --写指针当前所在位置
    END PROCESS WRITE_POINTER;
--写操作进程
  WRITE_RAM:PROCESS(CLK)   IS
     BEGIN
      IF CLK'EVENT AND CLK='1' THEN
        IF WE='1' THEN
          RAMTMP(CONV_INTEGER(WADDR))<=DATAIN;    --写入数据
        END IF;
      END IF;
    END PROCESS WRITE_RAM;
--修改读指针进程
  READ_POINTER: PROCESS(CLK,CLR,RADDR)   IS
     BEGIN
      IF CLR='0' THEN
        RADDR<=(OTHERS=>'0');                --读地址清零
          ELSIF CLK'EVENT AND CLK='1' THEN
            IF RE='1' THEN                 --读信号有效
              IF RADDR="11" THEN
                RADDR<=(OTHERS=>'0');          --已读空,读地址清零
              ELSE
                RADDR<=RADDR+'1';
              END IF;
            END IF;
          END IF;
      R<=CONV_INTEGER(RADDR);      --读地址转换为整数
      R1<=R-1;                           --读指针所在的位置
```

```
    END PROCESS READ_POINTER;
--读操作进程
  READ_RAM:PROCESS(CLK)  IS
    BEGIN
    IF CLK'EVENT AND CLK='1' THEN
      IF RE='1' THEN
        DATAOUT<=RAMTMP(CONV_INTEGER(RADDR));  --读出数据
      END IF;
      END IF;
    END PROCESS READ_RAM;
--产生满标志进程
  FFLAG:PROCESS(CLK,CLR)  IS
    BEGIN
    IF CLR='0' THEN
      FF<='0';                                --满标志清零
    ELSIF CLK'EVENT AND CLK='1' THEN
      IF WE='1' AND RE='0' THEN
        IF (W=R1) OR ((WADDR=CONV_STD_LOGIC_VECTOR(3,2)) AND (RADDR=
"00")) THEN
          FF<='1';                            --产生满标志
        END IF;
      ELSE
        FF<='0';
      END IF;
    END IF;
  END PROCESS FFLAG;
  --产生空标志进程
  EFLAG:PROCESS(CLK,CLR)  IS
    BEGIN
    IF CLR='0' THEN
      EF<='0';
    ELSIF CLK'EVENT AND CLK='1' THEN
      IF RE='1' AND WE='0' THEN
        IF (R=W1) OR ((RADDR=CONV_STD_LOGIC_VECTOR(3,2)) AND (WADDR=
"00")) THEN
          EF<='1';                            --产生空标志
        END IF;
      ELSE
        EF<='0';
      END IF;
    END IF;
  END PROCESS EFLAG;
END ART;
```

5. 库和程序包的确定

由于实体中定义了 STD_LOGIC 数据类型，需要调用 IEEE 库中的 STD_LOGIC_1164 程序包；使用了数据类型转换函数 CONV_INTEGER，需要调用 IEEE 库中的 STD_LOGIC_UNSIGNED 程序包；使用了数据类型转换函数 CONV_STD_LOGIC_VECTOR，需要调用 IEEE 库中的 STD_LOGIC_ARITH 程序包。参考程序如下：

```
LIBRARY IEEE;
    USE IEEE. STD_LOGIC_1164. ALL;
    USE IEEE. STD_LOGIC_ARITH. ALL;
    USE IEEE. STD_LOGIC_UNSIGNED. ALL;
```

6. 波形仿真

编辑的程序文件通过编译后，可以进行波形仿真。4×4 的 FIFO 的仿真波形如图 6-6 所示。

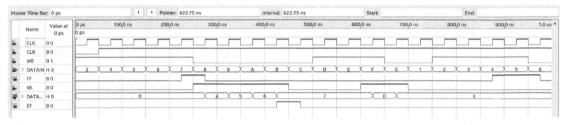

图 6-6　4×4 的 FIFO 的仿真波形

从仿真波形中可以看出，在 0~50 ns 区间，WE=1（写入有效），但 CLR=0（清零有效），数据不能写入；在 50~250 ns 区间，WE=1（写入有效），写入数据 4~7，FF=1（写满）；在 250~450 ns 区间，RE=1（读出），读出数据 4~7，EF=1（读空）；在 500~650 ns 区间，WE=1（写入有效），写入数据 D、E 和 F，FF=0（未写满）；在 600~700 ns 区间，RE=1（读出），读出数据 D 和 E，EF=0（未读空），剩下一个数据 F；在 750~900 ns 区间，WE=1（写入有效），写入数据 2、3 和 4，虽然只写入了 3 个数据，但前期的数据 F 未被读出，所以 FF=1（写满）。

6.3　正弦信号发生器的设计

正弦信号发生器由地址发生器（计数器）、存储正弦信号数据的 ROM 和 D/A（数/模）转换电路模块构成。工作时，按照地址发生器输出的地址，从 ROM 中读出存储的正弦信号数据，经过 D/A 转换电路模块输出正弦波（模拟信号）。

6.3.1　计数器模块

1. 设计要求

设计一个 7 位二进制计数器，并具有异步复位、同步使能、递增计数的功能。

2. 电路设计

参考项目 4 中设计的计数器，结合设计要求，在结构体中建立一个临时信号，再判断时钟脉冲的上升沿，在每个时钟脉冲的上升沿到来时，临时信号就加 1，最后输出信号值。建立文件夹 E:\EDAFILE\Example6_7 作为项目文件夹。设 CLK 为时钟脉冲输入端、RST 为异步复位端、EN 为同步使能端、Q 为计数器输出端。实体名为 count7，参考程序如下：

```
LIBRARY IEEE;
  USE IEEE. STD_LOGIC_1164. ALL;
  USE IEEE. STD_LOGIC_UNSIGNED. ALL;
ENTITY count7 IS
  PORT (   CLK,RST,EN: IN STD_LOGIC;
              Q: OUT STD_LOGIC_VECTOR (6 DOWNTO 0));
END count7;
ARCHITECTURE a OF count7 IS
SIGNAL QTEMP: STD_LOGIC_VECTOR(6 DOWNTO 0);    --临时信号
  BEGIN
Process (RST,CLK)
    BEGIN
      IF RST='1'   THEN QTEMP<="0000000";         -- RST 高电平复位
        ELSIF CLK'EVENT AND CLK='1'THEN
        IF EN='1' THEN                             -- EN 高电平使能
          QTEMP<=QTEMP+1;
        END IF;
        END IF;
        Q<=QTEMP;
    END PROCESS;
END a;
```

3. 波形仿真

编辑的程序文件通过编译后，可以进行波形仿真。7 位二进制计数器的仿真波形如图 6-7 所示。

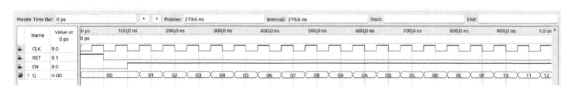

图 6-7　7 位二进制计数器的仿真波形

4. 生成符号器件

回到文本编辑器，单击 File→Create/Update→Create Symbol Files for Current File（从当前文件生成符号器件），弹出的 Flow Summary（浮动摘要）窗口中显示 Successful（成功的）即可。有些低版本软件会弹出对话框，可按默认名称保存。

6.3.2　LPM_ROM

在涉及 RAM 和 ROM 等存储器应用的 EDA 设计开发中，调用 LPM 模块存储器是最方便、最经济和最高效的途径。在许多设计中，必须利用 LPM 模块才可以使用 FPGA 中一些特定的硬件功能模块，例如片上存储器、DSP、嵌入式锁相环（PLL）模块等。设计者可以根据实际电路的设计需要，选择 LPM 库中的适当模块，并为其设定适当的参数，满足自己的设计需要。

下面采用原理图输入法，用 LPM 设计一个 128×8 的 ROM 来存储正弦信号数据。

1. 建立项目

1）在计算机的 E 盘，建立 E：\EDAFILE\Example6_8 文件夹作为项目文件夹。启动 Quartus Ⅱ并新建项目，项目名为 PROM，顶层设计实体名也为 PROM。

2）由于采用原理图输入法，在"添加文件"对话框的 File name 文本框中输入 PROM.bdf，然后单击 Add 按钮，添加该文件。

3）在"器件设置"对话框中，根据实验箱或开发板上使用的器件决定选择的芯片系列和具体器件，本书选择 Cyclone Ⅳ E 系列的 EP4CE10E22C8 芯片。

2. 编辑初始化文件

存储器的初始化文件就是可配置于 RAM 或 ROM 中的数据或程序文件代码。在 EDA 设计中，存储器的初始化代码必须由 EDA 工具软件在编译时自动调入。Quartus Ⅱ支持扩展名为 .mif 和 .hex 的两种格式的文件。

6.3.2 LPM_ROM——编辑初始化文件

1）.mif 格式的文件。单击 File→New，在弹出的 New 对话框中选择 Memory Initialization File，单击 OK 按钮，打开 Number of Words & Word Size（数据尺寸选择）对话框，如图 6-8 所示。

在图 6-8 所示的 Number of words（数据的数量）文本框中输入 128，在 Word size（数据宽度）文本框中输入 8，即正弦信号的采样点数为 128 个（对应地址线为 7 位），每个点 8 位。单击 OK 按钮，打开数据表格，在此处输入正弦信号的采样数据。输入完成的表格如图 6-9 所示。

Addr	+0	+1	+2	+3	+4	+5	+6	+7
0	128	134	140	146	152	158	165	170
8	176	182	188	193	198	203	208	213
16	218	222	226	230	234	237	240	243
24	245	248	250	251	253	254	254	255
32	255	255	254	254	253	251	250	248
40	245	243	240	237	234	230	226	222
48	218	213	208	203	198	193	188	182
56	176	170	165	158	152	146	140	144
64	127	121	115	109	103	97	90	85
72	79	73	67	62	57	52	47	42
80	37	33	29	25	21	18	15	12
88	10	7	5	4	2	1	1	0
96	0	0	1	1	2	4	5	7
104	10	12	15	18	21	25	29	33
112	37	42	47	52	57	62	67	73
120	79	85	90	97	103	109	115	121

Number of Words & Word Size ✕

Number of words: 128

Word size: 8

OK　　Cancel　　Help

图 6-8　Number of Words & Word Size 对话框　　　　图 6-9　数据表格

用鼠标右键单击图 6-9 中表格的行地址或列地址数字，可在弹出的 Address Radix（地址数进制）和 Memory Radix（存储数据进制）选项处选择数据进制。表格中存储数据对应的地址为左侧列数与上方行数之和，例如左上角数据"218"的地址为"16"（16+0），其右侧数据"222"的地址为"17"（16+1）。将此数据文件以 data128 为文件名，保存在 E：\EDAFILE\Example6_8 文件夹下。

2）.hex 格式的文件。单击 File→New，在弹出的 New 对话框中选择 Hexadecimal（Intel-Format）File（十六进制 Intel 格式文件），单击 OK 按钮，在弹出的对话框内输入数据后保存即可。

3. 生成 ROM 模块

6.3.2 LPM_ROM——生成 ROM 模块

1）双击图形编辑器右侧的 Library→Basic Functions→On Chip Memory→ROM：1-PORT，打开 Save IP Variation（保存 IP 变量）对话框，在"IP 文件名"文本框中输入 ROM1P，在下方的"IP 文件类型"中选中 VHDL，如图 6-10 所示。

2）单击 OK 按钮。在弹出的 MegaWizard Plug-In Manager［page 1 of 5］对话框中，按照项目要求设置输出 q 的宽度为 8 位，共有 128 个 8 位数据，使用 M9K 生成存储器模块，输入/输出使用单时钟，如图 6-11 所示。

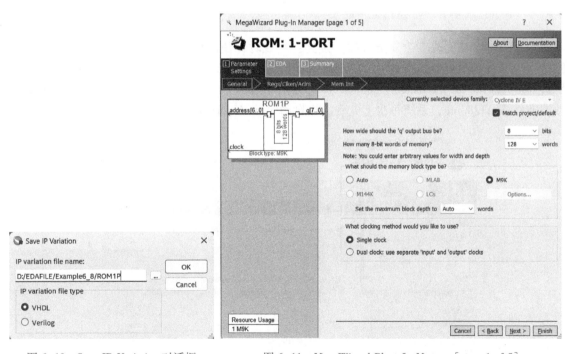

图 6-10 Save IP Variation 对话框（ROM 模块）　　图 6-11 MegaWizard Plug-In Manager［page 1 of 5］对话框（ROM 模块）

3）单击 Next 按钮，在弹出的 MegaWizard Plug-In Manager［page 2 of 5］对话框中，取消选中 'q' output port 复选框，即取消了输出端口的锁存器，这样能够通过 JTAG 接口访问 ROM 内部数据，如图 6-12 所示。

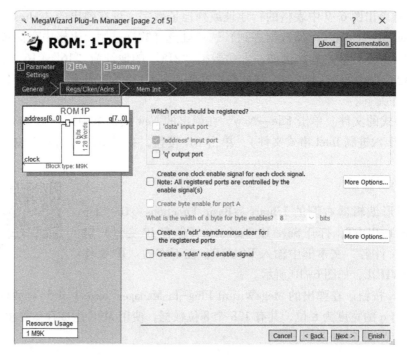

图 6-12　MegaWizard Plug-In Manager［page 2 of 5］对话框（ROM 模块）

4）图 6-12 中另外 3 个复选按钮分别为：生成时钟使能信号、生成清零信号和生成读使能信号。单击 Next 按钮。在弹出的 MegaWizard Plug-In Manager［page 3 of 5］对话框中，选中 Yes，use this file for the memory content date，并单击 Browse…按钮，选择指定路径上的初始化数据文件 data128. mif，系统每次上电后，将自动向 ROM 加载此数据文件，如图 6-13 所示。

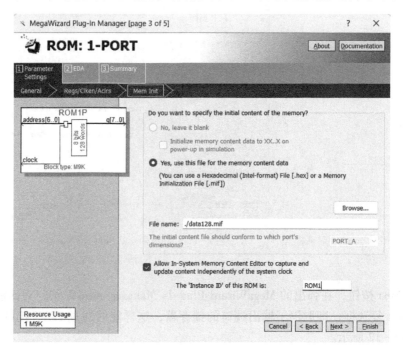

图 6-13　MegaWizard Plug-In Manager［page 3 of 5］对话框（ROM 模块）

在图 6-13 下方选中 Allow In-System Memory...复选框，并在 The 'Instance ID' of this ROM is
文本框中输入 ROM1，作为此 ROM 模块的 ID 名称。通过这个设置，可以允许 Quartus Ⅱ 通过
JTAG 接口对下载到 FPGA 中的 ROM 模块进行"在系统"测试和读写。如果需要读写多个嵌
入的 LPM_RAM 或 LPM_ROM，则 ID 号就作为识别名称。

5）单击 Next 按钮，在弹出的 MegaWizard Plug-In Manager[page 4 of 5]对话框中确定仿真
模式，最下面的复选框为 Generate netlist（生成网表文件），如图 6-14 所示。

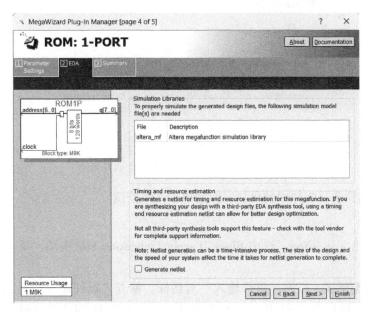

图 6-14 MegaWizard Plug-In Manager[page 4 of 5]对话框（ROM 模块）

6）单击 Next 按钮，在弹出的 MegaWizard Plug-In Manager[page 5 of 5]对话框中确定生成
文件的类型，如图 6-15 所示。

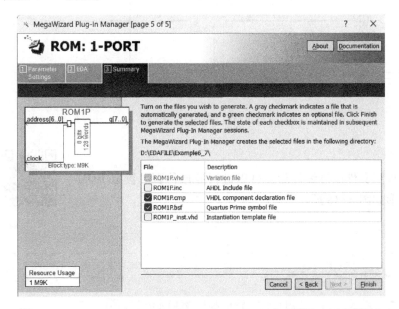

图 6-15 MegaWizard Plug-In Manager[page 5 of 5]对话框（ROM 模块）

7）单击 Finish 按钮，弹出 Quartus Prime IP Files 对话框，如图 6-16 所示。

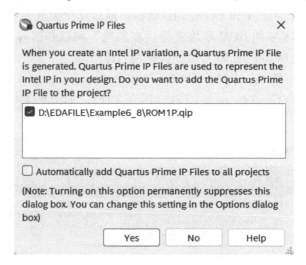

图 6-16 Quartus Prime IP Files 对话框

选中需要添加到项目文件中的模块，然后单击 Yes 按钮。

4. 编辑

1）编辑。单击 File→New，选中 Block Diagram/Schematic File 选项，单击 OK 按钮，打开图形编辑器。

2）双击图形编辑区，打开"器件输入"对话框。单击"器件输入"对话框中 Name 文本框右侧的按钮，在弹出的"打开"对话框中选择 E：\ EDAFILE \ Example6_8 文件夹下的 ROM1P. bsf 文件，再依次输入 2 个 INPUT（输入引脚）和 1 个 OUTPUT（输出引脚）。按照项目要求命名引脚，完成的电路如图 6-17 所示。

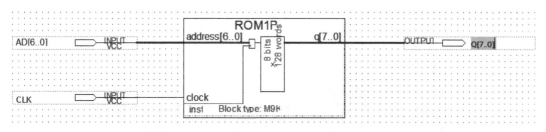

图 6-17 ROM 模块电路

5. 波形仿真

编辑的原理图文件通过编译后，可以进行波形仿真。读取 ROM 数据的仿真波形如图 6-18 所示。

6. 3. 2 LPM_
ROM——波形仿
真

图 6-18 读取 ROM 数据的仿真波形

从仿真波形中可以看出，地址 AD 对应的数据 Q 与数据文件 data128. mif 相同。

6. 生成符号器件

回到文本编辑器，单击 File→Create/Update→Create Symbol Files for Current File，弹出的 Flow Summary 窗口中显示 Successful 即可。

6.3.3　系统内存内容编辑器

使用 Quartus Ⅱ 的系统内存内容编辑器（In-System Memory Content Editor）能够直接通过 JTAG 接口读取或修改 FPGA 内处于工作状态的存储器中的数据，读取过程不影响 FPGA 的正常工作。

6.3.3　系统内存内容编辑器

1）启动编辑器。打开项目 prom，将编程器的下载电缆与计算机接口连接好，打开实验箱或开发板电源。单击 Tool→In-System Memory Content Editor，弹出的系统内存内容编辑器窗口如图 6-19 所示。

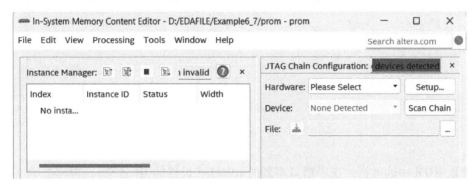

图 6-19　系统内存内容编辑器窗口

2）单击图 6-19 中右上角的 Setup…按钮，弹出 Hardware Setup（硬件设置）对话框，如图 6-20 所示。

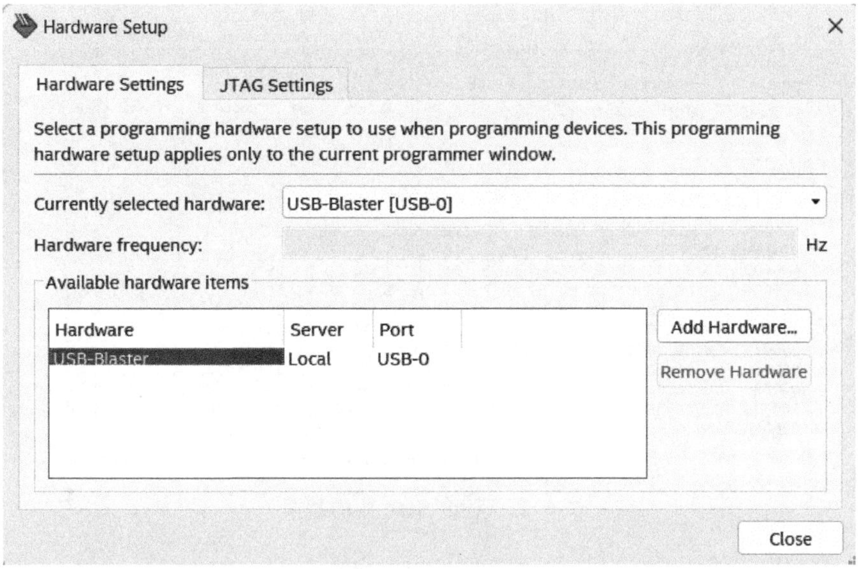

图 6-20　Hardware Setup 对话框

3）双击图 6-20 中间的 USB-Blaster 选项，单击 Close 按钮，关闭对话框。回到系统内存内容编辑器窗口，这时在窗口右上角会显示出 USB-Blaster 和 PLD 的型号。单击 ☰ （选择下载文件）按钮，在弹出的对话框中选择 output_files→prom. sof 文件，再单击 🧹 （文件下载）按钮，下载成功后，显示的未读取数据窗口如图 6-21 所示。

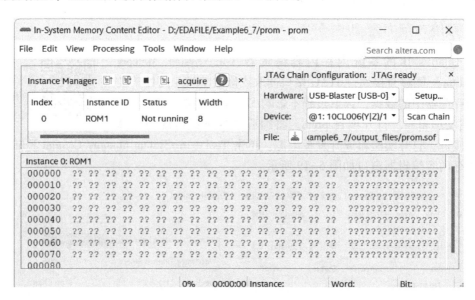

图 6-21　未读取数据窗口

4）读取 ROM 中的数据。选中窗口左侧的 ROM1（设置的 ID 名称），再单击 📑 （读数据）按钮，或单击 Processing→Read Data from In-System Memory （从系统存储器中读取数据），如图 6-22 所示。

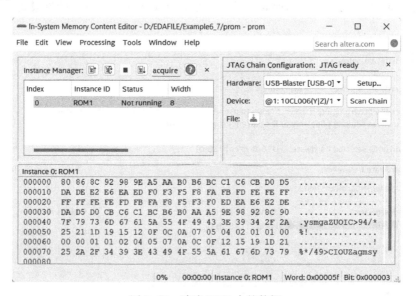

图 6-22　读取 ROM 中的数据

这些数据是在系统正常工作的情况下通过 JTAG 接口从 FPGA 内部 ROM 中读出来的数据，

与数据文件 data128. mif 中的数据完全相同。

注意：数据以十六进制形式显示。

5）写数据。先将图 6-22 中的数据手动修改一些，例如，将第一行的 80 修改为 56、86 修改为 97、8C 修改为 24，再选中窗口左侧的 ID 名 ROM1，单击 🖩（写数据）按钮，或单击 Processing→Write Data to In-System Memory，如图 6-23 所示。

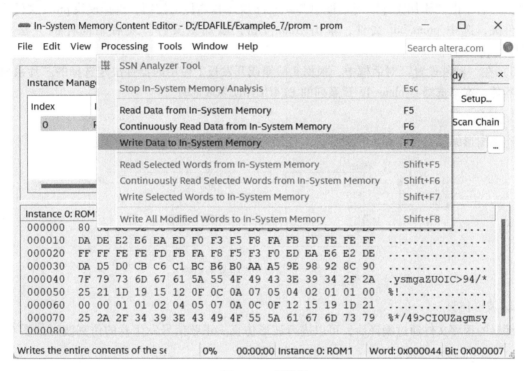

图 6-23　写数据

注意：写入的数据会在系统上电或下载时，被初始化数据文件 data128. mif 覆盖，但能够以数据文件的形式输出。

6）输入或输出数据文件。输入数据文件时，单击 Edit→Import Data from File（从文件中输入数据），在弹出的对话框中选择 . mif 或 . hex 格式文件后，能够"在系统"下载到 FPGA 中去；输出数据文件时，单击 Edit→Export Data to File（从文件中输出数据），可将"在系统"读出的数据以 . mif 或 . hex 格式保存在指定文件中。

6.3.4　正弦信号发生器

设计一个正弦信号发生器，先将一个完整周期的正弦波采样成 128 个 8 位数据的数字信号，存储在 ROM 内，ROM 需要 7 位地址线和 8 位数据线；再设计一个 7 位二进制递增计数器作为地址发生器，按照顺序将 ROM 中的正弦波数据读出；读出的数据经 D/A 转换电路生成正弦波（模拟信号），D/A 转换电路可使用 DAC0832 实现。

1. 建立项目

1）在计算机的 E 盘，建立 E:\EDAFILE\Example6_9 文件夹作为项目文件夹。启动 QuartusⅡ，新建项目，项目名为 singen，顶层设计实体名也为 singen。

2）由于采用原理图输入法，在"添加文件"对话框的 File name 文本框中输入 singen.bdf，然后单击 Add 按钮，添加该文件。再单击"添加文件"对话框中 File name 文本框右侧的按钮，找到模块 count7 所在的文件夹，选中 count7.vhd 文件，单击 Add 按钮，添加该文件。然后单击"添加文件"对话框中 File name 文本框右侧的按钮，选择模块 prom 文件所在的文件夹，选中 prom.bdf 文件，单击 Add 按钮，添加该文件。最后用同样的方法添加 ROM1P.qip 文件。

3）在"器件设置"对话框中，根据实验箱或开发板上使用的器件决定选择的芯片系列和具体器件，本书选择 Cyclone Ⅳ E 系列的 EP4CE10E22C8 芯片。

2. 编辑

建立图形编辑文件，调入相关器件，连接完成后的电路如图 6-24 所示。

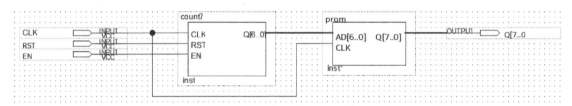

图 6-24　正弦信号发生器的电路

3. 波形仿真

编辑的程序文件通过编译后，可以进行波形仿真。正弦信号发生器的仿真波形如图 6-25 所示。

图 6-25　正弦信号发生器的仿真波形

从仿真波形中可以看出，输出的数据 Q 与数据文件 data128.mif 相同。

4. 下载测试

根据实验箱或开发板的实际情况，锁定引脚并再次编译成功后，将编程器的下载电缆与计算机接口连接好，打开实验箱或开发板电源，将设计的程序下载到 PLD 中。将时钟脉冲 CLK 设置为 1 Hz，复位按键 CLR 设置为低电平，使能按键 EN 设置为高电平，输出 Q 接 D/A 转换电路的输入端，用示波器观察输出信号。没有 D/A 转换电路时，可将输出 Q 接发光二极管。

6.3.5　嵌入式逻辑分析仪

嵌入式逻辑分析仪（Signal Tap Ⅱ）可以随设计文件一起下载到目标器件中，用以捕捉目标芯片内部系统信号节点处的信息或总线

6.3.5　嵌入式逻辑分析仪

上的数据流，而且不影响硬件系统的正常工作。在实际监测中，Signal Tap Ⅱ将测得的样本信号暂存于目标器件的嵌入式 RAM 中（会占用芯片存储资源），然后通过器件的 JTAG 接口将采得的信息传出。

1）启动 Signal Tap Ⅱ。打开项目 singen，单击 File→New（也可以从 Tools 菜单中选择），在弹出的 New 对话框中，选择 Signal Tap Logic Analyzer File 选项，单击 OK 按钮。弹出的 Signal Tap Ⅱ编辑窗口如图 6-26 所示。

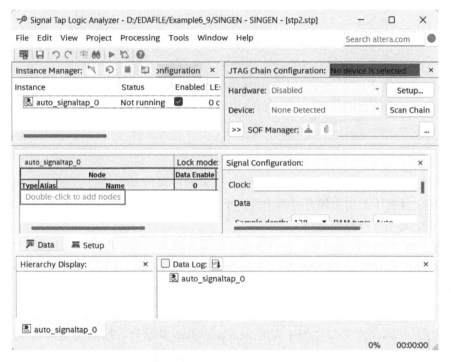

图 6-26　Signal Tap Ⅱ编辑窗口

2）调入待测信号。在图 6-26 所示窗口左中部 Double-click to add nodes（双击添加引脚）下的空白处双击，弹出 Node Finder（搜索引脚）对话框，单击 Filter 栏右侧的下拉箭头，从中选择 Signal Tap:pre-synthesis（综合前）选项，单击 List 按钮，即在左栏出现此工程相关的所有端口信号和内部寄存器。选择需要观察的信号 RST、EN 和 Q，单击 Insert 按钮，结果如图 6-27 所示。

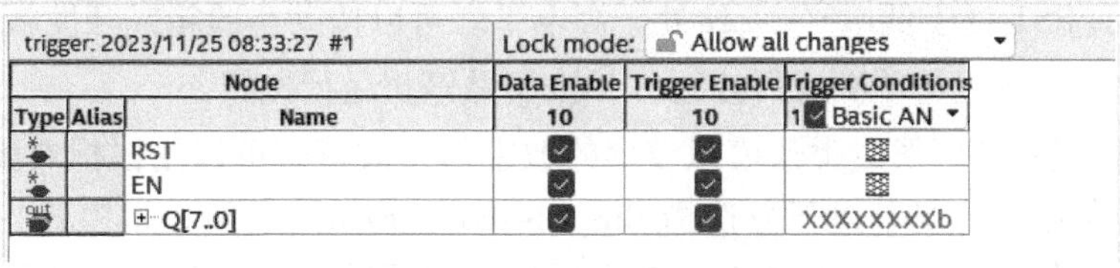

图 6-27　调入待测信号

调入待测信号的数量应根据实际需要来决定，不可随意调入过多的或没有实际意义的信号，这会导致 Signal Tap Ⅱ占用器件内过多的 RAM 资源。另外，不要将 CLK 调入观察窗口，因为要使用时钟脉冲信号 CLK 兼作逻辑分析仪的采样时钟，而采样时钟信号是不允许调入观察窗口的。

3）参数设置。单击图 6-26 所示窗口右中部 Clock（时钟）栏右侧的按钮，出现 Node Finder 对话框，选择时钟脉冲信号 CLK 作为逻辑分析仪的采样时钟，接着在 Data（数据）下的 Sample Depth（采样深度）处选择 4K，采样深度应根据实际需要和器件内部空余 RAM 的大小来决定，如图 6-28 所示。

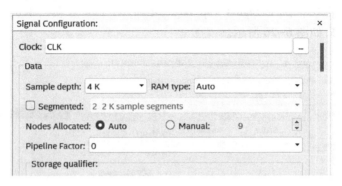

图 6-28　参数设置

4）保存文件。单击 File→Save 或 🖫 按钮，不要做任何改动，直接以默认的 stp1. stp 文件名保存在当前文件夹下。初次保存时将出现一个询问"是否在当前项目中使能 Signal Tap Ⅱ 文件"的提示框，单击 Yes 按钮即可。

5）编译下载。再次启动编译，在成功后，将编程器的下载电缆与计算机接口连接好，打开 Signal Tap Ⅱ，单击图 6-26 所示窗口右上角的 Setup…按钮，在弹出的 Hardware Setup 对话框中，选择 USB-Blaster 选项，然后单击 Close 按钮，关闭对话框。单击右上侧的 ⣀（选择下载文件）按钮，在弹出的对话框中选择 output_files→singen. sof，再单击 ♨（文件下载）按钮。

6）选中图 6-26 所示窗口左侧中间的 auto_signaltap_0 信号，按下实验箱或开发板上对应 RST 的按键，设置 RST 为低电平，然后按下对应 EN 的按键，设置 EN 为高电平。单击 🔁（连续运行）按钮，在采样数据上单击调整显示间距，采样数据如图 6-29 所示。

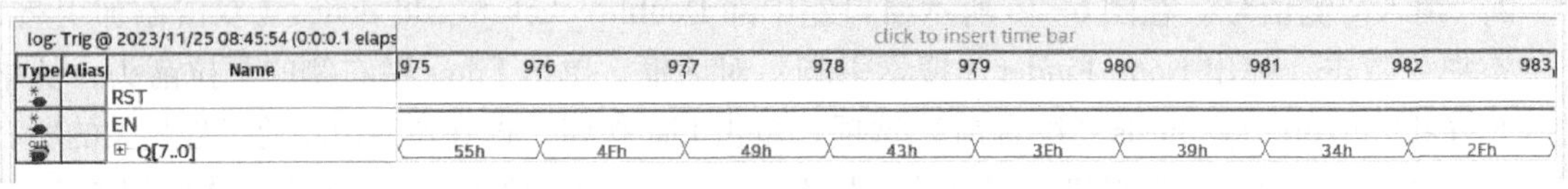

log: Trig @ 2023/11/25 08:45:54 (0:0:0.1 elaps							click to insert time bar								
Type	Alias	Name		975		976		977		978		979		980		981		982		983
✴		RST															
✴		EN															
⚎		⊞ Q[7..0]		55h		4Fh		49h		43h		3Eh		39h		34h		2Fh

图 6-29　采样数据

图 6-29 显示 RST 处于低电平，EN 处于高电平。可以按动实验箱或开发板上的对应按键，观察波形的变化。🔍 按钮是单次运行按钮，■ 按钮是停止运行按钮。

7）如果希望观察到可形成类似模拟波形的数字信号波形，可以用鼠标右键单击所要观察的总线信号 Q，在弹出的菜单最下方选择 Bus Display Format（总线显示模式）→Unsigned Line Chart（无符号线条图），并在采样数据上单击鼠标左键调整显示间距，此时即显示如图 6-30 所示的正弦波形。

8）当利用 Signal Tap Ⅱ 将器件中的信号全部测试完成后，还要将 Signal Tap Ⅱ 从器件中除去（否则会占用较多的 RAM 资源）。单击 Assignments→Settings，在弹出的对话框的 Category（类别）栏中选择 Signal Tap Logic Analyzer，由此显示的 Signal Tap Logic Analyzer 配置窗口如图 6-31 所示。

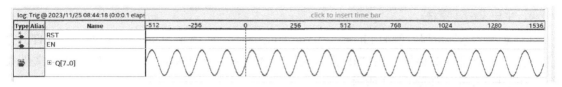

图 6-30 正弦波形

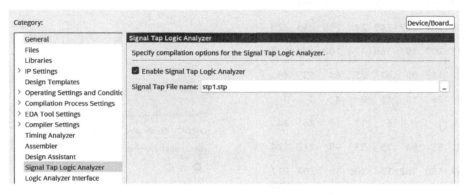

图 6-31 Signal Tap Logic Analyzer 配置窗口

取消选中 Enable Signal Tap Logic Analyzer 复选框，单击 OK 按钮，再次编译即可去除。去除后在 Flow Summary（浮动摘要）处可以看到存储器的使用率从 10% 下降为小于 1%。

6.4 实训：LPM_RAM 的设计与实现

1. 实训说明

利用 Quartus Ⅱ 的原理图输入法，使用 LPM 宏单元库设计一个能存储 64 个 8 位数据、具有独立的读地址和写地址的双口 LPM_RAM，在完成编译和波形仿真后，下载到实验箱或开发板上验证电路功能。

2. 建立项目

1）在计算机的 E 盘，建立 E:\EDAFILE\Example6_10 文件夹作为项目文件夹。启动 Quartus Ⅱ，新建项目，项目名为 PRAM，顶层设计实体名也为 PRAM。

2）由于采用原理图输入法，在"添加文件"对话框的 File name 文本框中输入 PROM.bdf，然后单击 Add 按钮，添加该文件。

3）在"器件设置"对话框中，根据实验箱或开发板上使用的器件决定选择的芯片系列和具体器件，本书选择 Cyclone Ⅳ E 系列的 EP4CE10E22C8 芯片。

3. 编辑初始化文件

1）单击 File→New，在弹出的 New 对话框中选择 Hexadecimal（Intel-Format）File，单击 OK 按钮，打开"数据尺寸选择"对话框，分别输入 64 和 8，单击 OK 按钮。

2）为了测试方便，可在 RAM 中预存 64 个数据，在弹出的对话框内输入如图 6-32 所示的预存数据。

将此数据文件以 data64 为文件名，保存在 E:\EDAFILE\Example6_10 文件夹下。

4. 生成 RAM 模块

1）双击图形编辑器右侧的 Library→Basic Functions→On Chip Memory→RAM：2-PORT，打开"保存 IP 变量"对话框，在"IP 文件名"文本框中输入 RAM2P，在下方的"IP 文件类型"中选中 VHDL，如图 6-33 所示。

Addr	+0	+1	+2	+3	+4	+5	+6	+7
0	255	254	252	249	245	239	233	225
8	217	207	197	186	174	162	150	137
16	124	112	99	87	75	64	53	43
24	34	26	19	13	8	4	1	0
32	0	1	4	8	13	19	26	34
40	43	53	64	75	87	99	112	124
48	137	150	162	174	186	197	207	217
56	225	233	239	245	249	252	254	255

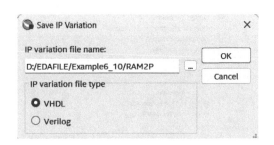

图 6-32　预存数据　　　　　　　　　图 6-33　"保存 IP 变量"对话框（RAM 模块）

2）单击 OK 按钮，在弹出的 MegaWizard Plug-In Manager［page 1 of 10］对话框中按照实训要求设置。

3）单击 OK 按钮，在弹出的 MegaWizard Plug-In Manager［page 2 of 10］对话框中，设置输出 q 的宽度为 8 位，共有 64 个 8 位数据，使用 M9K 生成存储器模块，如图 6-34 所示。

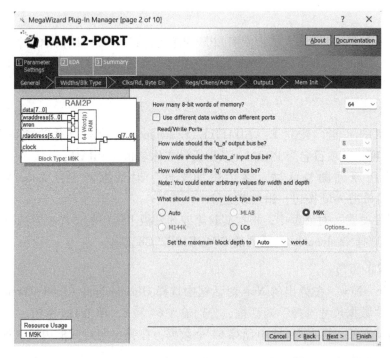

图 6-34　MegaWizard Plug-In Manager［page 2 of 10］对话框（RAM 模块）

4）单击 OK 按钮，在弹出的 MegaWizard Plug-In Manager［page 3 of 10］对话框中，选择使用单时钟。

5）单击 OK 按钮，在弹出的 MegaWizard Plug-In Manager［page 5 of 10］对话框中，取消选中 Read output port(s) 'q'（读输出端口 q）复选框，即取消了输出端口的锁存器，这样能够通过 JTAG 接口访问 RAM 内部数据，如图 6-35 所示。

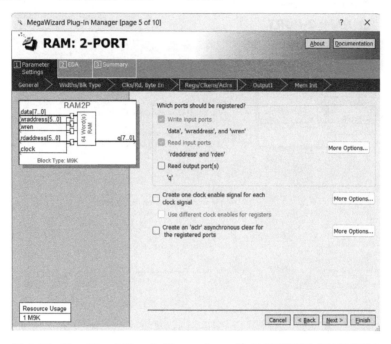

图 6-35　MegaWizard Plug-In Manager［page 5 of 10］对话框（RAM 模块）

6）单击 OK 按钮，在弹出的 MegaWizard Plug-In Manager［page 6 of 10］对话框中，选中 Old memory contents appear（读出写入前的数据）单选按钮，如图 6-36 所示。

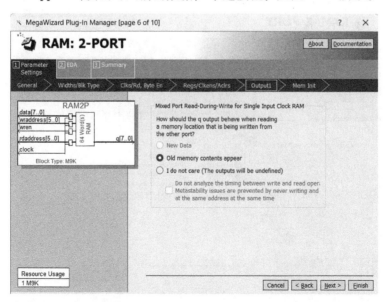

图 6-36　MegaWizard Plug-In Manager［page 6 of 10］对话框（RAM 模块）

7）单击 OK 按钮，在弹出的 MegaWizard Plug-In Manager［page 8 of 10］对话框中，选中 Yes,use this file for the memory content date 单选按钮，并单击 Browse…按钮，选择指定路径上的初始化数据文件 data64. hex，系统每次上电后，将自动向 RAM 加载此数据文件，如图 6-37 所示。

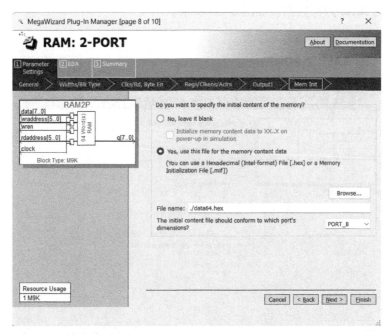

图 6-37　MegaWizard Plug-In Manager［page 8 of 10］对话框（RAM 模块）

8）单击 Next 按钮。其余按照对话框的提示操作即可。在弹出的 MegaWizard Plug-In Manager［page 10 of 10］中，选中 RAM2P. bsf 复选框，如图 6-38 所示。

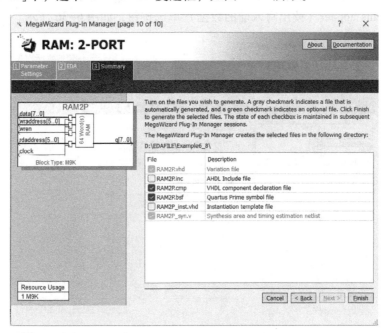

图 6-38　MegaWizard Plug-In Manager［page 10 of 10］对话框（RAM 模块）

最后，单击 Finish 按钮，完成设计。

5. 编辑与编译

1）编辑。单击 File→New，选中 Block Diagram/Schematic File，单击 OK 按钮，打开图形编辑器。

2）双击图形编辑区，打开"器件输入"对话框。单击"器件输入"对话框中 Name 文本框右侧的按钮，在弹出的"打开"对话框中选择 E:\EDAFILE\Example6_10 文件夹下的 RAM2P.bsf 模块，按照实训要求命名引脚，完成的电路如图 6-39 所示。

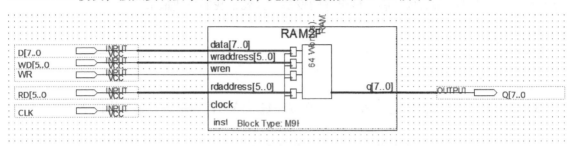

图 6-39 双口 RAM 电路

6. 波形仿真

编辑的程序文件通过编译后，可以进行波形仿真。读取 RAM 数据的仿真波形如图 6-40 所示。

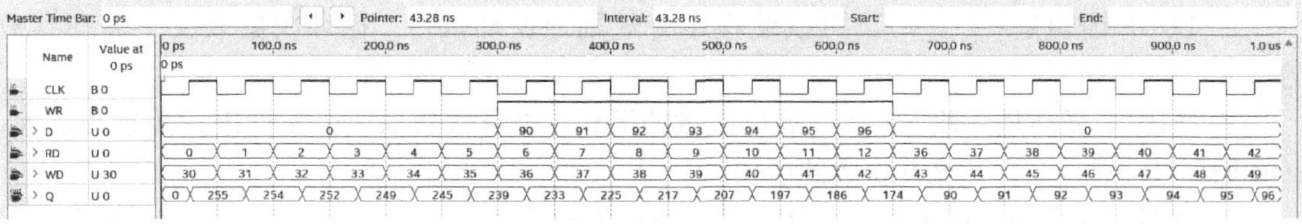

图 6-40 读取 RAM 数据的仿真波形

7. 下载测试

根据实验箱或开发板的实际情况，锁定引脚并再次编译成功后，将编程器的下载电缆与计算机接口连接好，打开实验箱或开发板电源，将设计的程序下载到 PLD 中。将时钟脉冲 CLK 设置为 1 Hz，设置 WR 为低电平，设置读地址 RD，观察 Q 读出的数据；设置 WR 为高电平，设置写地址 WD，写入数据，再设置 WR 为低电平，设置读地址为先前的写地址，观察 Q 读出的数据是否与先前写入的数据相同。

8. 实训报告

1）记录并说明仿真波形。

2）整理电路测试记录表，分析测试结果。

6.5 拓展阅读：大国工匠张路明

张路明是无线通信领域公认的技术专家，他主导研发了我国第四代短波通信产品，为我国无线通信技术的发展与进步贡献了自己的力量。2020 年被评为"卓粤技术工匠"，2021 年度

"大国工匠年度人物"获得者。

作为无线电通信设计师，张路明的工作是把承载声音的无线电波高保真地发送、接收，让通信双方即使远隔重山，也能如同近在咫尺般交流。从 20 世纪 80 年代初入职至今，张路明本着"以此为生，精于此道"的职业精神，不断学习、创新，将各种技术融会贯通。张路明所主导、参与研制的装备实现了从中长波到微波频段的全频段覆盖，包括中长波电台、短波电台、超短波电台、数字集群、北斗导航、卫星通信、智能终端和无人通信装备等。

关于事业的坚守，张路明的回答很朴实："能够运用我的知识、经验、方法解决一些比较棘手的问题，这让我很有成就感。做出好的设备，这就是我的事业追求。"

6.6 习题

一、填空题

1）子程序是由一组_____组成的，在程序包或结构体内定义，在结构体或_____中调用。

2）VHDL 中的子程序有过程和_____两种类型，主要区别是返回值和参数不同。

3）在 VHDL 中，为了使已定义的数据类型、子程序和器件等被其他设计程序所利用，用户可以自己定义一个程序包，将其收集在该程序包中。程序包分为_____和_____两部分。

4）函数分为函数首和函数体两个部分。在_____中，函数首可以省略，而在_____中，必须定义函数首，放在程序包的包首部分，而函数体放在包体部分。

5）LOOP 语句是_____，可以使程序有规则地循环执行，循环次数取决于循环参数的_____。

6）WHILE 循环是一种_____循环次数的语句，循环次数取决于条件表达式是否成立。FOR 循环是一种_____循环次数的语句。

7）在数字系统中，用于存储大量二进制信息的器件是_____，可以存放各种数据、程序和复杂的资料。

8）SRAM 的容量用深度×宽度表示，深度是指存储数据的_____，宽度是指存储数据的_____。

9）FIFO 是一种先进先出的_____数据缓存器，它与 SRAM 的区别是前者没有外部_____地址线，这样使用起来非常简单，但缺点是只能按顺序写入数据，按顺序读出数据。

10）正弦信号发生器由地址发生器（计数器）、存储正弦信号数据的_____和 D/A（数/模）转换电路模块构成。

二、设计题

1）分析下面的 VHDL 源程序，说明设计电路的功能。

```
LIBRARY IEEE;
  USE IEEE. STD_LOGIC_1164. ALL;
ENTITY ANDEIGHT IS
  PORT( ABIN : IN STD_LOGIC_VECTOR(7 DOWNTO 0);
        DIN : IN STD_LOGIC_VECTOR(7 DOWNTO 0);
        DOUT : OUT STD_LOGIC_VECTOR(7 DOWNTO 0));
```

```
END ANDEIGHT;
ARCHITECTURE ONE OF ANDEIGHT IS
 BEGIN
  PROCESS(ABIN,DIN)
   BEGIN
    FOR I IN 0 TO 7 LOOP
     DOUT(I) <=DIN(I) AND ABIN(I);
    END LOOP;
  END PROCESS;
END ONE;
```

2）用 VHDL 设计一个 5 位偶校验器（提示：偶校验会判断接收数据代码中"1"的个数，若为偶数则正确，若为奇数则错误）。

3）设计一个 16×8 的 SRAM，即深度为 16，宽度为 8。设数据输入端为 DATAIN、数据输出端为 DATAOUT。存储的数据有 16 个，因此读写地址线设为 4 位即可（$2^4 = 16$），设读地址为 RADDR、写地址为 WADDR、读控制线为 RE、写控制线为 WE，实体名为 SRAM16。

4）利用 Quartus II 的原理图输入法，使用 LPM 宏单元库设计一个可存储 128 个 8 位数据的单口 LPM_RAM，并在完成编译和波形仿真后，下载到实验箱或开发板上验证电路功能。

项目 7　数字系统设计实训

本项目要点

- 数字系统层次化设计
- 器件例化语句的应用
- 数字系统的功能测试

7.1　篮球比赛 24 秒计时器

7.1.1　项目说明

1. 任务书

篮球比赛规则中，有一个关于 24 s 进攻的规则，即从获取球权到投篮击中篮筐、命中、被侵犯（对方犯规）或球出界（对方造成），其有效时间合计不能超过 24 s，否则即被判违例，将失去球权。另外，对非投篮的防守犯规、对方脚踢球或者出界球（对方造成）等判罚之后，如果所剩时间超过 14 s（包括 14 s），则开球后继续计时；如果所剩时间少于 14 s（不包括 14 s），则将从 14 s 开始计时。设计一个用 2 个数码管显示的 24 s 计时器，具体要求如下：

1）能够设置 24 s 倒计时和 14 s 倒计时，递减时间间隔为 1 s。

2）计时器递减到零时，数码管显示并保持"00"，同时发出报警信号。

3）设置外部操作开关，控制计时器的清零、启动计时、暂停和继续计时。启动、暂停、继续计时用 1 个按钮控制，按下为"启动"或"继续"，抬起为"暂停"。

2. 计划书

1）阅读、讨论项目要求，明确项目内容。

2）研究项目设计方案，分析参考程序。

3）编辑、编译、仿真参考程序，确定一个项目实现方案。

4）测试 24 s 计时器，评价性能和应用效果。

7.1.2　设计方案

1. 项目分析

24 s 计时器的主要功能是倒计时，工作人员按下"清零"按钮，显示 24 s，这时按下"14 s 设置"按钮则显示 14 s。按下"启动/暂停/继续"按钮，开始倒计时。计时过程中，抬起（再按 1 次）"启动/暂停/继续"按钮，则计时暂停，同时保持显示时间。再次按下"启动/暂停/继续"按钮，

7.1.2　设计方案

则从停止的时间开始继续倒计时。时间结束时，显示"00"并不再变化，同时发出报警信号。
整个系统可分为计时模块和显示模块两部分，24 s 计时器系统框图如图 7-1 所示。

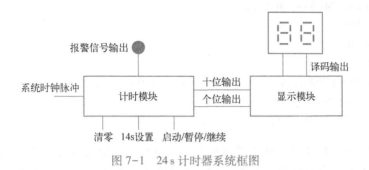

图 7-1 24 s 计时器系统框图

2. 计时模块

计时模块完成 24 s 或 14 s 倒计时功能。设系统时钟脉冲为 CLK（1 Hz）、14 s 设置端为
PLD、启动/暂停/继续端为 ENB、清零端为 CLR、报警信号输出端为 WARN、十位输出端为
DDOUT、个位输出端为 SSOUT。文件名为 bsjbs，参考程序如下：

```
LIBRARY IEEE;
  USE IEEE. STD_LOGIC_1164. ALL;
  USE IEEE. STD_LOGIC_UNSIGNED. ALL;
ENTITY bsjbs IS
  PORT(CLR,PLD,ENB,CLK: IN STD_LOGIC;
      WARN: OUT STD_LOGIC;                         --报警信号输出
      DDOUT : OUT STD_LOGIC_VECTOR(3 DOWNTO 0);    --十位输出
      SSOUT : OUT STD_LOGIC_VECTOR(3 DOWNTO 0));   --个位输出
END ENTITY bsjbs;
ARCHITECTURE ART OF bsjbs IS
 BEGIN
  PROCESS(CLK,CLR,ENB) IS
   VARIABLE TMPA: STD_LOGIC_VECTOR(3 DOWNTO 0);
   VARIABLE TMPB: STD_LOGIC_VECTOR(3 DOWNTO 0);
   VARIABLE TMPWARN: STD_LOGIC;
  BEGIN
   IF CLR='1' THEN TMPA:="0100"; TMPB:="0010"; TMPWARN:='0';
    ELSIF CLK'EVENT AND CLK='1' THEN
     IF PLD='1' THEN
      TMPB:="0001";TMPA:="0100";
     ELSIF ENB='1' THEN
      IF TMPA="0000" THEN
       IF TMPB/="0000" THEN
        TMPA:="1001";
        TMPB:=TMPB-1;
      ELSE
```

```
                TMPWARN: = '1';
              END IF;
           ELSE TMPA: = TMPA-1;
           END IF;
        END IF;
      END IF;
      SSOUT<=TMPA; DDOUT<=TMPB; WARN<=TMPWARN;
   END PROCESS;
END ARCHITECTURE ART;
```

编译成功后建立波形文件,根据篮球比赛 24 s 规则可能出现的各种情况,编辑输入信号的波形,编辑完成并保存文件后进行仿真。24 s 计时器的仿真波形如图 7-2 所示。

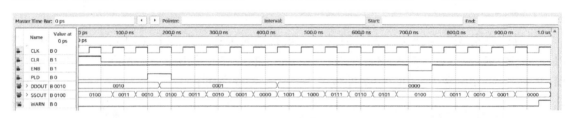

图 7-2   24 s 计时器的仿真波形

回到文本编辑器,单击 File→Create/Update→Create VHDL Component Declaration Files for Current File(从当前文件生成 VHDL 组件声明文件),弹出的 Flow Summary 窗口中显示 Successful 即可。有些低版本软件会弹出对话框,可按默认名称保存。

3. 显示模块

用于显示的数码管较少,因此采用共阴极 7 段数码管静态显示的方式实现。可使用项目 4 中数码管静态显示的程序,也可以重新编写。设 4 位 BCD 码输入端为 D、7 位输出端为 S。实体名为 sdisp,参考程序如下:

```
LIBRARY IEEE;
   USE IEEE. STD_LOGIC_1164. ALL;
ENTITY sdisp IS
   PORT ( D : IN STD_LOGIC_VECTOR(3 DOWNTO 0);       --4 位 BCD 码输入端
          S : OUT STD_LOGIC_VECTOR(6 DOWNTO 0));     --7 位输出端
   END sdisp;
ARCHITECTURE A OF sdisp IS
   BEGIN
     PROCESS(D)
       BEGIN
       CASE D IS
         WHEN"0000" =>S<="1111110";      --0
         WHEN"0001" =>S<="0110000";      --1
         WHEN"0010" =>S<="1101101";      --2
         WHEN"0011" =>S<="1111001";      --3
```

```
            WHEN"0100"=>S<="0110011";        --4
            WHEN"0101"=>S<="1011011";        --5
            WHEN"0110"=>S<="1011111";        --6
            WHEN"0111"=>S<="1110000";        --7
            WHEN"1000"=>S<="1111111";        --8
            WHEN "1001"=>S<="1111011";       --9
            WHEN OTHERS=>S<="0000000";       --其他状态不显示,数码管全暗
        END CASE;
      END PROCESS;
   END A;
```

编译成功后,编辑波形并进行仿真。如果仿真波形正确,就可以生成显示模块器件。回到文本编辑器,单击 File→Create/Update→Create VHDL Component Declaration Files for Current File,弹出的 Flow Summary 窗口中显示 Successful 即可。有些低版本软件会弹出对话框,可按默认名称保存。

7.1.3　项目实现

1. 顶层文件设计

顶层文件是系统的主文件,需要将系统的所有模块按照相互之间的关系协调地连接起来。设计顶层文件可以采用原理图设计和文本设计两种实现方式。原理图设计方式需要将各个模块生成符号器

7.1.3　项目实现

件后,建立原理图编辑文件,然后调用并连接各个模块;文本设计方式需要将各个模块生成组件声明文件(VHDL 或 Verilog-HDL)后,建立文本编辑文件,然后采用器件例化语句连接各个模块。

1)新建项目。在项目建立向导的"添加文件"对话框中输入 baskcount. VHD(文件名),单击 Add 按钮,添加该文件。再单击"添加文件"对话框的 File name 文本框右侧的按钮,选择 bsjbs. VHD 文件所在的文件夹,选中 bsjbs. VHD 文件,单击 Add 按钮,添加该文件。然后单击"添加文件"对话框的 File name 文本框右侧的按钮,选择 sdisp. VHD 文件所在的文件夹,选中 sdisp. VHD 文件,单击 Add 按钮,添加该文件。

2)建立文本文件,编辑顶层文件设计程序。在程序实体中定义整个系统的输入和输出,设系统时钟脉冲为 CLK(1 Hz)、14 s 设置端为 PLD、启动/暂停/继续端为 ENB、清零端为 CLR、报警信号输出端为 WARN、显示输出信号为 S0 和 S1,接 2 个共阴极 7 段数码管。在结构体中定义 2 个临时信号,代表十位输出端 DDOUT 和个位输出端 SSOUT。文件名为 baskcount,参考程序如下:

```
LIBRARY IEEE;
  USE IEEE. STD_LOGIC_1164. ALL;
ENTITY baskcount IS
  PORT(CLR,PLD,ENB,CLK: IN STD_LOGIC;
      WARN: OUT STD_LOGIC;
      S0,S1:OUT STD_LOGIC_VECTOR(6 DOWNTO 0));
```

```
END ENTITY baskcount;
ARCHITECTURE ART OF baskcount IS
 COMPONENT bsjbs IS
  PORT(CLR,PLD,ENB,CLK: IN STD_LOGIC;
      WARN: OUT STD_LOGIC;
      DDOUT : OUT STD_LOGIC_VECTOR(3 DOWNTO 0);
      SSOUT : OUT STD_LOGIC_VECTOR(3 DOWNTO 0));
 END COMPONENT bsjbs;
 COMPONENT sdisp IS
  PORT (D : IN   STD_LOGIC_VECTOR(3 DOWNTO 0);
      S : OUT   STD_LOGIC_VECTOR(6 DOWNTO 0));
 END COMPONENT sdisp;
 SIGNAL TEMPDD:STD_LOGIC_VECTOR(3 DOWNTO 0);
 SIGNAL TEMPSS:STD_LOGIC_VECTOR(3 DOWNTO 0);
  BEGIN
   U0:bsjbs PORT MAP(CLR,PLD,ENB,CLK, WARN,TEMPDD, TEMPSS);
   U1:sdisp PORT MAP(TEMPDD,S0);      --位置映射
   U2:sdisp PORT MAP(TEMPSS,S1);
 END ARCHITECTURE ART;
```

　　编译成功后建立波形文件，根据要求编辑输入信号的波形，编辑完成并保存文件后可进行仿真。24 s 计时器的仿真波形如图 7-3 所示。

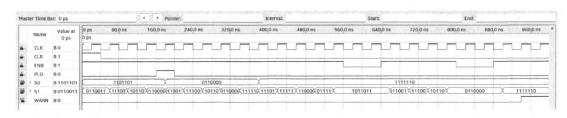

图 7-3　24 s 计时器的仿真波形

2. 系统的硬件验证

　　系统通过仿真后，可选择 PLD 并锁定引脚，将 24 s 计时器程序下载到实验箱或开发板上，将相关的按钮贴上标签，模拟篮球比赛的实际情况，操作计时器，评价其功能。

7.1.4　功能扩展与项目评价

1. 功能扩展

在完成项目的任务要求后，考虑以下内容：

1）蜂鸣器的长音改成断续音。

2）不显示十位数码管的无效数码"0"，例如"09"显示"9"，"08"显示为"8"。

3）倒计时的最后 5 s，每减少 1 s 就发出 1 个提示信号（蜂鸣器短音）。

4）增加手动设置时间（预置数）功能。

5）将显示模块改成 2 位一体共阴极数码管动态显示。

2. 项目评价

项目评价是在教师的主持下，通过项目负责人的讲解演示，评估项目的完成情况，评价内容如下：

1）功能评价。24 s 计时器能否完成比赛计时、计时误差是多少、操作是否方便等。

2）演示过程评价。主要评价演示过程中操作是否熟练、回答问题是否准确等。

3）功能扩展完成情况评价。

7.2 简易数字频率计

7.2.1 项目说明

1. 任务书

设计一个能测量方波信号频率的简易数字频率计，测量结果用十进制数显示，测量的频率范围是 1~9999 Hz，用 4 个数码管显示测量频率。

2. 计划书

1）阅读、讨论项目要求，明确项目内容。

2）研究设计方案，分析方案中的参考程序。

3）完成简易数字频率计的设计。

4）测量方波信号，计算频率计的误差。

7.2.2 设计方案

1. 项目分析

方波信号的频率就是在单位时间内产生的脉冲个数，表达式为 $f = N/T$，式中 f 为被测信号的频率，N 为计数器所累计的脉冲数，T 为产生 N 个脉冲所需的时间。计数器在 1 s 时间内所累计的结果，就是被测信号的频率。简易数字频率计可以分为测频控制模块和译码显示模块两部分，其系统框图如图 7-4 所示。

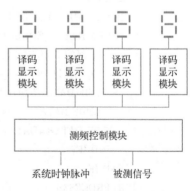

图 7-4 简易数字频率计系统框图

2. 测频控制模块

1）将 1 Hz 的系统时钟脉冲 2 分频（周期 2 s），取前半个周期产生脉宽为 1 s 的控制时钟脉冲，作为计数器的闸门信号，当闸门信号为上升沿（由低变高）时，启动计数，计数器在被测信号上升沿的驱动下，开始计数。当闸门信号为下降沿（由高变低）时，停止计数并输出计数值。

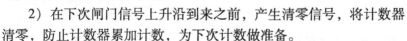

2）在下次闸门信号上升沿到来之前，产生清零信号，将计数器清零，防止计数器累加计数，为下次计数做准备。

3）计数器的计数值为二进制数，需要转成十进制数，使用"1001+0111 = 10000"的方法实现。

设系统时钟脉冲为 CLK（1 Hz）、被测信号为 TEST、输出信号为 DOUT（十六位）。文件名为 freq，参考程序如下：

```
LIBRARY IEEE;
  USE IEEE. STD_LOGIC_1164. ALL;
  USE IEEE. STD_LOGIC_UNSIGNED. ALL;
ENTITY freq IS
    PORT(TEST : IN STD_LOGIC;                --被测信号
         CLK : IN STD_LOGIC;                 --系统时钟脉冲
         DOUT : OUT STD_LOGIC_VECTOR(15 DOWNTO 0));  --计数值
END ENTITY freq;
ARCHITECTURE ART OF freq IS
    SIGNAL CLR,EN:STD_LOGIC;        --CLR 清零信号，EN 是闸门信号（也是计数器使能信号）
    SIGNAL DATA:STD_LOGIC_VECTOR(15 DOWNTO 0);   --计数值寄存器，与 DOUT 对应
BEGIN
  PROCESS(CLK,CLR,EN) IS                --产生脉宽为 1 s 的闸门信号的进程
    BEGIN
    IF CLK'EVENT AND CLK ='1' THEN       --检查 CLK 的上升沿
      EN<= NOT EN;
    END IF;
  END PROCESS;
  CLR<= NOT CLK AND NOT EN;             --CLK 和 EN 同时为低电平时，产生清零信号
  PROCESS(TEST,CLR) IS                  --计数进程
    BEGIN
    IF CLR ='1' THEN DATA<="0000000000000000";   --清零
      ELSIF RISING_EDGE(TEST) THEN        --RISING_EDGE 检查信号上升沿
      --下面的 IF 语句可以将二进制数转换成十进制数
      IF DATA(11 DOWNTO 0)= "100110011001" THEN DATA<=DATA+"011001100111";
        ELSIF DATA(7 DOWNTO 0)= "10011001" THEN DATA<=DATA+"01100111";
          ELSIF DATA(3 DOWNTO 0)= "1001" THEN DATA<=DATA+"0111";
        ELSE DATA<=DATA+'1';
      END IF;
    END IF;
  END PROCESS;
  PROCESS(DATA,EN) IS                    --控制时钟下降沿输出计数值的进程
    BEGIN
    IF FALLING_EDGE(EN) THEN DOUT<=DATA;   --FALLING_EDGE 检查信号下降沿
    END IF;
  END PROCESS;
END ART;
```

编译成功后建立波形文件，根据要求编辑输入信号的波形，编辑完成并保存文件后进行仿真。测频模块的仿真波形如图 7-5 所示。

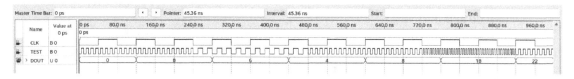

图 7-5　测频模块的仿真波形

回到文本编辑器，单击 File→Create/Update→Create VHDL Component Declaration Files for Current File，弹出的 Flow Summary 窗口中显示 Successful 即可。有些低版本软件会弹出对话框，可按默认名称保存。

3. 译码显示模块

译码显示模块采用共阴极 7 段数码管静态显示方式实现。可使用项目 4 中数码管静态显示的程序，也可以调用篮球比赛 24 s 计时器中生成的模块 sdisp。

7.2.3　项目实现

1. 顶层文件设计

1）新建项目。在项目建立向导的"添加文件"对话框中输入 sdf. VHD（文件名），单击 Add 按钮，添加该文件。再单击"添加文件"对话框的 File name 文本框右侧的按钮，选择 freq. VHD 文件所在的文件夹，选中 freq. VHD 文件，单击 Add 按钮，添加该文件。然后单击"添加文件"对话框的 File name 文本框右侧的按钮，选择 sdisp. VHD 所在的文件夹，选中 sdisp. VHD 文件，单击 Add 按钮，添加该文件。

2）建立文本文件，编辑顶层文件设计程序。在程序实体中，定义整个系统的输入和输出，设系统时钟脉冲为 CLK（1 Hz），被测信号为 TEST，输出的显示信号为 S0、S1、S2 和 S3，分别接 4 个共阴极 7 段数码管。结构体中描述模块的连接关系时，需要定义临时信号，以此代表模块之间的连线。文件名为 sdf，参考程序如下：

```
LIBRARY IEEE;
 USE IEEE. STD_LOGIC_1164. ALL;
ENTITY sdf IS
  PORT(TEST:IN STD_LOGIC;             --被测信号
       CLK:IN STD_LOGIC;              --系统时钟脉冲
       S0,S1,S2,S3:OUT STD_LOGIC_VECTOR(6 DOWNTO 0));   --显示信号
END ENTITY sdf;
ARCHITECTURE ART OF sdf IS
  COMPONENT freq IS               --测频控制模块的例化声明
   PORT(TEST:IN STD_LOGIC;
        CLK:IN STD_LOGIC;
        DOUT:OUT STD_LOGIC_VECTOR(15 DOWNTO 0));
  END COMPONENT freq;
  COMPONENT sdisp IS              --显示模块的例化声明
   PORT (D：IN   STD_LOGIC_VECTOR(3 DOWNTO 0);
         S：OUT   STD_LOGIC_VECTOR(6 DOWNTO 0));
```

```
        END COMPONENT sdisp;
        SIGNAL TEMPDOUT:STD_LOGIC_VECTOR(15 DOWNTO 0);      --定义临时信号
        SIGNAL TEMPD:STD_LOGIC_VECTOR(3 DOWNTO 0);          --定义临时信号
         BEGIN
          U0:freq PORT MAP(TEST,CLK,TEMPDOUT);              --测频控制模块的端口映射
          U1:sdisp PORT MAP(TEMPDOUT(3 DOWNTO 0),S0);       --译码显示模块的端口映射(个位)
          U2:sdisp PORT MAP(TEMPDOUT(7 DOWNTO 4),S1);       --译码显示模块的端口映射(十位)
          U3:sdisp PORT MAP(TEMPDOUT(11 DOWNTO 8),S2);      --译码显示模块的端口映射(百位)
          U4:sdisp PORT MAP(TEMPDOUT(15 DOWNTO 12),S3);     --译码显示模块的端口映射(千位)
        END ARCHITECTURE ART;
```

编译成功后建立波形文件，根据要求编辑输入信号的波形，设 CLK 的时钟周期为 50 ns，将被测信号分成不同频率的两部分（设为 4 ns 和 10 ns），编辑完成并保存文件后进行仿真。简易数字频率计的仿真波形如图 7-6 所示。

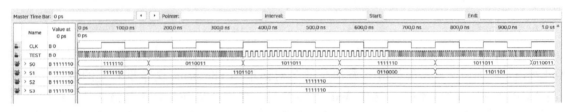

图 7-6　简易数字频率计的仿真波形

2. 系统的硬件验证

系统通过仿真后，可根据 EDA 实验箱或开发板的实际情况选择 PLD，锁定引脚进行编程下载，在实验箱或开发板上测试系统的功能。使用 1 台低频函数信号发生器产生 1 kHz 的方波信号，将该信号接到 TEST 端，待数码管稳定显示后，记录其读数，然后改变信号发生器的输出方波频率，再次记录简易数字频率计的显示读数。

7.2.4　功能扩展与项目评价

1. 功能扩展

在完成项目的任务要求后，考虑以下内容：

1）将输出的静态显示改为 4 位一体共阴极数码管动态显示。

2）通过改变闸门信号时间（2 s），提高测量精度。

3）将器件例化语句的位置映射改成名称映射。

2. 项目评价

项目评价是在教师的主持下，通过项目负责人的讲解演示，评估项目的完成情况，评价内容如下：

1）项目的功能描述情况。

2）团队合作和任务分配情况。

3）简易数字频率计的设计完成情况。

4）简易数字频率计的操作和信号测量误差分析。

7.3 电子密码锁

7.3.1 项目说明

1. 任务书

设计一个具有 4×3 扫描键盘（不需要去抖动），4 位一体数码管动态显示，能够设置和输入 4 位密码的电子密码锁，用发光二极管表示电子密码锁的状态。具体要求如下：

1）每按下一个数字键，就输入一个数码，并在 4 个数码管的最右方显示出该数码，同时将先前输入的数码依序左移一个位置。

2）有数码清除键，按下该键可清除前面输入的所有数码，清除后数码管显示"0000"。

3）有密码锁锁定键，在开锁的状态下，按下该键，会将当前数码管显示的数字设置成新密码，并将电子密码锁上锁，数码管显示"0000"。

4）有密码锁开锁键，按下该键，会检查输入的密码是否正确，密码正确则开锁，数码管显示"0000"。密码不正确则不开锁，数码管显示"0000"。

5）为保证电子密码锁主人能够随时开锁，设有万能密码（3581），用于解除其他人设置的密码。

2. 计划书

1）讨论、分析项目要求，明确项目内容。
2）检索阅读相关的参考资料，研究项目设计方案。
3）制定计划并分组后，实现设计方案中的各个模块。
4）完成项目并测试功能。
5）项目演示，讲解设计方案，完成项目评价。

7.3.2 设计方案

1. 项目分析

整个系统可分为输入模块、控制模块和显示模块三部分，系统框图如图 7-7 所示。

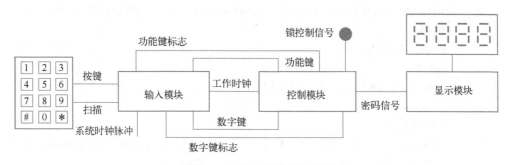

图 7-7　电子密码锁系统框图

功能按键"＊"作为密码锁锁定键和密码设置键，功能按键"#"作为密码锁开锁键和数码清除键。

2. 输入模块

输入模块外接一个 4×3 矩阵式键盘，数字 0~9 作为密码锁数字
输入按键，功能按键"＊"作为密码锁锁定键，功能按键"#"作

7.3.2 设计方案——输入模块

为密码锁开锁键/数码清除键。输入模块需要产生键盘扫描信号和控
制模块工作时钟信号，并对输入的按键信号进行译码。设系统时钟脉冲为 CLK（1 kHz）、按键
输入端为 KEYIN、键盘扫描信号输出端为 SCAN、数字按键输出端为 DATAOUT、功能按键输
出端为 FUNOUT、数字按键输出标志为 DF、功能按键输出标志为 FF、控制模块工作时钟输出
端为 CLKOUT。文件名为 inputblock，参考程序如下：

```
LIBRARY    IEEE;
 USE IEEE. STD_LOGIC_1164. ALL;
 USE IEEE. STD_LOGIC_UNSIGNED. ALL;
ENTITY inputblock   IS
PORT (CLK : IN STD_LOGIC;                        --系统时钟脉冲
   KEYIN : IN STD_LOGIC_VECTOR (2 DOWNTO 0);     --按键输入
    SCAN : OUT  STD_LOGIC_VECTOR (3 DOWNTO 0) ;
 DATAOUT : OUT STD_LOGIC_VECTOR(3 DOWNTO 0) ;    --数字按键输出
  FUNOUT : OUT STD_LOGIC_VECTOR(3 DOWNTO 0) ;    --功能按键输出
      DF : OUT STD_LOGIC ;                       --数字按键输出标志
      FF : OUT STD_LOGIC ;                       --功能按键输出标志
  CLKOUT : OUT STD_LOGIC);                        --控制模块工作时钟信号
END ENTITY inputblock;
ARCHITECTURE ART OF inputblock IS
 SIGNAL TEMPCLK : STD_LOGIC ;      --控制模块工作时钟信号寄存器
 SIGNAL KEYSCAN : STD_LOGIC_VECTOR( 1 DOWNTO 0); --扫描控制信号寄存器
 SIGNAL N , F : STD_LOGIC_VECTOR(3 DOWNTO 0) ;   --数字、功能按键译码值的寄存器
 SIGNAL TEMPDF , TEMPFF : STD_LOGIC ;            --数字、功能按键标志值的寄存器
  BEGIN
   COUNTER : BLOCK IS                             --扫描控制信号发生块
    SIGNAL Q : STD_LOGIC_VECTOR(5 DOWNTO 0);
    SIGNAL SEL : STD_LOGIC_VECTOR (3 DOWNTO 0) ;  --扫描控制信号寄存器
     BEGIN
      PROCESS (CLK) IS
       BEGIN
        IF CLK'EVENT AND CLK ='1' THEN
         Q <= Q+1;
        END IF;
        KEYSCAN <= Q(5 DOWNTO 4) ;    --32 分频，产生扫描控制信号 00→01→10→11
        TEMPCLK <= Q(0) ;             --2 分频
      END PROCESS;
     SEL <= "1110" WHEN KEYSCAN = 0 ELSE  --条件信号赋值语句
            "1101" WHEN KEYSCAN = 1 ELSE
            "1011" WHEN KEYSCAN = 2 ELSE
```

```
              "0111" WHEN KEYSCAN = 3 ELSE
              "1111";
   SCAN <= SEL;                    --扫描信号 1110→1101→1011→0111
  END BLOCK COUNTER;
 KEYDECODER : BLOCK   IS      --扫描键盘译码块
   SIGNAL Z : STD_LOGIC_VECTOR(4 DOWNTO 0);        --按键信号寄存器
    BEGIN
     PROCESS(TEMPCLK)
      BEGIN
       Z <=KEYSCAN & KEYIN;    --连接 KEYSCAN 和 KEYIN
       IF TEMPCLK'EVENT   AND TEMPCLK = '1'   THEN
        CASE Z IS
          WHEN "11101" => N <= "0000";     --0
          WHEN "00011" => N <= "0001";     --1
          WHEN "00101" => N <= "0010";     --2
          WHEN "00110" => N <= "0011";     --3
          WHEN "01011" => N <= "0100";     --4
          WHEN "01101" => N <= "0101";     --5
          WHEN "01110" => N <= "0110";     --6
          WHEN "10011" => N <= "0111";     --7
          WHEN "10101" => N <= "1000";     --8
          WHEN "10110" => N <= "1001";     --9
          WHEN OTHERS  => N <= "1111";
        END CASE;
       END IF;
       IF TEMPCLK'EVENT   AND TEMPCLK = '1'   THEN
        CASE  Z IS
          WHEN "11011" => F <= "0100";     --密码锁锁定键"*"
          WHEN "11110" => F <= "0001";     --密码锁开锁键"#"
          WHEN OTHERS  => F <= "1100";
        END CASE;
       END IF;
     END PROCESS;
    TEMPDF <= NOT ( N(3) AND N(2) AND N(1) AND N(0) );   --N 不是 1111
    TEMPFF <=NOT (F(3) AND F(2));                          --F(3)和 F(2)不是 11
  END BLOCK KEYDECODER;
 DATAOUT<= N;
 FUNOUT<= F;
 DF<= TEMPDF;
 FF<= TEMPFF;
 CLKOUT <= TEMPCLK;
END ARCHITECTURE ART;
```

编译成功后建立波形文件，根据要求编辑输入信号的波形，编辑完成并保存文件后进行仿真。输入模块的仿真波形如图 7-8 所示。

图 7-8 输入模块的仿真波形

回到文本编辑器，单击 File→Create/Update→Create VHDL Component Declaration Files for Current File，弹出的 Flow Summary 窗口中显示 Successful 即可。有些低版本软件会弹出对话框，可按默认名称保存。

3. 控制模块

7.3.2 设计方案——控制模块

控制模块包括按键数据的缓冲存储、密码的修改清除、密码的核对、锁控制（锁定/开锁）和万能密码（3581）设置等部分，能够实现以下功能：

1）如果按下数字按键，第一个数码会在数码管的最右端开始显示，此后每按一个数码时，数码管上的数码即左移 1 位，以便将新的数码显示出来。

2）要更改输入的数码时，可按功能按键"#"清除所有输入的数码，再重新输入 4 位数码。

3）当输入的数码超过 4 个时，电路不予理会，也不再显示第 4 个以后的数码。

4）在开锁状态下，输入一个 4 位数码，按下密码锁锁定键"＊"，可将电子密码锁锁定，并将输入的 4 位数码作为密码自动存储，同时清除输入的密码。

5）在锁定状态下，输入一个 4 位数码，按下密码锁开锁键"#"，检查输入的密码是否正确，若密码正确则开锁，并清除显示的密码；若密码不正确，则不开锁并直接清除输入的密码。

设工作时钟输入端为 CLKIN、数字按键输入端为 DATAIN、功能按键输入端为 FUNIN、数字按键输入标志为 DFIN、功能按键输入标志为 FFIN、锁控制信号为 ENLOCK（1 锁定、0 开锁）、密码信号输出端为 KEYBCD。文件名为 ctrlblock，参考程序如下：

```vhdl
LIBRARY IEEE;
 USE IEEE. STD_LOGIC_1164. ALL;
 USE IEEE. STD_LOGIC_UNSIGNED. ALL;
ENTITY ctrlblock IS
 PORT (DATAIN : IN STD_LOGIC_VECTOR(3 DOWNTO 0);
        FUNIN : IN STD_LOGIC_VECTOR(3 DOWNTO 0);
        DFIN : IN STD_LOGIC;
        FFIN : IN STD_LOGIC;
        CLKIN : IN STD_LOGIC;
        ENLOCK : OUT STD_LOGIC;
        KEYBCD : OUT STD_LOGIC_VECTOR (15 DOWNTO 0));
```

```
END ENTITY ctrlblock ;
ARCHITECTURE ART OF ctrlblock IS
  SIGNAL ACC: STD_LOGIC_VECTOR (15 DOWNTO 0);    --ACC 用于暂存键盘输入的信息
  SIGNAL NC: STD_LOGIC_VECTOR (2 DOWNTO 0);
  SIGNAL RST, TMLOCK: STD_LOGIC;
  SIGNAL R1, R0: STD_LOGIC;
  BEGIN
    COUNT: BLOCK IS                              --清零信号的产生块
    BEGIN
      PROCESS(CLKIN)
        BEGIN
          IF CLKIN'EVENT AND CLKIN='1' THEN
            R1<=R0; R0<=FFIN;
          END IF;
        RST<=R1 AND NOT R0;      --在按下的功能按键松开后（从 1 变成 0）产生清零信号
      END PROCESS;
    END BLOCK COUNT;
    KEYINPUT : BLOCK IS                          --按键输入数据的存储、清零块
    BEGIN
      PROCESS(DFIN, RST) IS
        BEGIN
          IF RST = '1' THEN
            ACC <= "0000000000000000" ;          --按键输入数据清零
            NC <= "000" ;
          ELSIF  DFIN'EVENT AND DFIN = '1'  THEN
            IF NC < 4 THEN
              ACC <= ACC(11 DOWNTO 0) & DATAIN ;  --按键输入数据左移
              NC <= NC + 1 ;
            END IF;
          END IF ;
      END PROCESS ;
    END BLOCK KEYINPUT ;
    LOCKCTRL : BLOCK IS                          --锁定/开锁控制块
    BEGIN
      PROCESS(CLKIN, FUNIN) IS
        VARIABLE REG: STD_LOGIC_VECTOR (15 DOWNTO 0);  --REG 用于存储输入的密码
        BEGIN
        IF (CLKIN'EVENT AND CLKIN = '1') THEN
          IF NC = 4   THEN
            IF FUNIN = "0100" THEN                --锁定控制信号（0100）有效
              REG := ACC ;                        --密码存储
              TMLOCK<= '1';                       --锁定
            ELSIF FUNIN = "0001" THEN             --开锁控制信号（0001）有效
```

```
        IF   REG = ACC THEN           --密码核对
           TMLOCK<= '0';              --开锁
          END IF ;
         ELSIF   ACC = "0011010110000001" THEN      --设置"3581"为万能密码
           TMLOCK<='0' ;              --开锁
         END IF ;
        END IF;
       END IF ;
      END PROCESS ;
     END BLOCK LOCKCTRL ;
     ENLOCK <= TMLOCK;                --输出锁定信号，1为锁定、0为开锁
     KEYBCD<= ACC ;                   --输出密码信息
    END ARCHITECTURE ART;
```

编译成功后建立波形文件，先编辑信号 DATAIN 的波形，依次输入 0~6，前 4 个 "0123" 就是密码，左移显示，以后输入的 "456" 不会显示。再编辑 FUNIN 的波形，在 DATAIN 输入 0~6 时，FUNIN 输入 "1100"，表示没有按下功能按键，然后输入 "0100"，表示按下密码锁锁定键 " * "，这时密码锁输出信号 ENLOCK 应为高电平，表示密码锁锁定。间隔几个时钟周期后，给 DATAIN 输入 "0123"，同时给 FUNIN 输入 "1100"，表示没有按下功能按键。在开锁密码输入完毕后，给 FUNIN 输入 "0001"，表示按下密码锁开锁键 "#"，这时密码锁输出信号 ENLOCK 应为低电平，表示已经开锁。密码锁锁定和密码锁开锁操作的仿真波形如图 7-9 所示。

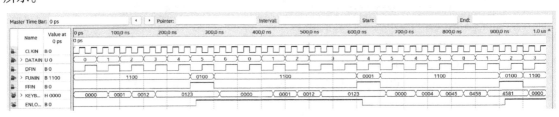

图 7-9   密码锁锁定和密码锁开锁操作的仿真波形

在密码锁锁定和密码锁开锁操作成功后，仿真输入万能密码的情况。由 DATAIN 输入密码 "0123"，由 FUNIN 输入 "0100"，锁定密码锁；间隔几个时钟周期后，由 DATAIN 输入 "3581"，再由 FUNIN 输入 "0001" 开锁，这时密码锁输出信号 ENLOCK 应为低电平，表示已经开锁。密码锁锁定和万能密码开锁操作的仿真波形如图 7-10 所示。

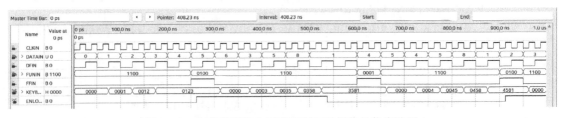

图 7-10   密码锁锁定和万能密码开锁操作的仿真波形

回到文本编辑器，单击 File→Create/Update→Create VHDL Component Declaration Files for Current File，弹出的 Flow Summary 窗口中显示 Successful 即可。有些低版本软件会弹出对话

框，可按默认名称保存。

4. 显示模块

显示模块采用 4 位一体数码管动态显示方式。设 CLK 为系统时钟脉冲（1 kHz 以上，若频率太低，显示的数码会闪动），A、B、C、D 为显示数据，COM 为数码管的选通信号，SEG 为数码管的驱动信号。实体名为 ddisp，参考程序如下：

```
LIBRARY IEEE;
  USE IEEE. STD_LOGIC_1164. ALL;
  USE IEEE. STD_LOGIC_UNSIGNED. ALL;
ENTITY ddisp IS
  PORT ( CLK : IN STD_LOGIC;
          A  : IN STD_LOGIC_VECTOR(3 DOWNTO 0);
          B  : IN STD_LOGIC_VECTOR(3 DOWNTO 0);
          C  : IN STD_LOGIC_VECTOR(3 DOWNTO 0);
          D  : IN STD_LOGIC_VECTOR(3 DOWNTO 0);      --A、B、C、D 为显示数据
          COM : OUT STD_LOGIC_VECTOR(3 DOWNTO 0);     --数码管的选通信号
          SEG : OUT STD_LOGIC_VECTOR(6 DOWNTO 0));    --数码管的驱动信号
END ENTITY ddisp;
ARCHITECTURE ART OF ddisp IS
 SIGNAL CNT : STD_LOGIC_VECTOR(1 DOWNTO 0);
 SIGNAL BCD : STD_LOGIC_VECTOR(3 DOWNTO 0);
  BEGIN
   PROCESS(CLK)
     BEGIN
      IF CLK'EVENT AND CLK='1' THEN               --周期性变化的信号 CNT
       IF CNT="11" THEN
          CNT<="00";
       ELSE
          CNT<=CNT+'1';
       END IF;
      END IF;
    END PROCESS;
   PROCESS(CNT)
     BEGIN
      CASE CNT IS
       WHEN "00" => BCD<=A; COM<="1110";          --COM 选通信号低电平有效
       WHEN "01" => BCD<=B; COM<="1101";
       WHEN "10" => BCD<=C; COM<="1011";
       WHEN "11" => BCD<=D; COM<="0111";
       WHEN OTHERS=> BCD<="0000";COM<="1111";
      END CASE;
      CASE BCD IS                                 --译码器
       WHEN "0000" =>SEG<="1111110";      --0
```

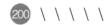

```
            WHEN "0001" =>SEG<="0110000";     --1
            WHEN "0010" =>SEG<="1101101";     --2
            WHEN "0011" =>SEG<="1111001";     --3
            WHEN "0100" =>SEG<="0110011";     --4
            WHEN "0101" =>SEG<="1011011";     --5
            WHEN "0110" =>SEG<="1011111";     --6
            WHEN "0111" =>SEG<="1110000";     --7
            WHEN "1000" =>SEG<="1111111";     --8
            WHEN "1001" =>SEG<="1111011";     --9
            WHEN OTHERS =>SEG<="0000000";
          END CASE;
        END PROCESS;
      END ART;
```

编译成功后建立波形文件，根据要求编辑输入信号的波形，编辑完成并保存文件后进行仿真。4 位一体数码管动态显示的仿真波形如图 7-11 所示。

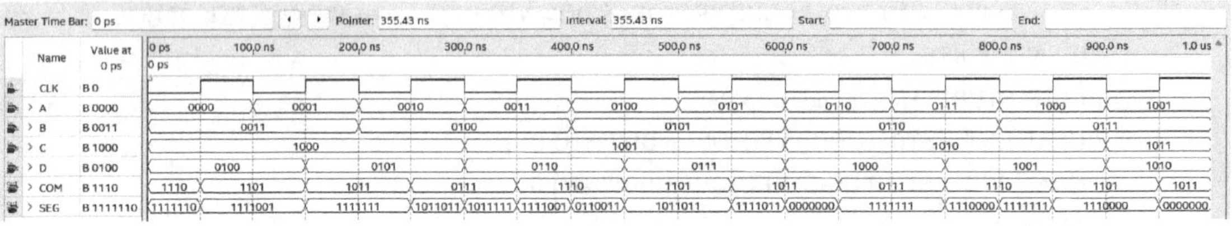

图 7-11　4 位一体数码管动态显示的仿真波形

回到文本编辑器，单击 File→Create/Update→Create VHDL Component Declaration Files for Current File，弹出的 Flow Summary 窗口中显示 Successful 即可。有些低版本软件会弹出对话框，可按默认名称保存。

7.3.3　项目实现

1. 顶层文件设计

1) 新建项目。在项目建立向导的添加文件对话框中输入 keylock. VHD（文件名），单击 Add 按钮，添加该文件，然后依次添加输入模块 inputblock. VHD、控制模块 ctrlblock. VHD 和显示模块 ddisp. VHD。

2) 建立文本文件，编辑顶层文件。实体中定义整个系统的输入和输出，设系统时钟脉冲为 CLK（1 kHz）、按键输入信号为 KEYIN、键盘行扫描信号为 SCAN、密码锁输出信号为 EN-LOCK、数码管选通信号为 COM、7 段数码管显示驱动信号为 SEG，再定义几个临时信号，代表模块之间的连线。参考程序如下：

```
    LIBRARY IEEE;
      USE IEEE. STD_LOGIC_1164. ALL;
    ENTITY keylock IS
      PORT (CLK  :  IN   STD_LOGIC;              --系统时钟脉冲
```

```vhdl
        KEYIN : IN   STD_LOGIC_VECTOR (2 DOWNTO 0) ;    --按键输入
        SCAN : OUT   STD_LOGIC_VECTOR (3 DOWNTO 0) ;    --键盘行扫描
      ENLOCK : OUT STD_LOGIC;
          COM : OUT STD_LOGIC_VECTOR(3 DOWNTO 0) ;      --数码管的选通信号
          SEG : OUT STD_LOGIC_VECTOR(6 DOWNTO 0)) ;
END ENTITY keylock;
ARCHITECTURE ART OF keylock IS
 COMPONENT inputblock IS
   PORT (CLK : IN   STD_LOGIC;                          --系统时钟脉冲
        KEYIN : IN   STD_LOGIC_VECTOR (2 DOWNTO 0) ;    --按键输入
        SCAN : OUT   STD_LOGIC_VECTOR (3 DOWNTO 0) ;
      DATAOUT : OUT STD_LOGIC_VECTOR(3 DOWNTO 0) ;      --数字输出
       FUNOUT : OUT STD_LOGIC_VECTOR(3 DOWNTO 0) ;      --功能输出
           DF : OUT STD_LOGIC ;                         --数字按键输出标志
           FF : OUT STD_LOGIC ;                         --功能按键输出标志
       CLKOUT : OUT STD_LOGIC);                         --控制模块工作时钟
   END COMPONENT inputblock;
 COMPONENT ctrlblock IS
    PORT (DATAIN : IN STD_LOGIC_VECTOR(3 DOWNTO 0);
          FUNIN : IN STD_LOGIC_VECTOR(3 DOWNTO 0);
           DFIN : IN STD_LOGIC;
           FFIN : IN STD_LOGIC;
          CLKIN : IN STD_LOGIC;
         ENLOCK : OUT STD_LOGIC;
         KEYBCD : OUT STD_LOGIC_VECTOR (15 DOWNTO 0));
    END COMPONENT ctrlblock;
 COMPONENT ddisp IS
    PORT ( CLK : IN STD_LOGIC;
            A : IN STD_LOGIC_VECTOR(3 DOWNTO 0);
            B : IN STD_LOGIC_VECTOR(3 DOWNTO 0);
            C : IN STD_LOGIC_VECTOR(3 DOWNTO 0);
            D : IN STD_LOGIC_VECTOR(3 DOWNTO 0);      --A、B、C、D 为显示数据
          COM : OUT STD_LOGIC_VECTOR(3 DOWNTO 0);     --数码管选通信号
          SEG : OUT STD_LOGIC_VECTOR(6 DOWNTO 0));    --数码管驱动信号
    END COMPONENT ddisp;
SIGNAL TMDAT : STD_LOGIC_VECTOR(3 DOWNTO 0);
SIGNAL TMFUN : STD_LOGIC_VECTOR(3 DOWNTO 0);
SIGNAL TMD : STD_LOGIC ;
SIGNAL TMF : STD_LOGIC ;
SIGNAL TMCLK : STD_LOGIC ;
SIGNAL TMKEY : STD_LOGIC_VECTOR (15 DOWNTO 0);
  BEGIN
   U0:inputblock PORT MAP(CLK,KEYIN,SCAN,TMDAT,TMFUN,TMD,TMF, TMCLK);
```

U1:ctrlblock PORT MAP(TMDAT,TMFUN,TMD,TMF,TMCLK, ENLOCK, TMKEY);
U2:ddisp PORT MAP(TMCLK,TMKEY(3 DOWNTO 0),TMKEY(7 DOWNTO 4),TMKEY(11
　　　　DOWNTO 8), TMKEY (15 DOWNTO 12),COM,SEG);
END ARCHITECTURE ART;

2. 系统的硬件验证

系统通过仿真后，根据 EDA 实验箱或开发板的实际情况，选择 PLD，锁定引脚进行编程下载。验证电子密码锁功能时，先输入数码，观察数码管显示，这时按动"#"键，应能够清除输入的数码。再输入数码，数码应能够左移显示，并且只显示前 4 个数码，记录这 4 个作为密码的数码，按动"＊"键，密码锁输出信号应为高电平，表示密码锁锁定。输入记录的密码或输入万能密码（3581），按动"#"键，密码锁输出信号应为低电平，表示密码锁开锁，同时清除显示的密码。

7.3.4　功能扩展与项目评价

1. 功能扩展

在完成项目的任务要求后，考虑以下内容：

1）增加密码位数到 5 位。

2）将扫描键盘改为编码键盘。

3）将动态显示改为静态显示。

4）将器件例化语句中的位置映射改为名称映射。

5）在项目实现部分，将文本编辑方式改成原理图编辑方式。

2. 项目评价

评价重点是项目的分析能力和程序的设计调试能力，包括以下几个方面：

1）方案的研究能力。能否找到系统设计的重点和难点，能否实现已有的设计方案，并指出其设计特点。

2）功能评价。主要评价电子密码锁使用是否方便、项目要求的功能能否实现、电子密码锁的工作是否稳定可靠等。

3）答辩过程评价。主要评价对设计方案的理解程度如何、思路是否清晰、回答问题是否准确、语言是否流畅等。

7.4　智力竞赛抢答器

7.4.1　项目说明

1. 任务书

设计一个可容纳 3 组参赛者的智力竞赛抢答器，具体要求如下：

1）每组设置一个按钮供抢答使用。抢答器具有第一信号鉴别功能，用指示灯显示第一抢答者的组别。

2）设置一个复位按钮，主持人按动复位按钮后，显示组别的 3 个指示灯熄灭，主持人宣读题目时，如果有选手提前抢答（对应的组别指示灯亮），视为犯规。

3）设置一个计时电路，可预先分别设置 59 s、39 s 和 19 s 3 种答题时间，答题超时视为犯规。

4）每组设置一个计分电路，由主持人记分，答对一次加 1 分，答错和犯规不减分，但失去下一题的抢答机会。满分为 9 分，积满 9 分的选手在本轮胜出，清零后开始下一轮抢答。

2. 计划书

1）讨论、分析项目要求，明确项目内容。

2）检索阅读相关的参考资料，研究项目设计方案。

3）制定计划并分组后，实现设计方案中的各个模块。

4）完成项目并测试功能。

5）撰写项目开发报告。

6）项目演示，讲解设计方案，完成项目评价。

7.4.2　设计方案

1. 项目分析

整个系统可分为第一信号鉴别模块、计分模块、计时模块和显示模块 4 部分，其系统框图如图 7-12 所示。

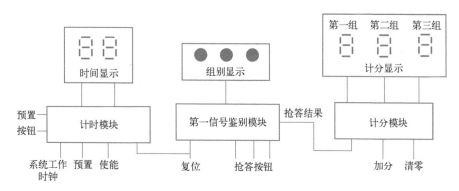

图 7-12　智力竞赛抢答器系统框图

2. 第一信号鉴别模块

3 组抢答理论上应该有 8 种可能的情况，但由于芯片的速度非常快，两组以上同时抢答成功的可能性极小，因此可设计成只有 3 种情况，以简化电路的复杂性。抢答按钮带自锁功能，按下即锁定，再次按下才能抬起。设复位端为 RESET，抢答按钮分别为 A、B、C，输出到组别显示的信号为 SA、SB、SC，输出到计分模块的抢答结果为 STATES。文件名为 xhjb，参考程序如下：

7.4.2　设计方案——第一信号鉴别模块

```
LIBRARY IEEE;
 USE IEEE. STD_LOGIC_1164. ALL;
ENTITY xhjb IS
 PORT( RESET： IN STD_LOGIC;
     A, B, C： IN STD_LOGIC;
```

```
        SA,SB,SC:  OUT STD_LOGIC;
        STATES:  OUT STD_LOGIC_VECTOR(2 DOWNTO 0));
END ENTITY xhjb;
ARCHITECTURE ART OF xhjb IS
  CONSTANT W1: STD_LOGIC_VECTOR: ="001";
  CONSTANT W2: STD_LOGIC_VECTOR: ="010";
  CONSTANT W3: STD_LOGIC_VECTOR: ="100";
  SIGNAL W: STD_LOGIC_VECTOR(2 DOWNTO 0);
  BEGIN
   PROCESS(RESET,A,B,C) IS
    BEGIN
     IF RESET='1' THEN W<="000"; SA<='0';SB<='0'; SC<='0';
     ELSIF (A='1'AND B='0'AND C='0') THEN
      SA<='1';  SB<='0'; SC<='0'; W<=W1;
     ELSIF (A='0'AND B='1'AND C='0') THEN
      SA<='0';   SB<='1'; SC<='0'; W<=W2;
     ELSIF (A='0'AND B='0'AND C='1') THEN
      SA<='0';   SB<='0'; SC<='1'; W<=W3;
     END IF;
    STATES<=W;
   END PROCESS;
  END ARCHITECTURE ART;
```

编译成功后建立波形文件，根据要求编辑输入信号的波形，编辑完成并保存文件后进行仿真。第一信号鉴别模块的仿真波形如图 7-13 所示。

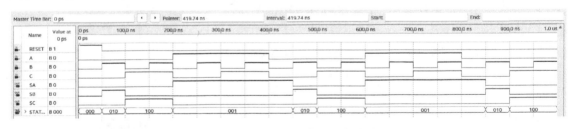

图 7-13　第一信号鉴别模块的仿真波形

回到文本编辑器，单击 File→Create/Update→Create Symbol Files for Current File，弹出的 Flow Summary 窗口中显示 Successful 即可。有些低版本软件会弹出对话框，可按默认名称保存。

3. 计分模块

计分模块采用十进制加法计数器，主持人根据选手的答题情况，按动加分按钮，每次可给答题组加 1 分。主持人按动清零按钮后，所有答题组的分数清零，开始下轮抢答。设清零端为 CLR，加分按钮为 ADD，选择端为 CHOSE，输出到显示模块的信号为 AA、BB、CC。文件名为 jfblock，参考程序如下：

7.4.2　设计方案——计分模块

```
LIBRARY IEEE;
  USE IEEE. STD_LOGIC_1164. ALL;
  USE IEEE. STD_LOGIC_UNSIGNED. ALL;
ENTITY jfblock IS
  PORT(CLR,ADD: IN STD_LOGIC;
        CHOSE: IN STD_LOGIC_VECTOR(2 DOWNTO 0);
       AA,BB,CC: OUT STD_LOGIC_VECTOR(3 DOWNTO 0));
END ENTITY jfblock ;
ARCHITECTURE ART OF jfblock IS
  BEGIN
    PROCESS(CLR,ADD,CHOSE) IS
      VARIABLE TEMPAA: STD_LOGIC_VECTOR(3 DOWNTO 0);
      VARIABLE TEMPBB: STD_LOGIC_VECTOR(3 DOWNTO 0);
      VARIABLE TEMPCC: STD_LOGIC_VECTOR(3 DOWNTO 0);
    BEGIN
      IF (ADD'EVENT AND ADD='1')   THEN
        IF CLR='1' THEN
          TEMPAA:="0000";
          TEMPBB:="0000";
          TEMPCC:="0000";
        ELSIF CHOSE="001" THEN
          TEMPAA:=TEMPAA+'1';
        ELSIF CHOSE="010" THEN
          TEMPBB:=TEMPBB+'1';
        ELSIF CHOSE="100" THEN
          TEMPCC:=TEMPCC+'1';
        END IF;
      END IF;
      AA<=TEMPAA;
      BB<=TEMPBB;
      CC<=TEMPCC;
    END PROCESS;
END ARCHITECTURE ART;
```

　　编译成功后建立波形文件，根据要求编辑输入信号的波形，编辑完成并保存文件后进行仿真。计分模块的仿真波形如图 7-14 所示。

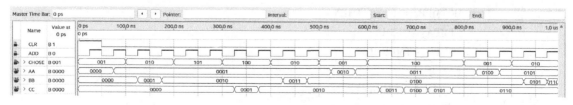

图 7-14　计分模块的仿真波形

回到文本编辑器，单击 File→Create/Update→Create Symbol Files for Current File，弹出的 Flow Summary 窗口中显示 Successful 即可。

4. 计时模块

7.4.2 设计方案——计时模块

复位后，按下预置按钮，可设置答题时间为 19 s 或 39 s，若没有设置答题时间，则限定在 59 s 以内。抬起预置按钮，按下使能按钮，开始倒计时，时间结束时显示"00"，直到下次按动复位按钮。设系统工作时钟为 CLK（1 Hz），复位端为 RESET，使能端为 EN，预置端为 LDN，预置按钮为 TA（19 s）和 TB（39 s），输出的时间显示信号为 QA 和 QB。文件名为 jsblock，参考程序如下：

```
LIBRARY IEEE;
  USE IEEE. STD_LOGIC_1164. ALL;
  USE IEEE. STD_LOGIC_UNSIGNED. ALL;
ENTITY jsblock IS
  PORT(CLR,LDN,EN,CLK: IN STD_LOGIC;
        TA,TB: IN STD_LOGIC;
        QA: OUT STD_LOGIC_VECTOR(3 DOWNTO 0);
        QB: OUT STD_LOGIC_VECTOR(3 DOWNTO 0));
END ENTITY jsblock;
ARCHITECTURE ART OF jsblock IS
 BEGIN
  PROCESS(CLR,CLK) IS
   VARIABLE TMPA: STD_LOGIC_VECTOR(3 DOWNTO 0);
   VARIABLE TMPB: STD_LOGIC_VECTOR(3 DOWNTO 0);
   BEGIN
     IF CLR='1' THEN TMPA:="1001"; TMPB:="0101";
       ELSIF CLK'EVENT AND CLK='1' THEN
        IF LDN='1' THEN
         IF   TA='1'   THEN
           TMPB:="0001";TMPA:="1001";
         END IF;
         IF   TB='1' THEN
          TMPB:="0011";TMPA:="1001";
         END IF;
        ELSIF EN='1' THEN
        IF TMPA="0000" THEN
          IF TMPB/="0000" THEN
           TMPA:="1001";
           TMPB:=TMPB-1;
          END IF;
         ELSE TMPA:=TMPA-1;
          END IF;
         END IF;
```

```
        END IF;
            QA<=TMPA; QB<=TMPB;
        END PROCESS;
    END ARCHITECTURE ART;
```

编译成功后建立波形文件，根据要求编辑输入信号的波形，编辑完成并保存文件后进行仿真。计时模块的仿真波形如图 7-15 所示。

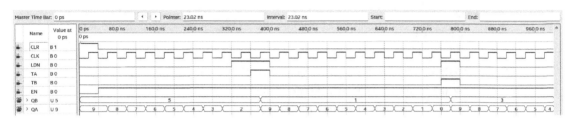

图 7-15 计时模块的仿真波形

回到文本编辑器，单击 File→Create/Update→Create Symbol Files for Current File，弹出的 Flow Summary 窗口中显示 Successful 即可。

5. 显示模块

显示模块由时间显示、组别显示和计分显示 3 部分组成，时间显示和计分显示使用 6 位一体共阴极数码管动态显示，组别显示使用发光二极管。6 位一体共阴极数码管动态显示参考程序如下：

```
LIBRARY IEEE;
    USE IEEE. STD_LOGIC_1164. ALL;
    USE IEEE. STD_LOGIC_UNSIGNED. ALL;
ENTITY ddisp IS
    PORT ( CLK : IN STD_LOGIC;
            A   : IN STD_LOGIC_VECTOR(3 DOWNTO 0);
            B   : IN STD_LOGIC_VECTOR(3 DOWNTO 0);
            C   : IN STD_LOGIC_VECTOR(3 DOWNTO 0);
            D   : IN STD_LOGIC_VECTOR(3 DOWNTO 0);
            E   : IN STD_LOGIC_VECTOR(3 DOWNTO 0);        --A、B、C、D、E 为显示数据
            COM : OUT STD_LOGIC_VECTOR(4 DOWNTO 0);       --数码管的选通信号
            SEG : OUT STD_LOGIC_VECTOR(6 DOWNTO 0));      --数码管的显示信号
    END ENTITY ddisp;
    ARCHITECTURE ART OF ddisp IS
    SIGNAL CNT : STD_LOGIC_VECTOR(2 DOWNTO 0);
    SIGNAL BCD : STD_LOGIC_VECTOR(3 DOWNTO 0);
        BEGIN
        PROCESS(CLK)
            BEGIN
                IF CLK'EVENT AND CLK='1' THEN            --周期性变化的信号 CNT
                    IF CNT="100" THEN
```

```
                    CNT<="000";
                ELSE
                    CNT<=CNT+'1';
                END IF;
            END IF;
        END PROCESS;
    PROCESS(CNT)
      BEGIN
        CASE CNT IS
            WHEN "000" => BCD<=A; COM<="11110";    --COM 选通信号低电平有效
            WHEN "001" => BCD<=B; COM<="11101";
            WHEN "010" => BCD<=C; COM<="11011";
            WHEN "011" => BCD<=D; COM<="10111";
            WHEN "100" => BCD<=E; COM<="01111";
            WHEN OTHERS=> BCD<="0000";COM<="11111";
        END CASE;
        CASE BCD IS                              --译码器
          WHEN "0000" =>SEG<="1111110";      --0
          WHEN "0001" =>SEG<="0110000";      --1
          WHEN "0010" =>SEG<="1101101";      --2
          WHEN "0011" =>SEG<="1111001";      --3
          WHEN "0100" =>SEG<="0110011";      --4
          WHEN "0101" =>SEG<="1011011";      --5
          WHEN "0110" =>SEG<="1011111";      --6
          WHEN "0111" =>SEG<="1110000";      --7
          WHEN "1000" =>SEG<="1111111";      --8
          WHEN "1001" =>SEG<="1111011";      --9
          WHEN OTHERS =>SEG<="0000000";
        END CASE;
      END PROCESS;
    END ART;
```

编译成功后建立波形文件，根据要求编辑输入信号的波形，编辑完成并保存文件后进行仿真，观察仿真波形是否符合设计要求，如果不符则修改程序并再次仿真。

仿真完成后，回到文本编辑器，单击 File→Create/Update→Create Symbol Files for Current File，弹出的 Flow Summary 窗口中显示 Successful 即可。

7.4.3 项目实现

1. 顶层文件设计

1）新建项目。在项目建立向导的"添加文件"对话框中输入 ZLQDQ.bdf，单击 Add 按钮，添加该文件。再单击"添加文件"对话框的 File name 文本框右侧的按钮，依次添加第一信号鉴别模块 xhjb.VHD、计分模块 jfblock.VHD、计时模块 jsblock.VHD 和显示模块 ddisp.VHD。

2）建立图形编辑文件，调入相关器件，连接完成后的电路如图 7-16 所示。

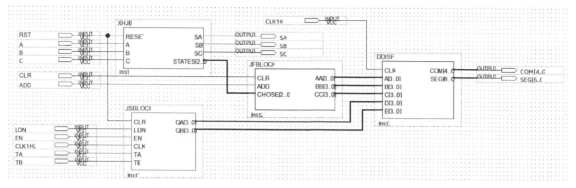

图 7-16　智力竞赛抢答器电路

2. 系统的硬件验证

系统通过仿真后，可根据 EDA 实验箱或开发板的实际情况，选择 PLD，锁定引脚并进行编程下载，在实验箱或开发板上验证系统的功能。

7.4.4　功能扩展与项目评价

1. 功能扩展

在完成项目的任务要求后，考虑以下内容：

1）计分模块改用异步清零方式。

2）计分模块增加减分功能。

3）显示模块采用 8 位一体数码管动态扫描显示方式，加入组别显示。

4）计时模块在时间结束时，增加声音提示。

5）增加信号锁存功能，能够将鉴别出来的第一信号锁存。

2. 项目评价

评价重点是 EDA 技术的应用能力、研发报告的撰写能力和表达能力，包括以下几个方面：

1）信息获取和归纳能力，即评价获取信息的数量、途径，以及获取信息的质量，能否将获取的信息总结归纳等。

2）功能评价，主要评价智力竞赛抢答器功能的完备性和可靠性，完备性考察抢答器能否处理比赛中出现的各种情况，可靠性考察抢答器工作是否稳定。

3）研发报告评价，主要评价报告内容是否完整、对已有设计方案的分析和描述是否准确、实现方案有无创新、报告文字是否通顺、编辑排版是否规范等。

4）答辩过程评价，主要评价对设计方案的理解程度如何、思路是否清晰、回答问题是否准确、语言是否流畅等。

7.5　数字电子钟

7.5.1　项目说明

1. 任务书

设计一个具有快速校时校分、清零、保持和整点报时功能的数字电子钟。系统晶振为

20 MHz，蜂鸣器为无源蜂鸣器。主要功能如下。

1）最大显示 23 时 59 分 59 秒。

2）按下按键后，能够按照 2 Hz 的频率，快速校时和校分。

3）在正常工作的情况下，可以对其进行清零，即按动按键可以使时、分、秒显示清零。

4）保持功能，即在正常工作的情况下，按动按键，可以使数字电子钟保持原有显示，停止计时，再次按动按键，可以使数字电子钟继续计时。

5）整点报时，即要求数字电子钟在每次整点到来前进行鸣叫，鸣叫频率在 59 分 51 秒、53 秒、55 秒、57 秒时为 1 kHz，59 分 59 秒时为 2 kHz，每次鸣叫时长为 1 秒。

6）要求所有的控制按键都经过去抖动处理。

2. 计划书

1）讨论、分析项目要求，明确项目内容。

2）检索阅读相关的参考资料，研究项目设计方案。

3）制定计划并分组后，实现设计方案中各个模块的程序设计。

4）完成项目并测试功能。

5）撰写项目开发报告。

6）项目演示，讲解设计方案，完成项目评价。

7.5.2 设计方案

1. 项目分析

整个系统可分为时钟模块、计时模块、校时校分模块、整点报时模块、显示模块和按键去抖动模块 6 个部分，如图 7-17 所示。

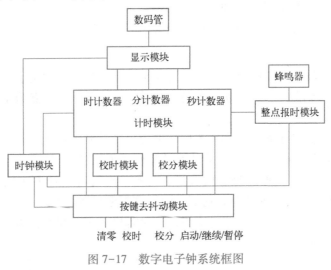

图 7-17 数字电子钟系统框图

2. 时钟模块

项目需要 1 Hz 的秒脉冲信号、2 Hz 的校时校分信号、1 kHz 的整点报时无源蜂鸣器驱动信号和数码管动态扫描信号、2 kHz 的整点报时（59 s 报时信号）无源蜂鸣器驱动信号。由于系统提供的晶振频率为 20 MHz，所以需要分别对其进行 20M 分频（得到 1 Hz 信号）、10M 分频（得到 2 Hz 信号）、20k 分频（得到 1 kHz 信号）、10k 分频（得到 2 kHz 信号）。程序可参考偶数分频器自行设计，异步清零端低电平有效，仿真时可以使用嵌入式逻辑分析仪（Signal Tap Ⅱ）观察信号波形。验证完成后生成符号器件。

3. 计时模块

计时模块可分为两个六十进制计数器（分、秒计数器）子模块和一个二十四进制计数器（时计数器）子模块，其中秒计数器子模块由 1 Hz 脉冲信号驱动，产生的进位信号（计数到 60）驱动分计数器子模块，分计数器产生的进位信号驱动时计数器子模块。3 个计数器之间构成进位关系，即秒计数器为分计数器提供计数脉冲信号，分计数器为时计数器提供脉冲信号。根据项目要求，3 个计数器子模块还要具有异步清零和同步使能功能，输出 2 位十进制数据。

1）六十进制计数器。设时钟脉冲输入端为 CLK、异步清零端为 NRESET（低电平有效）、同步计数使能端为 EN（高电平有效）、计数十位输出端为 QH、计数个位输出端为 QL。实体名为 count60，参考程序如下：

7.5.2　设计方案——六十进制计数器

```vhdl
LIBRARY IEEE;
  USE IEEE. STD_LOGIC_1164. ALL;
  USE IEEE. STD_LOGIC_UNSIGNED. ALL；
ENTITY count60 IS
 PORT
 (      CLK : IN STD_LOGIC;
    NRESET,EN : IN STD_LOGIC;
      COUT  : OUT STD_LOGIC;
      QH, QL  : OUT STD_LOGIC_VECTOR (3 DOWNTO 0)）;
END count60;
ARCHITECTURE behave OF count60 IS
    SIGNAL TMQH, TMQL : STD_LOGIC_VECTOR(3 DOWNTO 0);
      BEGIN
      COUT<='1' when (TMQH="0101" AND  TMQL ="1001")  ELSE  '0'; --条件信号赋值语句
      PROCESS（CLK,NRESET)
        BEGIN
          IF（NRESET='0'）THEN
           TMQH<="0000"; TMQL <="0000";
          ELSIF（CLK'EVENT AND CLK='1'）THEN
           IF EN='1' THEN
            IF TMQL=9 THEN   TMQL <="0000";
             IF（TMQH=5）THEN
               TMQH<="0000";
             ELSE TMQH<=TMQH+1;
             END IF;
            ELSE
             TMQL <= TMQL+1;
            END IF;
           END IF;
          END IF;
```

```
            END IF;
        END PROCESS;
    QH<=TMQH; QL<= TMQL;
END behave;
```

编译成功后建立波形文件，根据要求编辑输入信号的波形，编辑完成并保存文件后进行仿真。六十进制计数器的仿真波形如图 7-18 所示。

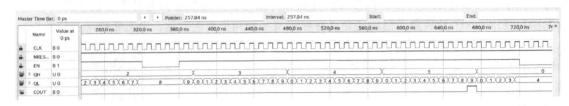

图 7-18 六十进制计数器的仿真波形

2）二十四进制计数器。设时钟脉冲输入端为 CLK、异步清零端为 NRESET（低电平有效）、同步计数使能端为 EN（高电平有效）、计数十位输出端为 QH、计数个位输出端为 QL。实体名为 count24，参考程序如下：

7.5.2 设计方案——二十四进制计数器

```
LIBRARY IEEE;
    USE IEEE. STD_LOGIC_1164. ALL;
    USE IEEE. STD_LOGIC_UNSIGNED. ALL;
ENTITY count24 IS
  PORT
  (      CLK : IN STD_LOGIC;
    NRESET,EN : IN STD_LOGIC;
      COUT   : OUT STD_LOGIC;
      QH, QL  : OUT STD_LOGIC_VECTOR (3 DOWNTO 0));
END count24;
ARCHITECTURE behave OF count24 IS
    SIGNAL TMQH, TMQL : STD_LOGIC_VECTOR(3 DOWNTO 0);
    BEGIN
    COUT<='1' when (TMQH="0010" AND TMQL ="0011")  ELSE  '0'; --条件信号赋值语句
    PROCESS(CLK,NRESET)
      BEGIN
        IF (NRESET='0') THEN
         TMQH<="0000"; TMQL <="0000";
         ELSIF(CLK'EVENT AND CLK='1')THEN
         IF EN='1' THEN
          IF TMQL=9 OR (TMQH=2 AND TMQL=3) THEN
            TMQL <="0000";
            IF TMQH=2 THEN
              TMQH<="0000";
```

```
                    ELSE TMQH<=TMQH+1;
                    END IF;
                  ELSE
                    TMQL <= TMQL+1;
                    END IF;
                  END IF;
                END IF;
              END PROCESS;
            QH<=TMQH; QL<= TMQL;
          END behave;
```

编译成功后建立波形文件，根据要求编辑输入信号的波形，编辑完成并保存文件后进行仿真。二十四进制计数器的仿真波形如图7-19所示。

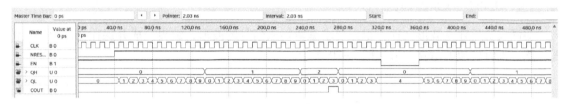

图7-19　二十四进制计数器的仿真波形

4. 校时校分模块

以校分模块为例，为了达到快速校对的目的，可将分计数器的驱动脉冲分成两个不同的来源，一个是秒计数器的进位信号，另一个是快速校分信号（使用2 Hz 脉冲）。设计一个"2 选1"数据选择器，根据按键的不同状态决定分计数器的脉冲来源，以实现正常工作或快速校分功能。可参考数据选择器程序自行设计，验证完成后生成符号器件。

5. 整点报时模块

整点报时模块可先判断报时的时间，再选择输出的报时频率。根据设计要求，在59 分51 秒、53 秒、55 秒和57 秒的报时频率是1 kHz，在59 分59 秒的报时频率是2 kHz。设 MH 和 ML 为"分"的十位和个位；SH 和 SL 为"秒"的十位和个位。实体名为 talltime，参考程序如下：

7.5.2 设计方案——整点报时模块

```
LIBRARY IEEE;
  USE IEEE. STD_LOGIC_1164. ALL;
ENTITY talltime IS
  PORT (MH,ML,SH,SL : IN STD_LOGIC_VECTOR (3 DOWNTO 0);
              F1,F0 : IN STD_LOGIC;
              BUZZER : OUT STD_LOGIC );
END talltime;
ARCHITECTURE behave OF talltime IS
  BEGIN
  PROCESS (MH,ML,SH,SL,F1,F0)
```

```
            BEGIN
              IF（MH="0101" and ML="1001" AND SH="0101"）  THEN
                IF（SL="0001" OR SL="0011" OR SL="0101" OR SL="0111"）  THEN
                  BUZZER<=F0;
                ELSIF(SL="1001")THEN
                  BUZZER<=F1;
                ELSE
                  BUZZER<='0';
                END IF;
              ELSE
                BUZZER<='0';
              END IF;
            END PROCESS;
          END behave;
```

编译成功后建立波形文件，根据要求编辑输入信号的波形，编辑完成并保存文件后进行仿真。整点报时模块的仿真波形如图 7-20 所示。

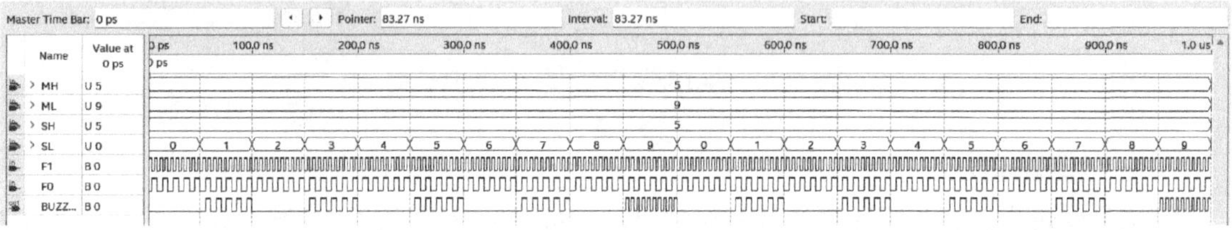

图 7-20　整点报时模块的仿真波形

6. 显示模块和按键去抖动模块

显示模块使用 6 位一体共阴极数码管动态显示方式，可参考智力竞赛抢答器中的显示程序自行设计。按键去抖动模块可使用 1 个 1 kHz 时钟脉冲驱动的 D 触发器实现，即每个按键经过 D 触发器输出。

7.5.3　项目实现

1. 顶层文件设计

1）新建项目。在项目建立向导的"添加文件"对话框中输入 DCLOCK.bdf，单击 Add 按钮，添加该文件。再单击"添加文件"对话框的 File name 文本框右侧的按钮，依次添加项目所需的全部模块。

2）建立图形编辑文件，调入相关器件，连接完成后的电路如图 7-21 所示。

2. 系统的硬件验证

系统通过仿真后，可根据 EDA 实验箱或开发板的实际情况，选择 PLD，锁定引脚并进行编程下载，在实验箱或开发板上验证系统的功能。

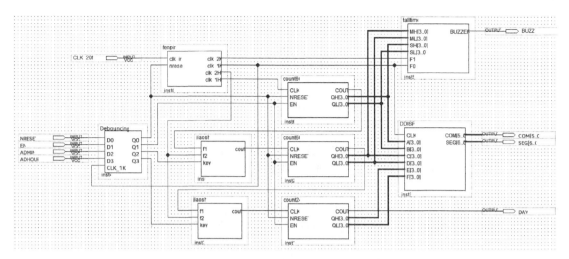

图 7-21　数字电子钟电路

7.5.4　功能扩展与项目评价

1. 功能扩展

在完成项目的任务要求后，考虑以下内容：

1）使用器件例化语句连接各个模块。

2）增加倒计时功能。

3）增加闹钟功能。

2. 项目评价

评价重点是数字系统的设计能力和文字表达能力，包括以下几个方面：

1）信息获取和归纳能力，即评价获取信息的数量、途径，以及获取信息的质量，能否将获取的信息总结归纳等。

2）设计方案评价，即设计方案的可行性如何、复杂程度如何、消耗的硬件资源是多少、有无实用价值等。

3）程序设计评价，主要评价程序的可读性如何、算法是否简练、编写是否规范等。

4）功能评价，主要评价数字电子钟的功能是否符合设计要求。

5）研发报告评价，主要评价报告内容是否完整、对已有设计方案的分析和描述是否准确、实现方案有无创新、报告文字是否通顺、编辑排版是否规范等。

6）答辩过程评价，主要评价对设计方案的理解程度如何、思路是否清晰、回答问题是否准确、语言是否流畅等。

参 考 文 献

［1］陈福彬，王丽霞．EDA 技术与 VHDL 实用教程［M］．北京：清华大学出版社，2021．

［2］龚成莹，王宏斌．EDA 技术及应用［M］．西安：西安电子科技大学出版社，2017．

［3］潘松，黄继业．EDA 技术与 VHDL［M］．5 版．北京：清华大学出版社，2018．

［4］王金明，徐志军．EDA 技术与 VHDL 设计［M］．3 版．北京：电子工业出版社，2022．

［5］粟慧龙，龚江涛，唐亚平．EDA 技术应用［M］．2 版．北京：高等教育出版社，2021．

［6］于润伟．EDA 基础与应用［M］．2 版．北京：机械工业出版社，2020．

［7］李国丽，朱维勇．EDA 与数字系统设计［M］．3 版．北京：机械工业出版社，2019．